高等职业教育
自动化类专业系列教材

过程检测仪表及自动化

张海丹　主　编

孙　巍　副主编

姜建德　主　审

U0389939

化学工业出版社

·北京·

内容简介

本书内容紧贴化工、钢铁等行业的岗位工作过程，介绍了压力、流量、物位、温度四类检测仪表选型与维护，控制器与执行器的使用，以及单回路控制系统、复杂控制系统的装调等，重点突出完成工作任务需要的知识技能，缩减纯理论的分析。

本书以工作任务为载体，理论知识与技能操作相结合，项目从单一到整体，结构紧凑；采用图表形式展示内容，生动形象；引入企业案例、故障分析排除等内容，贴合生产实际。学习者依次完成引导题、工作任务、练习题，巩固学习内容后，以项目考核来评价能力达成情况，以完成学习目标。本书配套视频微课，扫描二维码即可观看。本书提供电子课件，登录化工教育网站即可免费下载。

本书可作为职业院校电气自动化技术专业、化工自动化技术专业等自动化相关专业的教材，也可作为企业中仪表维修人员、过程控制系统维护人员等的培训参考书。

图书在版编目（CIP）数据

过程检测仪表及自动化/张海丹主编；孙巍副主编．—北京：
化学工业出版社，2023.12
ISBN 978-7-122-44406-6

Ⅰ.①过… Ⅱ.①张… ②孙… Ⅲ.①自动检测-检测仪表
Ⅳ.①TP216

中国国家版本馆 CIP 数据核字（2023）第 214595 号

责任编辑：葛瑞祎　　　　　　　　　文字编辑：石玉豪　孙月蓉
责任校对：李雨晴　　　　　　　　　装帧设计：张　辉

出版发行：化学工业出版社
　　　　　（北京市东城区青年湖南街 13 号　邮政编码 100011）
印　　刷：三河市航远印刷有限公司
装　　订：三河市宇新装订厂
787mm×1092mm　1/16　印张 16　字数 383 千字
2023 年 12 月北京第 1 版第 1 次印刷

购书咨询：010-64518888　　　　　　售后服务：010-64518899
网　　址：http://www.cip.com.cn
凡购买本书，如有缺损质量问题，本社销售中心负责调换。

定　　价：49.00 元　　　　　　　　　版权所有　违者必究

前言

目前，智能化仪表控制技术已经应用到国民生产的各个领域。在钢铁、石化、食品等行业，生产过程自动化程度越来越高，以万华化学集团股份有限公司为代表的大型化工企业、以宝山钢铁股份有限公司为代表的大型钢铁企业已经实现过程控制系统的智能化控制，各行业也逐渐从"高污染、高风险"向"绿色化、高端化"的方向发展。在自动化类专业中，过程控制系统是专业核心课程，编者自 2000 年开始讲授自动化仪表、过程控制系统、自动检测技术等课程，经过多年教学改革试验，在校本教材的基础上不断修改完善，完成了本教材的编写。

本书从应用的角度出发，将过程控制理论与检测仪表、智能仪表合理整合，实现理论教学与实践教学的有机统一。项目 1 讲述了过程控制的工程图的识读与绘制；项目 2～5 介绍了压力、流量、物位、温度四类检测仪表的选型与维护，在讲解结构原理的同时，加入仪表检测、故障分析排除等内容；项目 6 讲述了控制器和执行器的基本知识及使用；项目 7 介绍了单回路控制系统；项目 8 介绍了复杂控制系统，重点强调典型控制系统的安装、调试与运行。本书引入企业案例，以工作任务为载体，以能力导向为目标，在扩展学生知识面的同时，强化综合应用技能，提升工作能力。

本书紧贴职业岗位工作过程，按照从单一检测仪表、控制仪表到系统集成编排内容，文字力求通俗易懂。书中多采用实物图片、工作图表等形式，利于读者阅读学习。每一个项目都附有引导题、练习题，以便于读者学习实践。

本书将检测仪表、控制仪表与过程控制系统贯穿一体，为学生掌握生产过程中的各种工艺参数检测、设备维护维修、系统故障诊断等奠定了基础。本书既可作为高职、中职自动化类专业开设的"过程控制系统""检测技术与仪表""自动化仪表"等课程教材，也可供化工、石油、钢铁等行业工程技术人员、仪器仪表维修人员、控制系统维护人员等培训使用。

本书由张海丹副教授主编，孙巍副教授任副主编。张海丹完成项目 1、项目 4 的编写；孙巍完成项目 2、项目 6 的编写；王莹副教授完成项目 3、项目 8 的编写；刘晓林完成项目 5、项目 7 的编写；徐玉兰副教授对书稿进行了认真校正。全书由张海丹统稿。万华化学集团股份有限公司的姜建德高级工程师对本书进行了审核，工程师王鹏飞、王洪刚、秦广、李刚给本书提了许多宝贵意见，在此表示感谢。

由于编者学识有限，书中的疏漏在所难免，恳请读者批评指正。

编者

2023 年 8 月

目 录

项目 3 流量检测仪表选型与维护   49

项目 4　物位检测仪表选型与维护　　　　　83

过程控制工程图识读与绘制

在各类企业自动控制的设计文件中，经常使用图形符号和字母表示过程检测、控制系统所采用的各种仪表。在绘制过程控制工程图时，图中所采用的图形符号都要符合有关的技术规定。

工艺流程图是化工生产的技术核心，包含了物料平衡、设备、仪表、阀门、管路等信息，无论是设计院的工程师、化工厂的工艺员、设备处的仪表工，还是中控室的主操，识读、绘制工艺流程图，都是必不可少的技能。化工工艺流程图是化工工艺图中工艺流程性质的图样，是用来表达工艺生产流程的。

🔧 项目目标

专业能力	个人能力	社会能力
• 能复述过程控制系统概念； • 能准确表达过程控制系统的分类； • 能描述过程控制系统各组成部分的含义； • 能够看懂带控制点的流程图； • 能分析并说明流程图中各个符号代表的意义； • 能够绘制带控制点的流程图、系统框图； • 能够分析并计算过程控制系统性能指标	• 形成独立分析和执行任务的能力； • 能进行知识的拓展和运用； • 按照国家标准规范开展工作； • 正确使用工具与设备； • 能够解决项目完成过程中出现的问题	• 学习分析项目，与他人进行沟通交流，获取信息； • 在小组合作后，能够演示与讲解项目的完成情况； • 在工作中保持环保意识、质量意识； • 在工作中增强安全意识

引导题

1. 查阅资料，了解流程工业主要应用领域有（   ）、（   ）、（   ）等行业。

2. 流程工业（process industry），是指基于通过（   ）或（   ）变化进行生产的行业。

3. 流程工业的特点有（   ）、（   ）、（   ）等。

4. 查阅并下载 HG/T 20505—2014《过程测量与控制仪表的功能标志及图形符号》行业标准。

5. 设计以及识读带控制点的工艺流程图时，需要关注的要点有（   ）、（   ）等。

6. 与流程工业相对应的是（   ），其生产过程中基本上没有发生物质改变，只是物料的形状和组合发生改变，即最终产品是由各种物料装配而成，如汽车制造业、家电制造业等。

学习笔记

扫码看答案

引导题
参考答案

任务 1.1　绘制过程控制系统框图

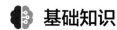 **基础知识**

1.1.1　过程控制系统概述

自 20 世纪 30 年代以来，自动化技术获得了惊人的成就，正在国民经济各行各业中起着关键的作用。自动化水平已成为衡量各行各业现代化水平的一个重要标志。自 20 世纪 90 年代以来，计算机技术得到了突飞猛进的发展，并以计算机为工具产生了信息技术和网络技术。它在自动化技术领域中产生了极大的影响和推动作用。自动化技术迅猛发展，逐步形成了以网络集成化系统为基础的企业信息控制管理系统。

（1）过程控制系统定义

过程控制是生产过程自动化控制的简称。它通常是指石油、化工、电力、冶金、轻工、建材、核能等工业生产中连续的或按一定周期程序进行的生产过程自动控制，是自动化技术的重要组成部分。在现代化工业生产过程中，过程控制技术在实现各种最优的技术经济指标、提高经济效益和劳动生产率、改善劳动条件、保护生态环境等方面起着越来越大的作用。

过程控制系统（process control system）即以表征生产过程的参量为被控变量，使之接近给定值或保持在给定范围内的自动控制系统。这里的"过程"是指在生产装置或设备中进行的物质和能量的相互作用和转换过程。表征过程的主要参量有温度、压力、流量、液位、成分、浓度等。通过对过程参量的控制，可使生产过程中产品的产量增加、质量提高和能耗减少。一般的过程控制系统通常采用反馈控制的形式，这是过程控制的主要方式。

（2）过程控制系统分类

由于划分过程控制类别的方式不同，有各种不同的分类名称。按被控变量分类，有温度控制系统、压力控制系统、流量控制系统、液位控制系统等；按控制器的控制算法来分，有比例（P）控制系统、比例积分（PI）控制系统、比例积分微分（PID）控制系统及位式控制系统等；按控制器信号来分，有模拟控制系统与数字控制系统。

按结构特点可分为反馈控制系统、前馈控制系统、复合控制系统。

① 反馈控制系统　反馈控制系统又称闭环控制系统，是根据系统被控变量与给定值的偏差进行工作的，最后达到消除或减小偏差的目的，偏差值是控制的依据。液位控制系统是过程控制系统中最基本的一种多回路反馈控制系统。

② 前馈控制系统　直接根据扰动量的大小进行工作，扰动是控制的依据。前馈控制系统不构成闭合回路，故也称为开环控制系统。由于前馈控制是一种开环控制，无法检查控制的效果，所以在实际生产过程中是不能单独应用的。

③ 前馈-反馈控制系统（复合控制系统）　前馈控制的主要优点：能针对主要扰动及时克服对被控变量的影响。反馈控制的主要优点：克服其他扰动，使系统在稳态时能准确地将被控变量控制在给定值上。构成的前馈-反馈控制系统可以提高控制质量。

按给定值信号特点可分为定值控制系统、随动控制系统、程序控制系统。

① 定值控制系统　定值控制是过程控制的一种主要控制形式，在多数过程控制系统中，设定值是保持恒定的或在很小的范围内变化，它们都采用一些过程变量，如温度、压力、流量、成分等，作为被控变量，过程控制的主要目的在于减小或消除外界干扰对被控变量的影响，使被控变量能够稳定在设定值或其附近，使工业达到优质、高产、低消耗与生产持续稳定的目标。

② 随动控制系统　指被控变量的给定值随时间任意地变化的控制系统，能克服多数扰动，使被控变量及时跟踪给定值变化。例如，加热炉的燃料与空气的混合比控制系统中，燃料量是按工艺过程的需要而给定的，这个给定值又可随生产流程的要求自动或手动改变，也就是说，若燃料量在变化，控制系统就要使空气量跟随燃料量变化，自动按预先规定的比例相应地增减空气量，以保证燃料合理而经济地燃烧，这就是随动控制系统。自动平衡记录仪的平衡机构就是跟随被测信号的变化自动达到平衡位置，是一种典型的随动控制系统。

③ 程序控制系统　被控变量的给定值是按预定的时间程序而变化的。控制的目的是使被控变量按规定的程序自动变化。例如工业热处理炉等周期作业的加热设备，一般都有升温、保温和降温等按时间变化的规律，给定值按此程序进行变化，以达到控制的目的。

1.1.2　过程控制系统组成及框图

（1）过程控制系统组成部分含义

过程控制系统一般由被控过程、控制器、执行器、测量变送器组成。各部分具体含义如下。

① 被控过程　又称被控对象，指被控制的生产设备或装置。常见的被控对象有加热炉、锅炉、分馏塔、反应釜、干燥炉、压缩机等生产设备，或储存物料的槽、罐及传送物料的管段等。当生产工艺过程中需要控制的参数只有一个，如供水装置的水位控制，生产设备与被控对象是一致的；当生产设备的被控参数不止一个，如锅炉的水位控制实际上取决于给水量、压力和蒸汽流量等参数，其特性互不相同，应各有一套互相关联的控制系统，此类生产设备被控对象就不止一个，应对其中的不同过程分别做不同的分析及处理。

② 控制器　又称调节器，接收传感器或变送器送来的信号，与工艺要求的给定值进行比较，得出偏差，并按某种运算规律算出结果，然后将此结果用特定信号（电流或气压）发送出去。当其符合工艺要求时，控制器的输出保持不变，否则，控制器的输出发生变化，对系统施加控制作用。

③ 执行器　又称执行机构，接收控制器发出的控制信号，根据信号的要求改变被控变量。目前采用的执行器有电动执行器与气动执行器两大类，应用较多的是气动薄膜控制阀。如果控制器是电动的，而执行器是气动的，就应在控制器与执行器之间加入电/气转换器。如果采用的是电动执行器，则电动控制器的输出信号需经伺服放大器放大后才能驱动执行器，以推动控制阀启闭。

④ 测量变送器　测量变送器一般由检测仪表和变送器组成。反映生产过程的工艺参数

大多不止一个，一般都需用不同的传感器进行自动检测以获得可靠的信息。检测仪表检测工艺参数（非电量），会产生相应的电信号，而变送器会将此信号转换为标准电信号。目前主要的标准电信号有 4～20mA 直流电流信号或 1～5V 的直流电压信号。

对于一个完整的过程控制系统来说，除自动控制回路外，还应备有一套手动控制回路，以便在自动控制系统因故障而失效后或在某些紧急情况下，对系统进行手动控制。另外，还应有一套必要的信号显示、通信、联络、联锁及自动保护等设施，以充分地保证生产过程的顺利进行和保障人身与设备的安全。

在闭环控制回路中，可能有两种形式的反馈：正反馈与负反馈。正反馈的作用会扩大不平衡量，是不稳定的。例如采用正反馈去控制室内温度，当温度超过设定值时，系统会增加热量，使室温升高；当温度低于设定值时，它又减少热量，使室温进一步降低。具有正反馈的控制回路，总是将被控变量锁定在高端或低端的极值状态下，这种特性不符合控制目的。如采用负反馈，其作用与正反馈相反，总是力求恢复到平衡温度，即保持在规定的设定值范围内。具有负反馈（包括前馈）作用的回路，一般称为反馈控制系统。

（2）过程控制系统框图

过程控制系统框图基本组成包括被控过程、控制器、执行器、检测仪表及变送器等。被控对象的输出信号即控制系统的输出，通过传感器与变送器的作用，将输出信号反馈到系统的输入端，构成一个闭环控制回路，简称闭环。如果系统的输出信号只能被检测和显示，并不反馈到系统的输入端，则是一个没有闭合的开环控制系统，简称开环。开环系统只按对象的输入量变化进行控制，即使系统是稳定的，其控制品质也较低。图 1-1 所示为过程控制系统框图。图中各参数的含义如下。

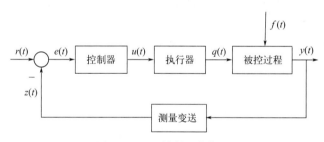

图 1-1　过程控制系统框图

① 被控参数 $y(t)$　亦称系统输出、被控变量，被控过程中要求保持稳定的工艺参数，控制系统的输出量。

② 控制参数 $q(t)$　亦称操作变量、控制介质，使被控参数保持期望值的物料量或能量。

③ 干扰量 $f(t)$　除被控参数外，作用于被控过程并引起被控参数变化的各种因数。在控制通道内并在控制阀未动作的情况下，由通道内质量或能量等因素变化造成的扰动称为内扰，而其他来自外部的影响统称为外扰。无论是内扰或外扰，一经产生，控制器就发出控制命令，对系统施加控制作用，使被控变量回到设定值。

④ 设定值 $r(t)$　与被控参数相对应的数值。一般是希望系统保持的数值。

⑤ 反馈值 $z(t)$　被控参数经测量变送器后的实际测量值。

⑥ 偏差 $e(t)$　设定值与反馈值之差。

⑦ 控制作用 $u(t)$　控制器的输出值。

1.1.3 控制系统的过渡过程和性能指标

扫码看视频

过渡过程的品质指标

(1) 过程控制要求

过程控制涉及工业生产的各个领域，不同的工艺过程控制有不同的要求。总的归纳起来，有三个方面的要求：安全性、经济性和稳定性。

① 安全性 安全性指的是在生产的整个过程中，确保人身安全和设备的安全，这是最重要的要求。特别是对于发电、化工、炼油等生产企业，特别要注意系统的安全问题。因此在这样的系统中都要采用参数越限报警、事故报警和联锁保护等措施加以保证。在化工等易燃、易爆环境中使用的仪表都必须是防爆仪表。为了保护大型设备的安全，系统可设计在线故障预测和诊断系统、容错控制系统等，以进一步提高系统运行的安全性。

② 经济性 经济性旨在使过程控制系统在生产相同质量和产量的条件下，所消耗的能源和材料最少，做到生产成本低、生产效率高。随着市场竞争的日益加剧和我国加入 WTO 以后所面临的国际市场竞争日益增多，经济性受到了极大的重视。

③ 稳定性 稳定性即要求系统具有抑制外部干扰、保持生产过程长期稳定运行的能力。工业生产过程的生产条件不可能完全不变，如生产工况的变化、原料的改变或生产量的起落、设备的老化和污染都会对生产造成一定的影响。

(2) 过程控制系统特点

① 被控过程复杂多样 工业生产是多种多样的，生产过程本身大多比较复杂，规模大小不同，生产的产品千差万别，因此过程控制的被控过程也多种多样。生产过程中充斥着物理变化、化学反应、生化反应，还有物质和能量的转换和传递，生产过程的复杂性决定了对它进行控制的艰难程度。有的生产过程进行得很缓慢，有的则进行得非常迅速，这就为对象的辨识带来困难。不同生产过程要求控制的参数不同，或虽然相同，但要求控制的品质完全不一样。不同过程参数的变化规律各异，参数之间相互影响，对过程的影响作用也极不一致，要正确描述这样复杂多样的对象特性还不完全可能，至今仍只能用适当简化的方法来近似处理。虽然理论上有适应不同对象的控制方法和系统，出于对象特性辨识的困难，要设计出能适应各种过程的控制系统至今仍不容易。由于被控过程的多样性，过程控制系统明显地区别于运动控制系统。

② 对象动态特性存在滞后和非线性 生产过程大多是在庞大的生产设备内进行，如热工过程中的锅炉、换热器、动力核反应堆等，对象的储存能量大，惯性也较大，设备内介质的流动或热量传递都存在一定的阻力，并且往往具有自动转向平衡的趋势。因此，当流入（或流出）对象的质量或能量发生变化时，由于存在容积、惯性和阻力，被控参数不可能立即产生响应，这种现象称为滞后。滞后的大小取决于生产设备的结构和规模，并同流入量与流出量的特性有关。生产设备的规模越大，物质传输的距离越长，热量传递的阻力越大，造成的滞后就越大。一般来说，热工过程大多具有较大的滞后，它对任何信号的响应都会延迟一段时间，使输出/输入之间产生相移，容易引起反馈回路振荡，对自动控制会产生十分不利的影响。

对象动态特性大多是随负荷变化而变化的，即当负荷改变时，其动态特性有明显的不同。如果只以较理想的线性对象的动态特性作为控制系统的设计依据，就难以得到满意的控制结果。大多数生产过程都具有非线性特性，弄清非线性产生的原因及非线性的实质是极为重要的。对于一个不熟悉的生产过程，应先拟定合理的试验方案，并认真地进行反复的试验和估算，才能了解其非线性。绝不能盲目地进行试验，以免得出含混不清的错误结果，把非线性对象错当成线性对象来处理。

③ 过程控制方案丰富多样　工业过程的复杂性和多样性，决定了过程控制方案的多样性。为了满足生产过程中越来越高的要求，过程控制方案也越来越丰富：有单变量控制，也有多变量控制；有常规仪表过程控制，也有计算机集散控制；有提高控制品质的控制，也有实现特殊工艺要求的控制；有传统的 PID 控制，也有先进控制，如自适应控制、预测控制、解耦控制、推断控制和模糊控制等。

控制方案的确定、控制系统的设计、控制参数的整定都要以对象的特性为依据，而对象的特性又如上述那样复杂因而难以充分地被认识，要完全通过理论计算进行控制系统设计与控制参数的整定，至今仍不可能。目前已设计出各种各样的控制系统，都是通过必要的理论论证和计算，并且经过长期的运行、试验、分析、总结而来的，只要现场调整的方法采用得当，就可能得到满意的控制效果。

（3）控制系统的过渡过程

过程控制系统在运行时有两种状态：一种称为稳态，系统的设定值保持不变，也没有受到外来的任何干扰，因此被控变量也保持不变，整个系统处于平衡稳定状态；另一种称为动态，系统的设定值发生了变化，或者是系统受到了外扰，原来的稳态遭到了破坏，系统的各部分也做出了相应的调整，改变操纵变量的大小，使被控变量重新恢复到设定值，使系统稳定下来。这种从一个稳定状态到另一个稳定状态的过程称为过渡过程。实际上，大多数系统的被控对象总是不断地受到各种外来干扰的影响，系统经常处于动态过程中。因此评价一个系统的品质，不能单纯评价其稳态，更重要的是应该考虑在动态过程中被控变量随时间变化的情况。

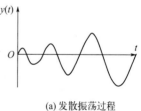
(a) 发散振荡过程

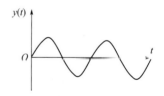
(b) 等幅振荡过程

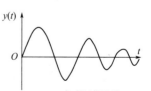
(c) 衰减振荡过程

当系统输入阶跃扰动时，过渡过程的形式可分为非周期过程和振荡过程。

① 非周期过程　指系统受到扰动后，在控制作用下，被控变量单调地增大或减小的过程。如图 1-2(d) 所示，被控变量的变化速度越来越慢，逐步趋近于给定值而稳定下来，称为非周期衰减过程。

② 振荡过程　指当系统受到扰动作用后，在控制作用下，被控变量在其给定值附近上下波动的过程。如果系统受到扰动后，被控变量的波动幅度越来越大，则称为发散振荡过程，如图 1-2(a) 所示；如受扰动后，被控变量始终在其给定值附近波动且波动幅度相等，则称为等幅振荡过程，如图 1-2(b) 所示。对于某些过程，如果振荡幅值不超过工艺生产允许范围，

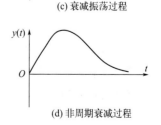
(d) 非周期衰减过程

图 1-2　控制系统过渡过程曲线

也是允许的。如受扰动后，被控变量波动的幅度越来越小，最后逐渐趋于稳定，则称为衰减振荡过程，如图 1-2(c) 所示。衰减振荡过程变化趋势明显，易于观察，过渡过程短，控制系统经常采用这种曲线作为分析系统性能指标的典型曲线。

（4）控制系统性能指标

控制性能良好的系统在受到外来干扰作用或给定值发生变化后，能平稳、迅速、准确恢复（或趋近）到给定值上。评价控制性能好坏的质量指标，根据工业生产过程对控制的实际要求来确定。如图 1-3 所示，系统过渡过程的性能指标如下。

① 衰减比 n（衰减率 φ） 衰减比表示振荡过程的衰减程度，是衡量过渡过程稳定程度的动态指标。

衰减比为两个相邻的同向波峰值之比，$n = \dfrac{B_1}{B_2}$。

衰减率定义为一个周期后波动幅度衰减的程度，$\varphi = \dfrac{B_1 - B_2}{B_1}$。

衰减比习惯上表示为 $n:1$。$n < 1$，过渡过程是发散振荡；$n = 1$，过渡过程是等幅振荡；$n > 1$，过渡过程是衰减振荡。n 越大，衰减越大，系统越接近非周期过程。为保持足够的稳定裕度，衰减比一般取 $(4:1) \sim (10:1)$，这样大约经过两个周期，系统即可趋于新的稳态值。对于少数不希望有振荡的过渡过程，需要采用非周期的形式。

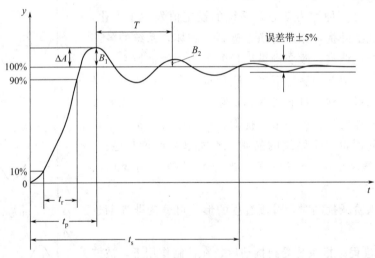

图 1-3 随动控制过渡过程典型曲线

② 最大动态偏差 ΔA 和超调量 σ

$$\Delta A = y(t_p) - r$$

定值控制系统用最大动态偏差 ΔA 来衡量被控参数偏离给定值的程度。最大动态偏差是指被控参数第一个波的峰值与给定值 r 的差。

随动控制系统用超调量这个指标来衡量被控参数偏离给定值的程度。ΔA、σ 都是衡量系统质量的重要指标。ΔA、σ 越大，则表示被控参数偏离生产规定的状态越远。

$$\sigma = \frac{y(t_p) - y(\infty)}{y(\infty)} \times 100\%$$

③ 残余偏差（稳态误差、静差）

$$e(\infty)=r-y(\infty)$$

即系统过渡过程终了时给定值与被控参数稳定值之差，简称余差。它是一个准确性的重要指标，是一个静态指标。一般要求余差不超过预定值或为零。

④ 过渡过程时间 t_s（响应时间）　表示系统过渡过程曲线进入新的稳态值的 $\pm5\%$ 或 $\pm2\%$ 范围内所需的时间。t_s 越小，表示过渡过程进行得越快。它是反映系统过渡过程快慢的指标。

⑤ 上升时间 t_r　输出指示值从最终稳定值的 5% 或 10% 变到最终稳定值的 95% 或 90% 所需要的时间。

⑥ 峰值时间 t_p　指系统过渡过程曲线达到第一个峰值所需要的时间。其大小反映系统响应的灵敏度。

学习笔记

⚙ 任务实施

1.1.4 绘制锅炉液位控制系统框图

(1) 框图组成

液位检测变送器代替——（　　　　　）；

液位控制器代替——（　　　　　）；

执行器代替——（　　　　　）。

(2) 框图绘制步骤

a. 确定锅炉液位控制系统的组成部分，画出方框，并在里面标注；

b. 按照系统组成关系进行连接，明确反馈部分；

c. 框图中标注设定值、被控参数、控制参数、反馈值等。

(3) 画出系统框图，并标明各参数

任务 1.2　绘制系统工艺流程图

化工工艺流程图是用图示的方法把化工生产的工艺流程和所需的设备、管道、阀门、管件、管道附件及仪表控制点表示出来的一种图样，是设备和管道布置、设计的依据，也是施工、操作、运行及检修的指南，是化工工艺设计的主要内容。每一个化工生产工艺都有一份完整的工艺流程图，从工艺流程图中可以得到工艺的大部分技术信息。

基础知识

1.2.1　仪表功能标志

自动化专业的工程图例符号主要依据是 HG/T 20505—2014《过程测量与控制仪表的功能标志及图形符号》、HG/T 20637.2—2017《自控专业工程设计用图形符号和文字代号》两个标准。其中 HG 表示化工标准，T 表示推荐标准，20505、20637.2 是标准号，2014、2017 是颁布年份。标准分类有强制标准、推荐标准、指导标准。例如国家标准中，GB 为强制标准，GB/T 为推荐标准，GB/Z 为指导标准。目前在石油化工领域大多采用 2014 年颁布的 HG/T 20505 推荐标准。

仪表功能标志由首位字母（回路标志字母）和后继字母（功能字母、功能修饰字母）构成。仪表功能标志应使用一个读出功能或一个输出功能去标识回路中的每个设备或功能。在描述仪表设备和仪表功能的功能特性时，仪表功能标志字母的个数不宜超过 8 位。表 1-1 所示为仪表功能标志字母表。

表 1-1　仪表功能标志字母表

字母	首位字母含义		后继字母含义		
	第 1 列	第 2 列	第 3 列	第 4 列	第 5 列
	被测变量或被控变量	修饰词	读出功能	输出功能	修饰词
A	分析		报警		
B	烧嘴、火焰		供选用	供选用	供选用
C	电导率			控制	关位
D	密度	差			偏差
E	电压（电动势）		检测组件，一次组件		
F	流量	比率			
G	可燃气体和有毒气体		视镜、观察		
H	手动				高

字母	首位字母含义		后继字母含义		
	第1列	第2列	第3列	第4列	第5列
	被测变量或被控变量	修饰词	读出功能	输出功能	修饰词
I	电流		指示		
J	功率		扫描		
K	时间、时间程序	变化速率		操作器	
L	物位		灯		低
M	水分或湿度				中、中间
N	供选用		供选用	供选用	供选用
O	供选用		孔板、限制		开关
P	压力		连接或测试点		
Q	数量	积算、累积	积算、累积		
R	核辐射		记录		运行
S	速度、频率	安全		开关	停止
T	温度			传送（变送）	
U	多变量		多功能	多功能	
V	振动、机械监视			阀/风门/百叶窗	
W	重量、力		套管、取样器		
X	未分类	X轴	附属设备，未分类	未分类	未分类
Y	事件、状态	Y轴		辅助设备	
Z	位置、尺寸	Z轴		驱动器、执行组件，未分类的最终控制组件	

处于首位时表示被测变量或被控变量；处于次位时作为首位的修饰，一般用小写字母表示；处于后继位时代表仪表的功能或附加功能，如 TdRC。

第一位字母 T——温度（被控变量或引发变量）。

第二位字母 d——差（修饰词）。

第三位字母 R（后继字母）——记录（读出功能）。

第四位字母 C（后继字母）——控制（输出功能）。

1.2.2　仪表位号和回路形式

（1）仪表位号

在检测、控制系统中，构成一个回路的每台仪表（或组件）都有自己的仪表位号。仪表位号由表示区域编号和回路编号的数字组成，通常区域编号可表示工段、装置等，回路编号可按回路的自然数顺序编制。同一装置同类被测变量的仪表位号的顺序号应该是连续的，不同被测变量的仪表位号不能连续编号。如图 1-4 所示，在仪表符号的上半圆中填写字母代号，数字编号填在下半圆，图（a）中，PI 表示压力指示仪表，206 表示第 2 工段 06 号仪表，图（b）中，LIC 表示液位显示控制仪表。

(a) 就地安装仪表　(b) 集中仪表盘面安装仪表

图 1-4　仪表位号示意图

（2）仪表回路号形式

仪表回路号是唯一的，被赋予每个检测回路、控制回路，用以标志被监测、检测或控制的变量。仪表回路号至少由回路的标志字母和数字编号两部分组成。前缀、后缀和间隔符应根据需要选择使用，典型的仪表回路号形式举例如下。

① 温度回路号　10-T-*01A 温度回路号各部分含义如表 1-2 所示。*号为 0～9 的数字或多位数字的组合。

表 1-2　温度回路号说明表

回路号组成	10	-	T	-	*01	A
含义说明	仪表回路号前缀	间隔符	被测变量/引发变量字母	间隔符	仪表回路号的数字编号	仪表回路号后缀

② 温差回路号　AB-TD-*01A 温差回路号各部分含义如表 1-3 所示。*号为 0～9 的数字或多位数字的组合。

表 1-3　温差回路号说明表

回路号组成	AB	-	T	D	-	*01	A
含义说明	仪表回路号前缀	间隔符	被测变量/引发变量字母	变量修饰字母	间隔符	仪表回路号的数字编号	仪表回路号后缀

1.2.3　单回路控制系统示例

常规仪表控制系统图形符号示例如下。

（1）温度控制系统

图 1-5 所示为温度控制系统示例。

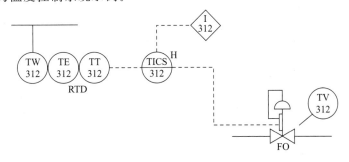

图 1-5　温度控制系统示例

（2）流量控制系统

图 1-6 所示为流量控制系统示例。

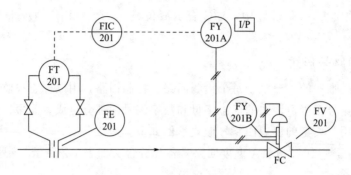

图 1-6　流量控制系统示例

（3）液位控制系统

图 1-7 所示为液位控制系统示例。

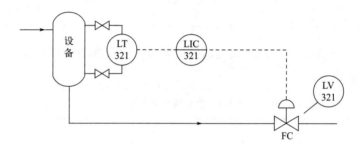

图 1-7　液位控制系统示例

（4）压力控制系统

图 1-8 所示为压力控制系统示例。

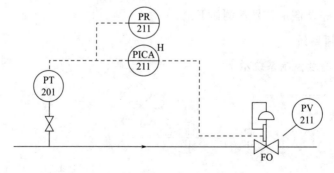

图 1-8　压力控制系统示例

任务实施

1.2.4 分析脱乙烷塔工艺流程图

工艺流程和控制方案确定后，根据工艺设计给出的流程图，按其流程顺序标注出相应的测量点、控制点、控制系统及自动信号与联锁保护系统等，便成了工艺管道及控制系统工艺流程图，该图可以表示检测仪表对工艺参数的测量、指示或记录等。例如，加热炉温度指示、物料流量的检测及信号远传。当工艺参数超出要求范围，自动发出报警信号，如罐体液位的高低位报警。联锁保护：达到危险状态，打开安全阀或切断某些通路，必要时紧急停车。例如，反应器温度、压力进入危险限时，加大冷却剂量或关闭进料阀。

仿照案例，分析图 1-9 所示脱乙烷塔工艺流程图，完成脱乙烷塔工艺流程图的分析。

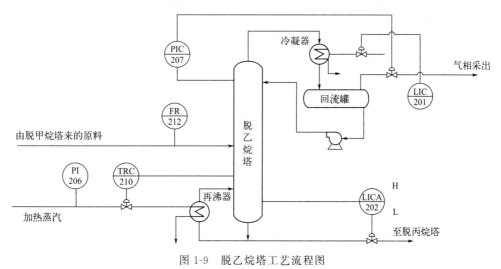

图 1-9 脱乙烷塔工艺流程图

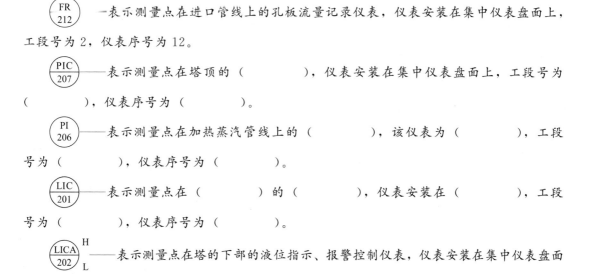

$\overset{FR}{\underset{212}{\bigcirc}}$ ——表示测量点在进口管线上的孔板流量记录仪表，仪表安装在集中仪表盘面上，工段号为 2，仪表序号为 12。

$\overset{PIC}{\underset{207}{\bigcirc}}$ ——表示测量点在塔顶的（   ），仪表安装在集中仪表盘面上，工段号为（   ），仪表序号为（   ）。

$\overset{PI}{\underset{206}{\bigcirc}}$ ——表示测量点在加热蒸汽管线上的（   ），该仪表为（   ），工段号为（   ），仪表序号为（   ）。

$\overset{LIC}{\underset{201}{\bigcirc}}$ ——表示测量点在（   ）的（   ），仪表安装在（   ），工段号为（   ），仪表序号为（   ）。

$\overset{LICA}{\underset{202}{\bigcirc}}{}^{H}_{L}$ ——表示测量点在塔的下部的液位指示、报警控制仪表，仪表安装在集中仪表盘面上，工段号为 2，仪表序号为 02。H、L 表示仪表具有（   ）、（   ）报警功能。

$\overset{\text{TRC}}{\underset{210}{\bigcirc}}$——表示测量点在（　　　　），仪表安装在（　　　　），工段号为（　　　　），仪表序号为（　　　　）。

1.2.5　绘制锅炉液位控制系统工艺流程图

锅炉工艺主要用于生产蒸汽，它主要包括燃烧工艺、蒸汽产生和汽水分离工艺等。控制系统有锅炉汽包水位控制系统、蒸汽压力控制系统、过热蒸汽控制系统、燃烧过程控制系统、炉膛压力控制系统等。

（1）工艺流程图绘制步骤

a. 确定被控对象，用示例表示；

b. 确定控制仪表、检测仪表，用符号表示；

c. 在流程图中将控制仪表、检测仪表、阀门与被控变量画出，并进行连接；

d. 注意管线内流体的走向，用箭头标注；

e. 标注设定值、被控变量、控制变量等参数。

（2）绘图

根据已学知识，绘制简单的锅炉液位控制系统工艺流程图。图中用仪表位号表示液位变送器、液位控制器等。

练习题

1. 在工艺流程图中，P代表（　　　　），T代表（　　　　），F代表（　　　　），L代表（　　　　）。

2. 在热交换控制系统工艺流程图1-10中，图示TC代表（　　　　），TT代表（　　　　），仪表安装方式为（　　　　）。

3. 在水泵抽水的流量控制工艺流程图1-11中，画出各仪表安装位置。

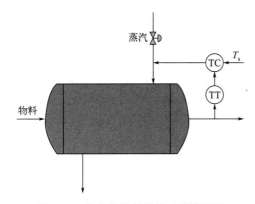

图1-10　热交换控制系统工艺流程图

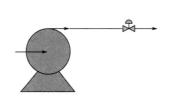

图1-11　流量控制系统工艺流程图

4. 某精馏塔液位、温度、流量、压力控制系统工艺流程图如图1-12所示，写出图中各符号意义及构成，填写表1-4。

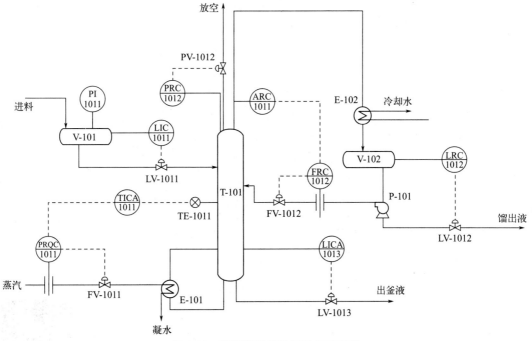

图1-12　精馏塔控制系统工艺流程图

V-101—进料储槽；V-102—回流罐；E-101—再沸器；E-102—冷却器；T-101—精馏塔；P-101—出料泵

表 1-4　精馏塔控制系统工艺流程图各部分组成表

序号	检测仪表	控制仪表	阀门	符号含义	控制回路
1					
2					
3					
...					

学习笔记

扫码看答案

练习题
参考答案

项目考核

过程控制工程图识读与绘制项目考核表

主项目及配分		具体项目要求及配分	评分细则	配分	学生自评	小组评价	教师评价
素养 (20分)	纪律情况 (6分)	按时到岗,不早退	缺勤全扣,迟到、早退视程度一次扣1～3分	3分			
		积极思考、回答问题	根据上课统计情况,得1～2分	2分			
		学习习惯养成	学习用品准备齐全	1分			
		不完成工作	此为扣分项,睡觉、玩手机、做与工作无关的事情酌情扣1～6分				
	6S❶ (3分)	桌面、地面整洁	自己的工位桌面、地面整洁无杂物,得2分;不合格酌情扣分	2分			
		物品定置管理	按定置要求放置,得1分;不合格不得分	1分			
	职业道德 (6分)	与他人合作	主动合作,得2分;被动合作,得1分	2分			
		帮助同学	能主动帮助同学,得2分;被动得1分	2分			
		工作严谨、追求完美	对工作精益求精且效果明显,得2分;对工作认真,得1分;其余不得分	2分			
	价值素养 (5分)	学习态度	工作中体现严谨的学术态度,得2分	2分			
		学术精神传承	认同传承科学家们的学术作风,树立勤奋、踏实的工作态度,得3分	3分			
核心技术 (60分)	识图 (30分)	系统框图	能够掌握系统框图组成、各参数含义,得10分;部分掌握,得6～8分;不掌握,不得分	10分			
		仪表功能标志	能够掌握仪表功能标志,得5分;部分掌握得3分;不掌握不得分	5分			
		控制系统工艺流程图	能全部看懂图纸,得15分;部分看懂,得6～10分;看不懂不得分	15分			
	绘图 (30分)	系统框图	能规范绘制单回路控制系统框图,得10分;绘制有瑕疵,得6～8分;不会绘制,不得分	10分			
		系统工艺流程图	能够用Microsoft Visio流程图软件熟练绘制控制系统工艺流程图,得20分;绘制有瑕疵,得10～15分;不会绘制,不得分	20分			

---

❶ 6S为一种改善环境、提高效率的管理办法,包括整理、整顿、清扫、清洁、纪律、安全。

主项目及配分	具体项目要求及配分		评分细则	配分	学生自评	小组评价	教师评价
项目完成情况（20分）	按时、保质保量完成（20分）	按时提交	按时提交，得6分；迟交酌情扣分；不交不得分	6分			
		书写整齐度	文字工整、字迹清楚，得3分；抄袭、敷衍了事，酌情扣分	3分			
		内容完成程度	按完成情况得分	6分			
		回答准确率	视准确率得分	5分			
加分项（10分）	有独到的见解		视见解程度分别得分	10分			
合计							
总评							
组长签字							
教师签字							

🗣 文化小窗

工整和精细——老科学家手稿

一批老科学家遗留的手稿在互联网上广为传播，有手绘机械工程图、手绘彩色植物图、毛笔写的小楷论文等，他们手稿的精美令人惊叹。从手稿中可以感受到，每个人的成功都是建立在勤奋、踏实、不浮躁的基础上。

压力检测仪表选型与维护

压力是生产过程中的重要参数。例如高压聚乙烯生产中的高压聚合反应，氮肥生产中的高压合成反应，以及炼油生产中的减压蒸馏工艺等都需要在较大的范围内实现压力的检测和控制。同时，在温度、流量、液位甚至成分检测中，压力都需要被测量控制，说明了压力检测在生产过程中的特殊重要性。

图 2-1 工业现场压力表

热工仪表中的压力，是指在工业生产过程中流体对单位面积上的垂直作用力，即物理上的"压强"。固体物质间的压力则作为机械量的力来讨论。图 2-1 为工业现场压力表。

⚙ 项目目标

专业能力	个人能力	社会能力
• 能复述各种压力检测仪表的原理； • 能根据压力表实物，描述各部分的名称及作用； • 能分析计算压力传感器误差； • 能够规范使用、校验各类压力表； • 能够根据工作现场需求，选用和安装合适的压力传感器； • 能运用所学知识，判断压力值是否满足生产需求、产量需求和安全标准； • 能够判断差压变送器常见故障并排除故障	• 独立分析工作任务并有效执行； • 提升口语表达能力； • 独立获取知识和有用信息； • 熟练整理工作文档； • 熟练使用维护工具； • 能够解决工作过程中出现的问题； • 培养工作思维，养成工作习惯	• 在任务完成过程中，与他人进行有效沟通交流； • 能够展示和讲解工作计划与工作内容； • 在设备使用中保持环保意识、质量意识； • 对工作中压力传感器的使用能估算维护成本，进行效益核算

🔵 引导题

1. 测量误差按其表示方式可分为（　　　　）和（　　　　）。

2. 相对误差通常有三种表示方法：（　　　　）、（　　　　）和（　　　　）。

3. 压力有三种表示方法，即（　　　　）、（　　　　）、（　　　　）。

4. 根据工作原理的不同，压力检测方法有（　　　　）、（　　　　）、（　　　　）等形式。

5. 差压变送器主要由（　　　　）、（　　　　）和（　　　　）三部分组成。它能将测压元件传感器感受到的气体、液体等（　　　　）参数转变成（　　　　）进行远传，以供控制系统进行测量、指示和过程调节。

6. 电容变换器有（　　　　）、（　　　　）和（　　　　）三种。电容式差压变送器常采用（　　　　）。

✏️ 学习笔记

扫码看答案

引导题
参考答案

任务 2.1 选择与检修压力检测仪表

基础知识

扫码看视频

检测和误差

2.1.1 压力检测仪表测量误差和性能指标

在使用仪表测量工艺参数时，由于所选用的仪表精确度的限制、实验手段的不完善、环境中各种干扰的存在，以及检测技术水平有限，在检测过程中仪表测量值与真实值之间总会存在一定的差值，这个差值就是误差。误差存在于一切测量中，而且贯穿测量过程的始终。只有通过正确的误差分析，才能知道测量中哪些量对测量结果影响大，哪些量对测量结果影响小。

(1) 基本误差

测量误差按其表示方式可分为绝对误差和相对误差。

① 绝对误差 绝对误差指测量值与被测量真值之间的差值。

$$\Delta = x - x_a$$

式中，Δ 为绝对误差；x 为测量值；x_a 为真值。

在实际应用中，被测量的真值是无法得到的。因此，在一台仪表的量程范围内，各点读数的绝对误差是指用标准仪表（精度较高）和该表对同一被测量测量时得到的两个读数的差值。

② 相对误差 绝对误差不能确切地反映测量结果的准确程度，为此实际测量中引入相对误差。绝对误差一般只适用于标准器具，但它是相对误差表述的基础。相对误差通常有三种表示方法：实际相对误差、示值相对误差和引用相对误差（又称满度相对误差）。

实际相对误差：

$$\delta = \frac{\Delta}{x_a} \times 100\%$$

示值（标称）相对误差：

$$\delta = \frac{\Delta}{x_o} \times 100\%$$

式中，x_o 为标准仪表读数。

引用（满度）相对误差：

$$\gamma = \frac{\Delta}{x_{max} - x_{min}} \times 100\%$$

式中，x_{max} 与 x_{min} 为仪表测量的最大值与最小值。

一般用满度相对误差表示仪表等级，常见仪表有七种等级：0.1、0.2、0.5、1.0、1.5、2.5、5.0（见表2-1）。

表 2-1　仪表的等级和基本误差

等级	0.1	0.2	0.5	1.0	1.5	2.5	5.0
基本误差	±0.1%	±0.2%	±0.5%	±1.0%	±1.5%	±2.5%	±5.0%

（2）粗大误差、系统误差和随机误差

① 粗大误差　明显偏离真值的误差称为粗大误差，也叫过失误差。粗大误差主要是由于测量人员的粗心大意及电子测量仪器受到突然而强大的干扰所引起的。如测错、读错、记错、外界过电压尖峰干扰等造成的误差。就数值大小而言，粗大误差明显超过正常条件下的误差。当发现粗大误差时，应予以剔除。

② 系统误差　系统误差也称装置误差，指测量仪表本身或其他原因（如零点没有调整好、测量方法不当等）引起的有规律的误差，它反映了测量值偏离真值的程度。凡误差的数值固定或按一定规律变化者，均属于系统误差。系统误差是有规律性的，因此可以通过实验的方法或引入修正值的方法计算修正，也可以重新调整测量仪表的有关部件予以消除。这种误差的绝对值和符号保持不变，当测量条件改变时误差服从某种函数关系。

系统误差的来源主要有以下三个方面。

a. 由仪表引入的系统误差：如仪表的示值误差、零值误差、仪表的结构误差等。

b. 理论（方法）误差：由于某些理论公式本身的近似性，或实验条件不能满足理论公式所规定的要求，或测量方法本身所带来的误差。

c. 个人误差：由于实验者本人生理或心理特点造成的，使实验结果产生的偏向一定、大小一定的误差。

③ 随机误差　在同一条件下，多次测量同一被测量，有时会发现测量值时大时小，误差的绝对值及正、负以不可预见的方式变化，该误差称为随机误差，也称偶然误差，它反映了测量值离散性的大小。随机误差是测量过程中许多独立的、微小的、偶然的因素引起的综合结果。

随机误差的存在，表现为每次测量值偏大或偏小是不定的，但它服从一定的统计规律。测量结果与真值偏差大的测量值出现的概率较小，偏差小的测量值出现的概率大，正方向误差和负方向误差出现的概率相等。并且绝对值很大的误差出现的概率趋近于零。这就是在实验中采用多次重复测量减小随机误差的依据。

随机误差是由一些实验中的偶然因素、人的感官灵敏度和仪表的精密度有限性以及周围环境的干扰等引起的。用实验方法完全消除测量中的偶然误差是不可能的，但是用概率统计方法可以减少偶然误差对最后结果的影响，并且可以估计误差的大小。

2.1.2　压力的表示与测量

（1）压力的概念及单位

压力检测当中的压力是指压强，是气体或液体均匀、垂直地作用于单位面积上的力。

扫码看视频

压力和压力测量方法

在国际单位制（SI）中，压力的单位是帕斯卡（简称帕，用符号 Pa 表示），1N 的力垂直均匀地作用在 $1m^2$ 的表面上所产生的压力为 1Pa，我国已规定帕斯卡为压力的法定单位。由于历史原因，其他一些压力单位还在普遍使用，表 2-2 给出了常用压力单位之间的换算关系。

表 2-2 常用压力换算表

基准单位	Pa	atm	mmHg	mmH$_2$O	kgf/cm^2	bar	psi
1 帕斯卡（Pa）	1	9.869×10^{-6}	7.500×10^{-3}	0.102	1.020×10^{-3}	1×10^{-5}	1.450×10^{-4}
1 标准大气压（atm）	1.013×10^5	1	7.600×10^2	1.033×10^4	1.033	1.013	14.696
1 毫米汞柱（mmHg）	1.333×10^2	1.316×10^{-3}	1	13.595	1.360×10^{-3}	1.333×10^{-3}	1.934×10^{-2}
1 毫米水柱（mmH$_2$O）	9.807	0.968×10^{-4}	7.356×10^{-2}	1	1.000×10^{-4}	9.807×10^{-5}	1.422×10^{-3}
1 千克力每平方厘米（kgf/cm^2）（工程大气压,at）	9.807×10^4	0.968	7.360×10^2	1×10^4	1	0.981	14.223
1 巴（bar）	1×10^5	0.987	7.501×10^2	1.020×10^4	1.020	1	14.504
1 磅每平方寸（psi）	6.895×10^3	6.805×10^{-2}	51.715	7.031×10^2	7.031×10^{-2}	6.895×10^{-2}	1

注：表中除单位 Pa 之外均为非法定单位。

（2）压力的表示方法

压力有三种表示方法，即绝对压力、表压力、负压力（或真空度），它们的关系如图 2-2 所示。绝对压力是以绝对零压为基准的，而表压力、负压力都是以当地大气压为基准的。工程上所用的压力指示值，大多为表压力。表压力即为绝对压力与大气压力之差。

图 2-2 绝对压力、表压力、负压力（真空度）的关系

$$p_{表压力} = p_{绝对压力} - p_{大气压力} \tag{2-1}$$

当被测压力低于大气压力时，一般用真空度来表示，它是大气压力与绝对压力之差，即

$$p_{真空度} = p_{大气压力} - p_{绝对压力} \tag{2-2}$$

因为各种工艺设备和测量仪表通常是处于大气之中，本身就承受着大气压力。所以，工程上经常用表压力或真空度来表示压力的大小。以后所提到的压力，除特别说明外，均指表压力或真空度。

（3）压力检测的基本方法

根据工作原理的不同，压力检测方法有以下几种。

① 弹性平衡法 利用弹性元件受压力作用发生弹性形变而产生的弹性力与被测压力相平衡的原理，将压力转换成位移，测出弹性元件变形的位移大小就可以测出被测压力。例如弹簧管压力表、波纹管压力表及膜片压力表等。

② 重力平衡法 主要有液柱式和活塞式两种，利用一定高度的工作液体产生的重力或砝码的重量与被测压力相平衡的原理。例如 U 形管压力计、单管压力计，结构简单读数直观。活塞式压力计是一种标准型压力检测仪表。

③ 机械力平衡法 其原理是被测压力经变换元件转换成一个集中力，用外力与之平衡，

通过测得平衡时的外力来得到被测压力。主要用在压力或差压变送中，精度较高，但结构复杂。

④ 物性测量法　基于敏感元件在压力的作用下某些物理特性发生与压力成确定关系变化的原理，将被测压力直接转换成电量进行测量，如压电式、振弦式、应变片式、电容式、光纤式等。

2.1.3　弹性式压力表概述

弹性式压力表以弹性元件受力产生的弹性变形为测量基础，具有测量范围宽、结构简单、价格便宜、使用方便等特点，在工业中的应用十分广泛。

(1) 弹性元件

弹性元件是一种简单可靠的测压敏感元件。随测压的范围不同，所用弹性元件形式也不一样。常用的几种弹性元件如图 2-3 所示（p 为压力）。

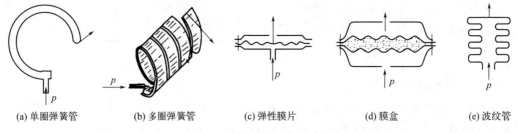

| (a) 单圈弹簧管 | (b) 多圈弹簧管 | (c) 弹性膜片 | (d) 膜盒 | (e) 波纹管 |

图 2-3　常用弹性元件示意图

① 弹簧管　单圈弹簧管是弯成圆弧形的金属管子，当通入压力（p）后，它的自由端就会产生位移。单圈弹簧管位移量较小，为了增大自由端的位移量，以提高灵敏度，可以采用多圈弹簧管。

② 弹性膜片　它是由金属或非金属弹性材料做成的膜片，在压力作用下，膜片将弯向压力低的一侧，使其中心产生一定的位移。为了增加膜片的中心位移，提高灵敏度，可把两片膜片焊接在一起，成为一个薄盒子，称为膜盒。

③ 波纹管　它是一个周围为波纹状的薄壁金属筒体，这种弹性元件易于变形，且位移可以很大。

膜片、膜盒、波纹管多用于微压、低压或负压的测量；单圈弹簧管和多圈弹簧管可以作高、中、低压及负压的测量。根据弹性元件的形式不同，弹性式压力表相应地可分为各种类型的测压仪表。

(2) 弹簧管压力表结构及工作原理

弹簧管压力表是最常用的直读式测压仪表。根据弹簧管形式的不同，有单圈弹簧管压力表和多圈弹簧管压力表。单圈弹簧管压力表内部结构如图 2-4 所示，外形如图 2-5 所示。

被测压力由压力接口 9 引入，使弹簧管 1 自由端 B 产生位移，通过拉杆 2 使扇形齿轮 3 逆时针偏转，并带动啮合的中心齿轮 4 转动，与中心齿轮同轴的指针 5 将同时顺时针偏转，并在面板 6 的刻度标尺上指示出被测压力值。通过调整螺钉 8 可以改变拉杆与扇形齿轮的接合点位置，从而改变放大比，调整仪表的量程。转动轴上装有游丝 7，用以消除两个齿轮啮合的间距，减小仪表的变差。直接改变指针套在转动轴上的角度，就可以调整仪表的机械零点。

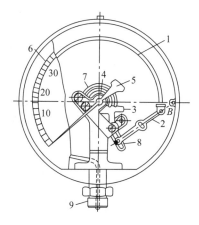

图 2-4　单圈弹簧管压力表

1—弹簧管；2—拉杆；3—扇形齿轮；4—中心齿轮；5—指针；

6—面板；7—游丝；8—调整螺钉；9—压力接口

图 2-5　单圈弹簧管压力表外形

单圈弹簧管压力表通常做成指示式仪表，因为其自由端位移量较小，不能适应自动记录机构传动的需要。如果采用多圈弹簧管，增大自由端的位移量，就可以做成自动记录式仪表。单圈弹簧管压力表也可以做成真空表，测量粗真空。此时，弹簧管开口端接被测的低气压空间，其自由端的位移方向与正压力测量方向正好相反，故指针的偏转方向和标尺的刻度方向都反过来了。

此外，单圈弹簧管压力表若附加电接点装置，可做成电接点压力表。电接点压力表能在被测压力偏离给定范围时，及时发出灯光或声响报警信号，提醒操作人员注意或通过中间继电器实现自动控制。

（3）弹簧管材料

弹簧管所用材料视被测介质的性质、被测压力的高低而不同。

a. 被测压力小于 20MPa 时，采用磷青铜；

b. 被测压力大于 20MPa 时，采用不锈钢、合金钢；

c. 测量氨气压力时，为防腐蚀采用不锈钢，不得用铜质弹簧管；

d. 测乙炔时，不得用铜质弹簧管；

e. 测氧气时，弹簧管不得沾有油脂或用有机材料附件，以防出现爆炸危险；

f. 测量含硫介质压力时，采用弹性合金材料。

（4）弹簧管压力表的类型

弹簧管压力表的规格很多。按其精度等级可分为：精密压力表（0.16、0.2、0.25 级）、标准压力表（0.35、0.4 级）、普通压力表（0.5、1.0、1.5、2.5 级）等。按其用途可分为：氧压力表、氨压力表、车用压力表等。按显示及信号方式分为：电接点压力表、远传压力表等。按功能分为：耐振压力表、耐腐蚀压力表。

目前弹簧管压力表的制造已经系列化，压力表的测量上限 $p_{\max}$ 有（1.0、1.6、2.5、4.0、6.0）$\times 10^n$（n 为正整数、负整数或 0）五个系列，压力表的测量下限 $p_{\min}$ 一般为零。

（5）膜盒压力表结构原理

膜盒压力表的压力——位移转换元件是金属膜盒，常用来测量几百至几万帕以下的无腐蚀性气体的正压或负压，其结构原理如图 2-6 所示。

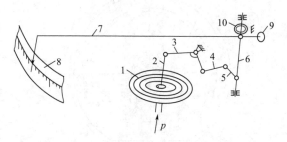

图 2-6　膜盒式压力表

1—膜盒；2—连杆；3—铰链块；4—拉杆；
5—曲柄；6—转轴；7—指针；8—刻度盘；
9—调整螺钉；10—游丝

被测压力 p 经管道引入膜盒 1 内，使膜盒产生弹性变形位移，此位移传至连杆 2，使铰链块 3 顺时针转动，经拉杆 4 和曲柄 5 拖动转轴 6，使指针 7 做逆时针偏转，在刻度盘 8 上显示出被测压力的数值。游丝 10 用以消除传动间隙的影响。由于膜盒弹性变形的位移与被测压力成正比，因此仪表具有线性刻度。

2.1.4　常见压力传感器结构原理

压力传感器结构类型多种多样，常见的类型有压电式、压阻式、应变式、电感式、电容式、霍尔式及振弦式等。

（1）压电式压力传感器

压电式压力传感器利用压电材料的压电效应将被测压力转换为电信号。压电材料在沿一定方向受到压力或拉力作用时发生变形，并在其表面上产生电荷；而且在去掉外力后，它们又重新回到原来的不带电状态，这种现象就称为压电效应。由压电材料制成的压电元件受到压力作用时，在弹性范围内其产生的电荷量与作用力之间成线性关系。电荷输出为

$$q = kSp \tag{2-3}$$

式中，q 为电荷量；k 为压电常数；S 为作用面积；p 为被测压力。

由式(2-3)可知，测知电荷量就可知被测压力值。

石英晶体具有工作温度稳定性好、体电阻高、绝缘性能很好、机械强度和刚度都很高的特点，被广泛地用来制作压电式压力传感器的压电材料。除石英晶体外，压电陶瓷也是目前较常用的压电材料，如钛酸钡陶瓷、钛酸铅系列陶瓷等。另外，也有用高分子材料或复合材料的合成膜作压电材料。不同的压电材料适合于不同的传感器类型。

压电式压力传感器的结构如图 2-7 所示。压电元件夹于两个弹性膜片之间，压电元件的一个侧面与膜片接触并接地，另一侧面通过金属箔和引线将电量引出。当被测压力均匀作用

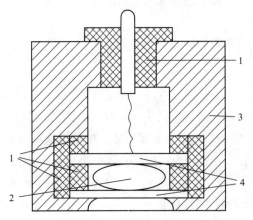

图 2-7　压电式压力传感器结构示意图

1—绝缘体；2—压电元件；3—壳体；4—弹性膜片

在膜片上时，压电元件受力而产生电荷。电荷量的测量一般配合用电荷放大器，电荷量经放大可以转换为电压或电流输出，输出信号则给出相应的被测压力值。可以更换压电元件以改变压力的测量范围，还可以用多个压电元件叠加的方式提高仪表的灵敏度。

压电式压力传感器体积小，结构简单紧凑，全密封，工作可靠；动态质量小，固有频率高，不需外加电源；适于工作频率高的压力测量，测量范围为 $0\sim70\text{MPa}$；测量精确度为 $\pm1\%$、$\pm0.2\%$、$\pm0.06\%$。但是其输出阻抗高，需要特殊信号传输导线；其温度效应较大，环境适应性有限，需要增加温度补偿、振动加速度补偿等功能，提高其环境适应性。压电式压力传感器主要应用在加速度、压力和力等的测量中，在生物医学测量中也广泛应用。

（2）电容式压力传感器

电容式压力传感器是通过弹性膜片的位移引起电容量的变化从而测出压力或差压（又称压差、压力差）的。平行极板电容器的电容量为

$$C = \frac{\varepsilon S}{d} \tag{2-4}$$

扫码看视频

电容式压力传感器

式中，C 为平行极板间的电容量；ε 为平行极板间的介电常数；S 为极板的面积；d 为平行极板间的距离。

由式(2-4) 可知，只要保持式中任何两个参数为常数，电容就是另一个参数的函数。故电容变换器有变间隙式、变面积式和变介电常数式三种。电容式压力（差压）变送器常采用变间隙式。

弹性膜片作为感压元件，由弹性稳定性好的特殊合金薄片制成，作为差动电容的活动电极，它在压差作用下，可左右移动约 0.1mm 的距离。在弹性膜片左右有两个用玻璃绝缘体磨成的球形凹面，采用真空镀膜法在该表面镀上一层金属薄膜，作为差动电容的固定电极。弹性膜片位于两固定电极的中央，它与固定电极构成两个小室，称为δ室，两δ室结构对称。金属薄膜和弹性膜片都接有输出引线。δ室通过孔与自己一侧的隔离膜片腔室连通，δ室和隔离膜片腔室内都充有硅油。图 2-8 为差动式压力（差压)-电容转换结构示意图。

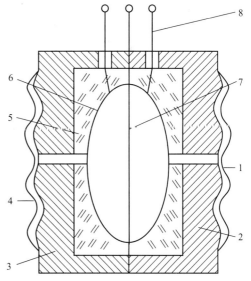

图 2-8　差动式压力（差压)-电容转换结构示意图
1,4—隔离膜片；2,3—不锈钢基座；5—玻璃绝缘层；
6—固定电极；7—弹性膜片；8—引线

当被测差压作用于左右隔离膜片时，通过内充的硅油使测量膜片产生与差压成正比的微小位移，从而引起测量膜片与两侧固定电极间的电容产生差动变化。差动变化的两电容 C_2（低压侧电容）、C_1（高压侧电容）由引线接到测量电路。

电容式压力传感器的压力与电容的转换关系如下：

$$\Delta d = K_1 \Delta p$$
$$C_1 = K_2 / (d_0 + \Delta d)$$
$$C_2 = K_2 / (d_0 - \Delta d)$$
$$\Delta C = K_3 \Delta p \tag{2-5}$$

式中，K_1、K_2、K_3 为系数；d_0 为电极板间初始距离；Δd 为电极板间变化距离。

由式(2-5)可知，压差 Δp 与 ΔC 成比例关系。将电容的变化经过适当的转换电路，可把差动电容转换成二线制的 4～20mA 直流输出信号。这种传感器结构坚实，稳定可靠，灵敏度高；精度高，其精确度可达 ±0.25%～±0.05%；量程可调，量程范围宽，由 0～1270Pa 到 0～42MPa；过载能力强，应用广泛，尤其适用测高静压下的微小压差变化。

(3) 压阻式压力传感器

压阻式压力传感器是基于单晶硅半导体的压阻效应而构成的。可采用单晶硅平膜片为弹性元件，在单晶硅平膜片上利用集成电路工艺，在单晶硅的特定方向制成扩散压敏电阻。单晶硅平膜片在微小变形时有良好的弹性特性。当硅片受压后，膜片的变形使扩散电阻的阻值发生变化。其相对电阻变化可表示为：

$$\frac{\Delta R}{R} = \pi \sigma \tag{2-6}$$

式中，π 为压阻系数；σ 为应力。

单晶硅平膜片上的扩散电阻通常构成桥式测量电路，相对的桥臂电阻对称布置，电阻变化时，电桥输出电压与膜片所受压力成对应关系。图 2-9 为一种压阻式压力传感器的结构示意图，单晶硅平膜片在圆形硅杯的底部，硅杯的内外两侧输入被测差压或被测压力及参考压力。

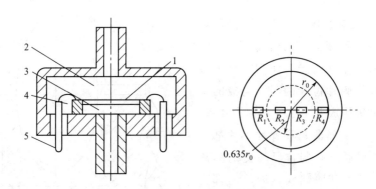

图 2-9　压阻式压力传感器结构示意图
1—单晶硅平膜片；2—低压腔；3—高压腔；4—硅杯；5—引线

压力差使膜片变形，膜片上的两对电阻的阻值发生变化，使电桥输出相应压力变化的信号。为了补偿温度效应的影响，一般还可在膜片上沿对压力不敏感的晶向生成一个电阻，这个电阻只感受温度变化，可接入桥路作为温度补偿电阻以提高测量精度。

压阻式压力传感器具有精度高、工作可靠、频率响应高、迟滞小、尺寸小、重量轻、结构简单等特点，可在恶劣的环境条件下工作，便于实现数字化显示。压阻式压力传感器不仅可以用来测量压力,稍加改变也可用来测量差压、高度、速度、加速度等参数。

2.1.5 霍尔式压力传感器结构原理

扫码看视频

霍尔式压力
传感器

在单圈弹簧管压力表的自由端加上霍尔片,就构成了霍尔式压力表,可以进行压力信号的远传。

霍尔式压力传感器属于位移式压力(差压)传感器。它是利用霍尔效应,把压力作用下所产生的弹性元件的位移信号转变成电势信号,通过测量电势测量压力。

(1) 霍尔效应

如图 2-10(b) 所示,把半导体单晶薄片置于磁场中,当在晶片的 y 轴方向上通以一定大小的电流时,在晶片的 x 轴方向的两个端面上将出现电势,这种现象称霍尔效应,所产生的电势称为霍尔电势,这个半导体薄片称为霍尔片。霍尔片是一块锗半导体薄片。

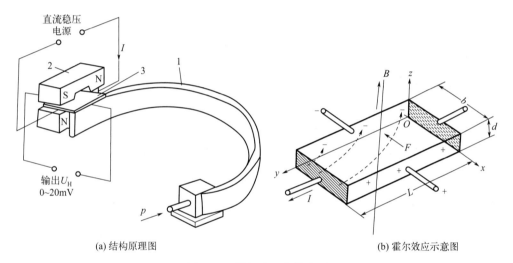

(a) 结构原理图 (b) 霍尔效应示意图

图 2-10 霍尔式压力传感器

1—弹簧管;2—磁钢;3—霍尔片

霍尔电势可表示为

$$U_H = R_H I B \tag{2-7}$$

式中,R_H 为霍尔常数,$R_H = K_H f\left(\dfrac{L}{b}\right)/d$,$K_H$ 为霍尔系数,L 为霍尔片电势导出端长度,b 为霍尔片的电流通入端宽度,d 为霍尔片厚度。

当霍尔片材料、结构已定时,R_H 为常数。由式(2-7) 可知,霍尔电势 U_H 与 B、I 成正比,改变 B、I 可改变 U_H,一般 U_H 为几十毫伏。

(2) 霍尔式压力传感器

霍尔式压力传感器的结构如图 2-10(a) 所示。它由压力—位移转换部分、位移—电势转换部分和稳压电源等三部分组成。

压力—位移转换部分由霍尔片和弹簧管(或膜盒)等组成。霍尔片被置于弹簧管的自由端，被测压力 p 由弹簧管固定端引入，这样弹簧管感测到压力的变化，引起弹簧管自由端的变化，带动霍尔片位移，将压力值转换成霍尔片的位移，从而实现压力—位移的转换。

位移—电势转换部分由霍尔片、磁钢及引线等组成。在霍尔片的上、下方，垂直安装着磁钢的两对磁极，霍尔片处于两对磁极形成的线性不均匀磁场之中。霍尔片的四个端面引出四根导线，其中与磁钢相平行的两根导线接直流稳压电源，使霍尔片通过恒定不变的电流；另两根导线用来输出信号。

根据霍尔效应，要把霍尔片在差动磁场中的位移转换为电势，并使霍尔电势与位移成单值函数关系，则必须控制流过霍尔片的电流恒定，这一恒定电流就由稳压电源供给。

霍尔式压力传感器的实质就是一个位移—电势的转换元件，其输出信号为 $0 \sim 20\mathrm{mV}$。若要把这一输出信号转换成标准统一信号，还需要增加毫伏变送装置。由于霍尔电势对温度变化比较敏感，所以在实际使用时需采取温度补偿措施。

2.1.6　压力检测仪表特点、选用方法及安装

（1）常用压力检测仪表特点

弹簧管压力表：结构简单，价格低廉，经常使用；量程大，精度高；对冲击、振动敏感。

膜盒式压力表：测量压力小，线性度好，抗冲击性差。

霍尔式压力传感器：精度高，线性度好；灵敏度高；受温度影响大。

（2）压力检测仪表的选用

应根据被测压力的种类（表压力、负压力或压差），被测介质的物理、化学性质和用途（标准、指示、记录和远传等），以及生产过程所提出的技术要求，同时应本着既满足测量准确度，又符合经济性的原则，合理地选择压力检测仪表（压力表）的型号、量程和精度等级。

① 仪表类型的选用　压力检测仪表的选型必须满足生产过程的要求、被测介质的性质及状态、压力检测仪表安装的现场环境条件等。

在大气腐蚀性较强、粉尘较多和有易喷淋液体等环境恶劣的场合，宜选用密闭式全塑压力表。

对于稀硝酸、乙酸、氨类及其他一般腐蚀性介质，应选用耐酸压力表、氨压力表或不锈钢膜片压力表。

对于稀盐酸、盐酸气、重油类及其类似的具有强腐蚀性、含固体颗粒、黏稠液等介质，应选用膜片压力表或隔膜压力表。其膜片或隔膜的材质必须根据测量介质的特性选择。

对于结晶、结疤及高黏度等介质，应选用膜片压力表。

在机械振动较强的场合，应选用耐振压力表或船用压力表。

在易燃、易爆的场合，如需电接点信号时，应选用防爆电接点压力表。

测量特殊介质应选用专用压力表。例如：

氨气、液氨：氨压力表、真空表、压力真空表。

氧气：氧压力表。

氢气：氢压力表。

氯气：耐氯压力表、压力真空表。

乙炔：乙炔压力表。

硫化氢：耐硫压力表。

碱液：耐碱压力表、压力真空表。

以标准信号（4～20mA）传输时，应选变送器。

易燃易爆场合，选用气动变送器或防爆型电动变送器。

对易结晶、堵塞、黏稠或有腐蚀性的介质，优选法兰变送器。

使用环境好，测量精度和可靠性要求不高时，可选取压阻式、电感式、霍尔式远传压力表及传感器。

② 仪表的量程的选择　选择多大量程的仪表，应由生产过程所需要测量的最大压力来决定。为了避免压力检测仪表超过负荷而破坏，仪表的上限应高于生产过程中可能出现的最大压力值。一般地，在被测压力比较平稳的情况下，压力检测仪表上限值应为被测最大压力的1.5倍；在压力波动较大的测量场合，压力检测仪表上限值应为被测压力最大值的2倍。为了保证测量准确度，被测压力的最小值应不低于仪表量程的1/3。因此，测量稳定压力时，常使用在仪表量程上限的1/3～2/3处；测量脉动（波动）压力时，常使用在仪表量程上限的1/3～1/2处；对于瞬间的压力测量，可允许使用在仪表量程上限的3/4处。

普通压力检测仪表的量程规定出如下系列值：$(1.0, 1.6, 2.5, 4.0, 6.0) \times 10^n$。在确定仪表的量程时，应参照上述系列值进行选择。但有时选择压力检测表的量程时还要考虑压力源的极大值。

③ 仪表精度的选择　压力检测仪表精度的选择应以实用、经济为原则，在满足生产工艺准确度要求的前提下，根据生产过程对压力测量所能允许的最大误差，尽可能选用价廉的仪表。一般工业用1.5～1.0级已经足够。在科研、精密测量和校验压力表时常用0.5或0.25级以下的精密压力表或标准压力表。

（3）压力检测仪表的安装

压力检测仪表的安装，直接影响到测量结果的正确性与仪表的寿命，一般要注意以下事项。

① 取压口的选择　取压口必须真实反映被测介质的压力，应该取在被测介质流动的直线管道上，而不应取在管路急弯、阀门、死角、分叉及流束形成涡流的区域；当管路中有突出物体（如测温元件）时，取压口应取在其前面；当必须在控制阀门附近取压时，若取压口在其前，则与阀门距离应不小于2倍管径，若取压口在其后，则与阀门距离应不小于3倍管径。测气体时，取压口取于管道截面上半部分；测液体时，取压口取于管道截面下半部分，如图2-11所示。

② 导压管的铺设　导压管的长度一般为3～50m，内径为6～10mm，连接导管的水平段应有一定的斜度，以利于排出冷凝液体或气体。当被测介质易冷凝或冻结时，应加保温伴热管线。在取压口与压力检测仪表之间，应靠近取压口装切断阀。对液体测压管道，应在靠

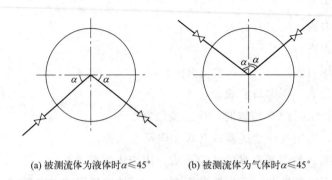

(a) 被测流体为液体时$\alpha\leqslant45°$ (b) 被测流体为气体时$\alpha\leqslant45°$

图 2-11 取压口位置

近压力检测仪表处装排污阀。

③ 压力检测仪表的安装 压力检测仪表安装时应注意：

仪表应垂直于水平面安装，且仪表应与取压口安装在同一水平位置，否则需考虑附加高度误差的修正，如图 2-12(a) 所示；

仪表安装处与取压口之间的距离应尽量短，以免指示迟缓；

保证密封性，不应有泄漏现象出现，尤其是当测量易燃易爆气体介质和有毒有害介质时；

当测量蒸汽压力时，应加装冷凝管，以避免高温蒸汽与测温元件接触，如图 2-12(b) 所示；

对于有腐蚀性或黏度较大、有结晶或沉淀等介质，可安装适当的隔离罐，罐中充以中性的隔离液，以耐腐蚀或防止导压管和压力表堵塞，见图 2-12(c)；

为了保证仪表不受被测介质的急剧变化或脉动压力的影响，应加装缓冲器、减振装置及固定装置。

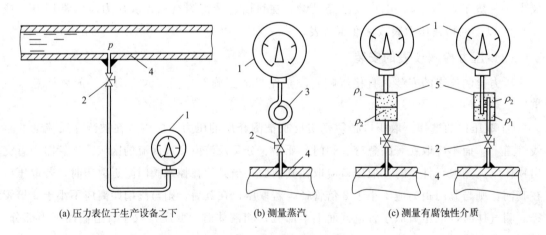

(a) 压力表位于生产设备之下   (b) 测量蒸汽   (c) 测量有腐蚀性介质

图 2-12 压力表安装示意图

1—压力表；2—切断阀；3—冷凝管；4—生产设备；5—隔离罐

任务实施

2.1.7 选择锅炉汽包压力测量的压力表

某厂家需要为锅炉汽包采购压力表,具体要求如表2-3,根据生产需求,选择合适的压力表。

表2-3 工作任务描述表

部门	设备采购部	作业类型	购买	优先级	日常工作
负责人	张三	工程师	李四		
介质描述 (环境描述)	压力表是锅炉上的重要安全附件,它的作用是准确测量运行锅炉内的实际压力值,司炉人员根据压力表指示数值来调节燃烧,使之适应外界负荷的变化,达到安全运行的目的。具体要求是压力值为(1±0.02)MPa,便于观察压力,指示稳定,易拆卸校验,防止水汽进入				
工作任务	选用合适的压力表,测量锅炉汽包压力				

根据采购要求,分析各种压力表的测量原理、应用领域、介质条件、精度、价格等因素,填写表2-4,然后确定选用的压力表。

表2-4 工作任务分析表

	项目	弹簧管压力表	压电式压力表
压力表选用比较	测量原理		
	应用领域		
	安装介质条件		
	精度		
	价格		
选用仪表分析			
工作总结			
备注			

2.1.8 检修现场弹簧管压力表

弹簧管压力表在现场使用较多，常见弹簧管压力表故障如表 2-5 所示。根据任务工单，结合所学知识，记录检查维修过程。

表 2-5 常见弹簧管压力表故障

项目	故障现场	原因分析	解决方案
故障一	指针不回零	机芯位置固定不当导致指针偏移	调整机芯位置
		仪表内部游丝没有足够张大或盘紧	调整内部游丝
		弹簧管变形	更换新表
故障二	仪表无指示	压力表膜盒损坏	更换新表
		机芯连杆脱落	重新固定机芯连杆

某设备现场压力表出现故障，需要维修，任务工单如表 2-6 所示。

表 2-6 任务工单

部门	设备管理部	作业类型	正常维修	优先级	日常工作
负责人	张三	维修工	李四	成本	
设备	T-101	对象描述	PI	功能位置	1001
开工时间	2020.1.5	完成时间	2020.1.6		
故障描述	压力无指示				

根据任务工单，分析压力表可能出现的问题，然后进行检查维修。具体工作过程如下，完善表 2-7 内容。

表 2-7 任务分析表

开工作申请单	（见附录附表 1）	备注
工作准备	材料准备： 工具准备：	
故障分析	怀疑取样阀或导压管堵塞	
故障排查与处理		
工作总结		
关工作申请单	完成人： 完成时间：	

任务 2.2 维护差压变送器与压力开关

基础知识

扫码看视频

差压变送器

2.2.1 差压变送器组成和分类

差压变送器用来把差压、流量、液位等被测参数转换成统一标准信号或数字信号,并将该信号输送给显示仪表或调节器,以实现对被测参数的指示、记录或自动调节。

根据其作用原理的不同,差压变送器主要有电容式差压变送器、扩散硅式差压变送器、膜盒式差压变送器、振弦式差压变送器等。

(1) 电容式差压变送器

电容式差压变送器是目前工业上广泛使用的一种变送器,其检测元件是采用电容式压力传感器。整个变送器无机械传动、调整装置,仪表结构简单,性能稳定、可靠,抗振性好,具有较高的精度。

电容式差压变送器系统构成方框图如图 2-13 所示。输入差压 Δp 作用于测量部分电容式压力传感器的感压膜片,使其产生位移,从而使感压膜片电极(即可动电极)与两固定电极所组成的差动电容容量发生变化。此电容变化量再经电容—电流转换电路转换成电流信号 I_d,电流信号 I_d 和零点调整与迁移电路产生的调零信号 I_z 的代数和同反馈信号 I_f 进行比较,其差值送入电流放大器,经放大得到整机的输出信号 I_o。

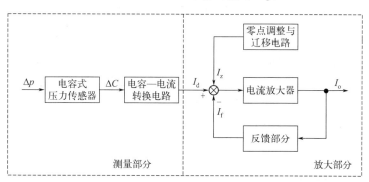

图 2-13 电容式差压变送器构成方框图

电容式差压变送器由测量部分和放大部分组成,测量部分的作用是把被测差压 Δp 成比例地转换为差动电流信号 I_d,它又由电容式压力传感器、电容—电流转换电路组成。

① 电容式压力传感器 电容式压力传感器是测量部分的核心,如图 2-14 所示。11 中心感压膜片(即差动电容的可动电极)分别与 12 正压侧弧形电极、10 负压侧弧形电极(即差动电容的固定电极)以及 14 正压侧隔离膜片、8 负压侧隔离膜片构成封闭室,室中充满灌充液(硅油或氟油),用以传送压力。13 正压室法兰、9 负压室法兰构成正、负压测量室。

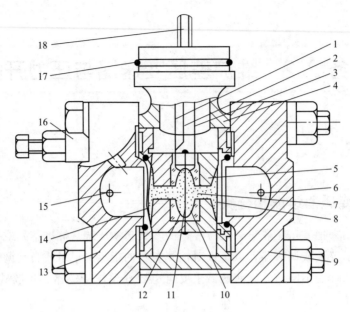

图 2-14 电容式压力传感器结构图

1,2,3—电极引线；4—差动电容膜盒座；5—差动电容膜盒；6—负压侧导压口；7—硅油；8—负压侧隔离膜片；
9—负压室法兰；10—负压侧弧形电极；11—中心感压膜片；12—正压侧弧形电极；13—正压室法兰；
14—正压侧隔离膜片；15—正压侧导压口；16—放气排液螺钉；17—O 形密封环；18—插头

② 电容—电流转换电路 电容—电流转换电路的作用是将差动电容的相对变化成比例地转换为差动信号 I_d，并实现非线性补偿功能。它由振荡器、解调器、振荡控制放大电路和线性调整电路等部分组成。

③ 放大部分 放大部分的作用是把测量部分输出的差动信号 I_d 放大并转换成 4~20mA 的直流输出电流，并实现量程调整、零点调整和迁移、输出限幅和阻尼调整功能。它由电流放大器、零点调整与迁移电路、输出限幅电路及阻尼调整电路组成。

(2) 扩散硅式差压变送器

扩散硅式差压变送器的检测元件采用扩散硅压阻传感器。由于单晶硅材质纯、功耗小、滞后与蠕变很小、机械稳定性好、灵敏度和精度高，加之在制作工艺上，扩散硅式差压变送器将半导体应变电阻和测量电路高度集成在同一芯片上，或先做成几个芯片再集成为一片，所以扩散硅式差压变送器的体积小，重量轻，安装方便。扩散硅式差压变送器的构成方框图如图 2-15 所示。

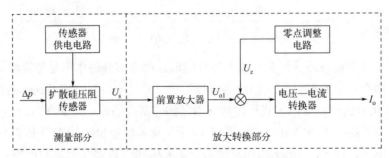

图 2-15 扩散硅式差压变送器构成方框图

输入压差 Δp，作用于测量部分的扩散硅压阻传感器，压阻效应使硅材料上的扩散电阻（应变电阻）阻值发生变化，从而使这些电阻组成的电桥产生不平衡电压 U_s。U_s 由前置放大器放大为 U_{o1}，U_{o1} 与零点调整电路产生的调零信号 U_z 的代数和送入电压—电流转换器，电压—电流转换器转换为整机的输出信号 I_o。

扩散硅式差压变送器主要由测量部分和放大转换部分组成。扩散硅差压传感器结构如图 2-16(a) 所示，采用硅杯压阻传感器作为敏感元件，通常是在硅膜片上用离子注入和激光修正方法形成 4 个阻值相等的扩散电阻，应用中将其接成惠斯顿电桥形式，如图 2-16(b) 所示。

图 2-16(a) 中，检测元件由两片研磨后胶合成杯状的硅片组成，即图中的硅杯 4，硅杯上的 4 个扩散电阻通过金属丝连到印刷电路板上，再穿过玻璃密封件引出。硅杯两面分别与正、负压侧隔离膜片构成密封室，室中充满硅油，用以传送压力。正、负压侧隔离膜片的外侧分别与正、负压室法兰构成正、负压测量室。

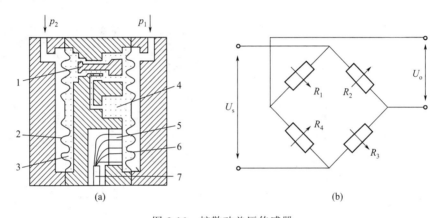

图 2-16 扩散硅差压传感器

1—保护装置；2—负压侧隔离膜片；3—硅油；4—硅杯；5—玻璃密封件；6—正压侧隔离膜片；
7—引出线；$R_1 \sim R_4$—扩散电阻

(3) 智能型差压变送器

为满足集散控制系统和现场总线控制系统的应用要求，近年来出现了采用先进传感器技术和微处理器的智能型差压变送器。智能型差压变送器的精度、可靠性、稳定性均优于模拟式差压变送器，它可以输出模拟和数字信号，通过现场总线网络可与上位计算机相连。

智能型差压变送器具有以下特点：

a. 测量精度高，基本误差仅为 $\pm 0.075\% \sim \pm 0.1\%$，且性能稳定、可靠、响应快；

b. 具有温度、静压补偿功能以保证仪表的精度；

c. 具有较大的量程比（20:1 至 100:1）和较宽的零点迁移范围。

d. 输出模拟、数字混合信号或全数字信号（支持现场总线通信协议）；

e. 除有检测功能外，智能型差压变送器还具有计算、显示、报警、控制、诊断等功能，与智能执行器配合使用，可就地构成控制回路；

f. 可利用手操器或其他组态工具对智能型差压变送器进行就地或远程组态、传输、读取、显示测量数据、自诊断等信息。

目前智能型差压变送器的种类较多，结构也各有差异，从整体上看，由硬件和软件两大部分组成,从电路结构看,智能型差压变送器包括传感器组件和电子组件两部分,见图 2-17,外观见图 2-18。

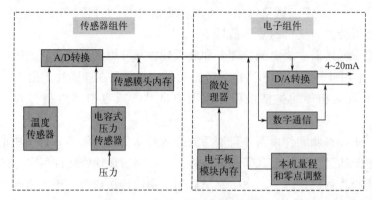

图 2-17　智能型差压变送器组成

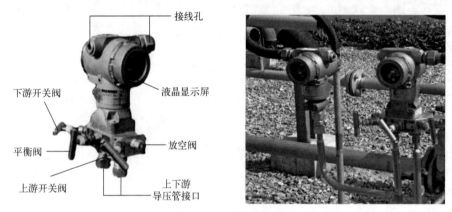

图 2-18　智能型差压变送器外观结构

2.2.2　差压变送器选用原则

差压变送器的选用主要从以下几方面考虑。

(1) 膜盒材质

在选型时要考虑介质对膜盒金属的腐蚀,一定要选好膜盒材质,否则使用后很短时间就会将外膜片腐蚀坏,法兰也会被腐蚀坏造成设备和人身事故,所以材质选择非常重要。变送器的膜盒材质有普通不锈钢、304 不锈钢、316L 不锈钢、钽材质等。

(2) 被测介质的温度

在选型时要考虑被测介质的温度,如果温度一般为 200～400℃,要选用高温型,否则硅油会因气化而膨胀,使测量不准。

(3) 设备工作压力

在选型时要考虑设备工作压力等级,变送器的压力等级必须与应用场合相符合。从经济角度上讲,外膜盒及插入部分材质选择普通不锈钢、304 不锈钢等比较合适,但连接法兰可以选用碳钢、镀铬,这样会节约很多资金。

（4）变送器量程

从选用变送器测量范围上来说，一般变送器量程都具有一定的可调范围，最好将使用的量程范围设在它量程的 1/4～3/4 段，这样精度会有保证，对于微差压变送器来说更是重要。实践中有些应用场合（液位测量）需要对变送器的测量范围进行迁移，根据现场安装位置计算出测量范围和迁移量，迁移有正迁移和负迁移之分。

2.2.3 差压变送器安装方式

差压变送器的安装一般先安装支架，后安装仪表。要确保使用的垫片内径大于双法兰检测膜片内径，防止检测膜片受外力挤压损坏。安装时还要注意以下几方面。

a. 安装时不要将膜片面朝下放置在地面上，防止损伤检测膜片。临时固定膜盒时，不允许使用铁丝悬挂，必须使用螺栓固定。

b. 安装仪表法兰时，一定要确认好双法兰的高压侧（液相）、低压侧（气相），测量法兰引出的金属硬钢管需朝下安装，如图 2-19 所示。

图 2-19 法兰安装金属管朝向

c. 毛细管应有保护措施，避免扭曲、挤压及施加过大应力，使用镀锌角钢作为保护支架，角钢焊接处要做好防腐处理，角钢每隔 40cm 间距钻孔并处理掉毛刺。毛细管应用扎线绳捆绑在角钢上，固定处应加胶皮进行防护，防止振动。周围温度变化剧烈时应采取隔热措施，避免引起测量误差。毛细管弯曲处其弯曲半径不小于 15cm（严禁出现死弯）。图 2-20 为角钢固定支架位置。

图 2-20 角钢固定支架位置

d. 差压变送器在安装时应使低压侧保持通畅，无任何阻碍。设备吹扫、打压时要关闭膜盒取压阀，必要时需拆下仪表测量法兰，避免损坏膜盒。

e. 差压变送器使用时要注意三阀组或五阀组的启闭顺序，如图 2-21 所示。

开启时：应先打开截止阀 1，再关闭平衡阀 2，最后打开截止阀 3。

停止时：应先关闭截止阀 3，再打开平衡阀 2，最后关闭截止阀 1。

f. 差压变送器的取气方式，见图 2-22。

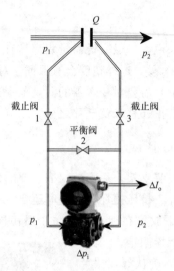

图 2-21 阀组启闭顺序

p_1、p_2—压力值；Q—流量；ΔI_o—电流信号差；Δp_i—压力差

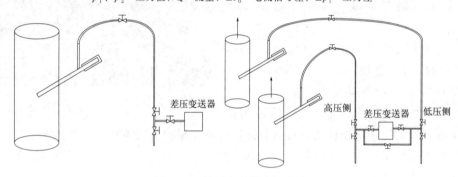

图 2-22 差压变送器取气方式

2.2.4 压力开关测量原理

当系统内压力高于或低于额定的安全压力时，感应器内碟片瞬时发生移动，通过连接导杆推动开关接头接通或断开，当压力降至或升至额定值时，碟片瞬时复位，开关自动复位，或者简单地说是当被测压力超过额定值时，弹性元件的自由端产生位移，直接或经过比较后推动开关元件，改变开关元件的通断状态，达到控制被测压力的目的。差压压力开关外观图如图 2-23 所示，电接点压力开关如图 2-24 所示。

图 2-23 差压压力开关

图 2-24 电接点压力开关

⚙ 任务实施

2.2.5 排除差压变送器与压力开关故障

故障1：控制室显示某设备差压变送器示数出现故障，需要维修，任务工单如表2-8所示。

表2-8　压力故障任务工单

部门	设备管理部	作业类型	正常维修	优先级	日常工作
负责人	张三	维修工	李四	成本	
设备	T-102	对象描述	PRC	功能位置	1002
开工时间	2020.1.5	完成时间	2020.1.6		
故障描述	锅炉炉膛负压突然没有显示				

根据任务工单，分析差压变送器可能出现的问题，然后进行检查维修。具体工作过程如下，完善表2-9内容。

表2-9　差压变送器任务工单分析表

开工作申请单	（见附录附表1）	备注
工作准备	材料准备： 工具准备：	
故障分析	怀疑导压管断裂	
故障排查与处理		
工作总结		
关工作申请单	完成人： 完成时间：	

压力开关常见故障现象、故障原因及处理方法如表2-10。

表2-10　压力开关常见故障表

故障现象	故障原因	故障处理
压力开关无输出信号	微动开关损坏	更换微动开关
	开关设定值调得过高	调整到适宜的设定值
	与微动开关相接的导线未连接好	重新连接使接触可靠
	感压元件装配不良,有卡滞现象	重新装配,使动作灵敏
	感压元件损坏	更换感压元件

续表

故障现象	故障原因	故障处理
压力开关灵敏度差	传动机构如顶杆或柱塞的摩擦力过大	重新装配,使动作灵敏
	微动开关接触行程太长	调整微动开关的行程
	调整螺钉、顶杆等调节不当	调节调整螺钉、顶杆位置
	安装不平或倾斜安装	改为垂直或水平安装
压力开关发信号过快	进油口阻尼孔大	把阻尼孔适当改小,或在测量管路上加装阻尼器
	隔离膜片碎裂	更换隔离膜片
	系统压力波动或冲击太大	在测量管路上加装阻尼器

故障 2:某球磨机的油泵停了,压力开关还是显示正常的绿色,需要维修,任务工单如表 2-11 所示。

表 2-11　压力开关任务工单

部门	设备管理部	作业类型	正常维修	优先级	日常工作
负责人	张三	维修工	李四	成本	
设备	15003	对象描述	PC	功能位置	1003
开工时间	2020.1.5	完成时间	2020.1.6		
故障描述	球磨机的油泵停了,压力开关还是显示正常的绿色				

根据任务工单,分析压力开关可能出现的问题,然后进行检查维修。具体工作过程如下,完善表 2-12 内容。

表 2-12　压力开关任务工单分析表

开工作申请单	(见附录附表 1)	备注
工作准备	材料准备: 工具准备:	
故障分析	现场就地压力表示数基本为零,DCS(集散控制系统)上测点置"off",状态是"active"	
工作实施		
工作总结		
关工作申请单	完成人: 完成时间:	

练习题

1. 某台测温仪表的测温范围为 0～500℃，校验该表得到的最大绝对误差为±3℃，试确定该仪表的精度等级。

2. 某台测温仪表的测温范围为 200～1200℃，根据工艺要求，温度指示值的最大绝对误差不得超过±7℃。试问怎样选择仪表的精度等级才能满足以上要求？

3. 系统误差的来源有哪些？

4. 某工业管道内蒸汽温度为 400～500℃，现有两支温度计：一支的测量范围为 0～500℃，2 级；另一支为 0～800℃，1 级。若要求测量误差 $\Delta \leqslant \pm10℃$，应选用哪支？为什么？

5. 压力有三种表示方法，请结合图 2-25，将它们和大气压力的关系填入右侧框中。

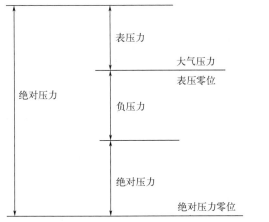

图 2-25　压力表示图

6. 真空度越高，说明绝对压力越大吗？为什么？

7. 弹性力平衡法是利用（　　　　　）受压力作用发生弹性形变而产生的（　　　　　）与被测（　　　　　）相平衡的原理，将（　　　　　）转换成（　　　　　），测其大小就可以测出（　　　　　）。

8. 常用的弹性元件有波纹管、膜盒、单圈弹簧管、多圈弹簧管、弹性膜片，请将 5 个名称填入图 2-26 对应的弹性元件中（p 为压力），并简单总结各自的特点。

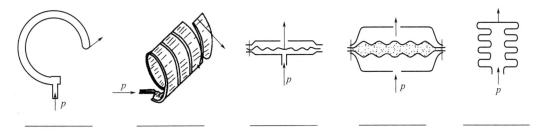

图 2-26　常用弹性元件图

9. 弹簧管压力表的横切面为（　　　　　）。

10. 图 2-27 所示为压力表示意图，填入各部分名称。

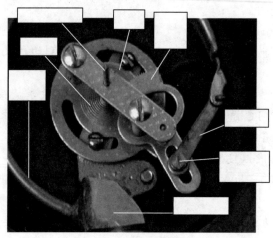

图 2-27　压力表示意图

11. 压电材料主要有（　　　　）、（　　　　）、（　　　　）。

12. 压电式压力传感器主要优点、缺点是什么？主要应用在哪里？

13. 电容式差压变送器是通过弹性膜片的位移引起（　　　　　）的变化从而测出压力或差压的。

14. 压阻式压力传感器以（　　　　）或（　　　　）为弹性元件，当其受压后，膜片的变形使（　　　　）发生变化。经常采用（　　　　）进行输出。

15. 压阻式压力传感器优点是什么？

16. 压阻式压力传感器可以用来测量（　　　　）。

17. 请将下列电气式压力检测仪表正确对应出来。

压阻式	电感的变化量	
电容式	电阻变化量	电压信号
应变式	电势	
电感式	差动电容	电流信号
霍尔式	电荷变化量	
压电式		

18. 压电式压力传感器利用压电材料的（　　　　）将被测（　　　　）转换为（　　　　）。压电材料在沿一定方向受到压力或拉力作用时而发生变形，并在其表面产生电荷；而且在去掉外力后，它们又重新回到原来的不带电状态，这种现象就称为（　　　　）。

19. 压阻式压力传感器是基于单晶硅半导体的（　　　　）而构成的。

学习笔记

....

....

....

扫码看答案

练习题
参考答案

项目考核

压力检测仪表选型与维护项目考核表

主项目及配分		具体项目要求及配分	评分细则	配分	学生自评	小组评价	教师评价
素养 (20分)	纪律情况 (6分)	按时到岗,不早退	缺勤全扣,迟到、早退视程度扣分	3分			
		积极思考,回答问题	根据上课统计情况得分	2分			
		学习习惯养成	准备齐全学习用品	1分			
		不完成工作	此为扣分项,睡觉、玩手机、做与工作无关的事情酌情扣1~6分				
	6S (3分)	桌面、地面整洁	自己的工位桌面、地面整洁无杂物,得2分;不合格酌情扣分	2分			
		物品定置管理	按定置要求放置,得1分;不合格不得分	1分			
	职业道德 (6分)	与他人合作	主动合作,得2分;被动合作,得1分	2分			
		帮助同学	能主动帮助同学,得2分;被动得1分	2分			
		工作严谨、追求完美	对工作精益求精且效果明显,得2分;对工作认真,得1分;其余不得分	2分			
	价值素养 (5分)	抗压能力	遇到问题,能不骄不躁认真解决,得2分	2分			
		工匠精神	体会大国工匠的精益求精,应用在学习工作中,得3分	3分			
核心技术 (60分)	压力检测仪表 (60分)	压力检测仪表工作原理	能掌握常用压力检测仪表原理,得20分;部分掌握,得8~15分;不清楚不得分	20分			
		故障处理	能掌握常用压力检测仪表故障处理方法,得20分;部分掌握,得8~15分;不掌握不得分	20分			
		仪表选用	能根据压力检测场合选择合适的压力检测仪表,得10分;部分选择合适,得6~8分;选择不合适不得分	10分			
		仪表安装	能掌握常用压力检测仪表安装方法、注意事项,得10分;部分掌握,得6~8分;不掌握不得分	10分			

续表

主项目 及配分	具体项目要求及配分		评分细则	配分	学生 自评	小组 评价	教师 评价
项目 完成 情况 (20分)	按时、 保质 保量 完成 (20分)	按时提交	按时提交,得6分;迟交酌情扣分;不交不 得分	6分			
		书写整齐度	文字工整、字迹清楚,得3分;抄袭、敷衍了 事酌情扣分	3分			
		内容完成程度	按完成情况得分	6分			
		回答准确率	视准确率情况得分	5分			
加分项(10分)	有独到的见解		视见解程度得分	10分			
合计							
总评							
组长签字							
教师签字							

👤📢 文化小窗

自主创新——研制原子弹发射系统配套元件

大膜片是原子弹的重要元件,在20世纪60年代,我国科学家自主研发解决了膜片成型技术和膜片热处理技术难题,研制出了原子弹发射系统配套元件中的大膜片。

流量检测仪表选型与维护

流量是工业生产过程操作与管理的重要依据。在具有流动介质的工艺过程中，物料通过工艺管道在设备之间来往输送和配比，生产过程中的物料平衡和能量平衡等都与流量有着密切的关系。因此通过对生产过程中各种物料的流量测量，可以进行整个生产过程的物料和能量衡算，实时最优控制。图3-1为流量检测仪表现场图。

一般所讲的流量大小是指单位时间内流过管道某一截面的流体数量，称为瞬时流量。在某一段时间间隔内流过管道某一截面的流体量的总和，即瞬时流量在某一段时间内的累积值，称为总量或累积流量。

图 3-1　流量检测仪表现场图

① 体积流量　用体积表示的瞬时流量 q_V，单位 m^3/s；用体积表示的累积流量 Q_V，单位 m^3。

② 重量流量　用重量表示的瞬时流量 q_g，单位 N/h；用重量表示的累积流量 Q_g，单位 N。

③ 质量流量　用质量表示的瞬时流量 q_m，单位 kg/s；用质量表示的累积流量 Q_m，单位 kg。

体积流量与流体密度（ρ，kg/m^3）相乘就是质量流量，即

$$q_m = q_V \rho$$
$$Q_m = Q_V \rho$$

测量流量的方法很多，其测量原理和所应用的仪表结构形式各不相同，目前有许多流量测量的分类方法，不同的测量方法对应有多种流量检测仪表，本书主要介绍的仪表如下。

① 速度式流量计　以测量流体在管道内的流速来计算流量的仪表，由于测量原理与方法的不同，分为差压式流量计、转子流量计、电磁流量计、涡轮流量计、涡街流量计、超声波流量计等。

② 容积式流量计　以单位时间内所推出流体固定体积作为测量依据来计算流量的仪表，如椭圆齿轮流量计、腰轮流量计、活塞式流量计等。

③ 质量流量计　质量流量检测方法有间接法（体积流量乘以流体密度）和直接法（仪表直接测得）两种。常见的质量流量计有科里奥利质量流量计、热式质量流量计等。

项目目标

专业能力	个人能力	社会能力
• 能够复述各种流量检测仪表的工作原理； • 能够识别不同的流量传感器，并对内部结构进行描述； • 能够规范地使用、维护和保养各类流量检测仪表； • 运用所学知识，判断流量是否在规定的范围内，以便使生产过程正常，保证产品的质量、产量和生产安全； • 能够监控流量检测仪表，确定容器中的原料、产品或半成品的数量，保证生产顺利； • 能够规范地使用工具（钳工工具、万用表等），排除仪表故障； • 能够根据工作现场需求，选用合适的流量传感器； • 能够测试流量检测仪表的功能，正确安装使用； • 能够根据现场液体、固体特性选择流量检测仪表	• 形成任务独立分析和独立执行能力； • 愿意进行知识的拓展和运用； • 提升口语表达能力； • 根据项目要求从厂家的产品说明书或网络中获取相关资料（邮件、网页、样本、手册、说明书等）； • 能够处理、整理工作表格与文字； • 能够解决工作过程中出现的问题	• 分析项目，与他人进行沟通交流，获取信息； • 任务完成后讲解展示工作计划与内容； • 完成工作任务的检测与交换工作； • 保持环保意识、质量意识； • 根据工作任务估算流量传感器维护成本，进行效益核算

引导题

1. 差压式流量计又称（　　　　　　），它是以测量流体流经（　　　　　　）所产生的净压差来显示流量大小的一种流量计。

2. 把流体流过阻力元件使流束收缩造成压力变化的过程称为（　　　　　　），其中的阻力元件称为（　　　　　　）。

3. 常见的标准节流装置有（　　　　　　）。

4. 电磁流量计是根据（　　　　　　）定律制成的一种测量导电液体体积流量的仪表。

5. 实际的电磁流量计由（　　　　　　）两大部分组成。

6. 超声波流量计利用（　　　　　　）在流体中的传播特性来实现流量测量。

7. 涡街流量计是根据（　　　　　　）原理制成的。

8. 转子在锥形管中的位置高度，与所通过的（　　　　　　）有着相互对应的关系。

9. 质量流量计既可实现对流体（　　　　　　）的测量，又可实现对（　　　　　　）的测量。

10. 科里奥利质量流量计的流体密度测量原理是（　　　　　　）与流体密度的平方根成反比，通过测量（　　　　　　）确定流体密度。

11. 科里奥利质量流量计由（　　　　　　）两大部分组成。

12. 转子流量计是由一个从下向上的逐渐扩大的锥形管和一个置于锥形管内可以沿管的中心线上下自由移动的（　　　　　　）构成。

13. 当测量流体的流量时，流体自下而上流入锥形管，被转子截流，这样在转子上、下游之间产生压力差，转子在压力差的作用下上升，这时作用在转子上的力有三个，分别是（　　　　　　）。

扫码看答案

引导题
参考答案

任务 3.1　检修速度式流量计

基础知识

3.1.1　差压式流量计

　　差压式流量计又称节流式流量计，是一种使用历史悠久、技术成熟完善的流量测量装置，它是以流体流经节流装置所产生的压力差来显示流量大小的一种流量计。差压式流量计外观如图 3-2 所示。它具有结构简单，安装方便，工作可靠，成本低，对流体的种类、温度、压力限制较少等特点，因而应用广泛。

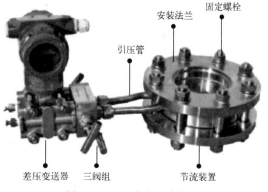

图 3-2　差压式流量计外观

(1) 差压式流量计原理

　　差压式流量计由节流装置、差压变送器、流量显示仪表三部分组成。差压式流量计在流通管道上安装有流动阻力元件，流体通过阻力元件时，流束将在阻力元件处形成局部收缩，使流速增大，静压力降低，于是在阻力元件前后产生压力差，如图 3-3 所示。

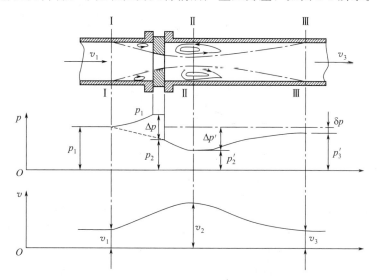

图 3-3　阻力元件前后流速和压力分布情况

　　该压力差通过差压变送器检出，流体的体积流量或质量流量与差压变送器所测得的差压值有确定的数值关系。通过测量差压值便可求得流体流量，并转换成电信号（如 4～20mA 直流）输出。把流体流过阻力元件使流束收缩造成压力变化的过程称为节流过程，其中的阻力元件称为节流元件。

连续流动的流体流经 Ⅰ—Ⅰ 截面时，如图 3-3，管中心的流速为 v_1，静压为 p_1，密度为 ρ_1，流体流经 Ⅱ—Ⅱ 截面时管中心的流速为 v_2、静压为 p_2，密度为 ρ_2，由于流体运动的惯性，流束最小截面处不在节流孔中，而是在 Ⅱ—Ⅱ 截面处。对于不可压缩的理想流体，当流体流过节流元件时，流体不对外做功，和外界没有热交换，而且节流元件前后的流体密度相等，即 $\rho_1 = \rho_2 = \rho$。根据伯努利方程推导可得流量与压差之间的关系为

$$q_V = \alpha \varepsilon A \sqrt{\frac{2(p_1 - p_2)}{\rho}}$$

式中，α 为流量系数；ε 为流体的膨胀系数，液体的 $\varepsilon = 1$；A 为节流装置的开口面积；p_1、p_2 为节流前后的压力；ρ 为流体密度。

因此只要测量出节流装置前后静压差 $(p_1 - p_2)$，就可以测出被测流量的大小。

(2) 差压式流量计的选用及注意问题

① 节流装置的选择　标准节流装置按国家规定的技术标准设计制造，无须标定即可应用，这是其他流量计难以具备的。它的适应性广，对各种工况下的单相流体、管径在 50～1000mm 范围内都可使用。它的不足之处就是量程比较小，一般为（3～4）∶1；压力损失较大，需消耗一定的动力；对安装要求严格，需要足够长的直管段。

常用节流装置是孔板、喷嘴、文丘里管，如图 3-4 所示。对于标准的节流元件，在设计计算时都有统一标准的规定、要求，以及计算所需的有关数据、图及程序；可直接按照标准制造、安装和使用，不必进行标定。

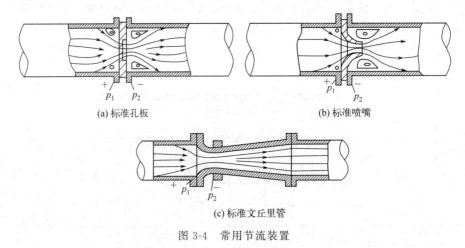

(a) 标准孔板　　　　　　　　(b) 标准喷嘴

(c) 标准文丘里管

图 3-4　常用节流装置

a. 标准孔板：要求开孔为圆孔，直角入口边缘非常锐利，且为对称；上游端面为平面，在表面任意两点的直线与垂直轴线的平面之间的斜度要小于 0.5%；必须设有流向标志；下游端面应与上游端面平行；其开孔直径在等角距上测量 4 个直径的平均值与单一测量值之差要小于 0.5%；各种技术尺寸应按 GB/T 2624.2—2006 规定进行设计加工。

b. 标准喷嘴：它是一个以管道喉部开孔轴线为中心线的旋转对称体，由两个圆弧曲面构成的入口收缩部分及与之相接的圆筒形喉部所组成，其压力损失比孔板小，可以用来测量温度和压力较高的蒸汽、气体的流量，但价格比孔板高。

c. 标准文丘里管：压力损失比孔板和喷嘴都小得多，可以测量含悬浮固体颗粒的液体，

较适用于测量流量。但价格昂贵，不适用于 200mm 以下管径的流量测量。

非标准节流装置也称特殊节流装置。例如双重孔板、偏心孔板、圆缺孔板、1/4 圆缺孔板、1/4 圆缺喷嘴等，它们可以利用已有实验数据进行估算，但必须用实验方法单独标定。非标准节流装置主要用于特殊介质或特殊生产条件的流量检测。

针对具体情况的不同，首要尽可能选择标准节流装置，不得已时才选择特殊节流装置。从使用角度看，对节流装置的具体选择，应考虑以下几方面。

a. 允许的压力损失：孔板的压力损失较大，可达最大压差的 50%～90%。喷嘴也可达 30%～80%，文丘里管可达 10%～20%。根据生产中管道输送压力及允许压力损失选定节流装置的类型，如果允许一定的压力损失，应优先考虑选用孔板。

b. 加工的难易：就加工制造及装配难易而言，孔板最简单，喷嘴次之，文丘里管最复杂，造价也是文丘里管最高，故一般情况下均应选用孔板。

c. 被测介质的侵蚀性：如果被测介质对节流装置的侵蚀性与磨损较强，最好选用文丘里管或喷嘴，孔板较不适合，原因是孔板的尖锐进口边缘容易被磨损成圆边，将严重影响它的测量准确度。

d. 现场安装条件：直管道长度是生产条件限定的。同样，只要条件允许就应选用孔板，虽然它要求的直管段长度较长，其次是喷嘴。通常情况下选用文丘里管较少。

② 使用节流装置应注意的问题　节流式流量计广泛地用于生产过程中各种物料（水、蒸汽、空气、煤气）等的检测与计量，为工艺控制和经济核算提供数据，因此要求测量准确，工作稳定可靠。为此，该流量计不仅需要合理选型、精确设计计算和加工制造，更应注意正确安装和使用，方能获得足够的实际测量准确度。以下列举一些造成测量误差的原因，以便在使用中注意，并予以适当处理。

a. 被测流体参数变化：节流装置使用特点之一，是当实际使用时的流体参数（密度、温度、压力等）偏离设计的参数时，流量计的显示值与实际值之间产生偏差，此时必须对显示值进行修正。当流体参数偏离不大时，可只考虑密度的变化。严格地说，流体压力和温度的变化，还会引起其他参数如 α、ε 等变化而偏离设计值。目前采用单片机构成的智能式质量流量计，不但能对上述所有变量进行自动修正，而且能进行多通道测量并显示，准确度高，便于集中检测控制，并能与计算机联网，应用已很普遍，一般说来应尽量选用这类智能式仪表。

b. 原始数据不正确：在节流装置设计计算时，必须按被测对象的实际情况提出原始数据，例如被测流体最大流量、常用流量、最小流量、流体的物理参数（温度、压力、密度与成分等）、管道实际内径、允许压力损失等。这些原始数据的准确性，将影响设计出来的节流装置的测量准确度，甚至决定能否使用的问题。例如，提供的流量测量范围过大或者过小、把管道的公称直径当作实际内径、温度和压力数值过高或过低等都是不正确的。为了提供准确的原始数据，专业人员应该相互配合，深入调查，掌握被测对象的实际资料。

c. 节流装置安装不正确：例如节流元件上下游直管段长度不够、孔板的方向倒装、节流元件开孔与管道轴线不同心、垫圈凸出等都可能造成难以估计的测量误差。

d. 维护工作疏忽：节流装置使用日久，由于受到流体的冲击、磨损和腐蚀，致使开孔边缘变钝，几何形状变化，从而引起测量误差。例如孔板入口边缘变钝，会使仪表示值偏低。此外，导压管路泄漏或阻塞、节流元件附近积垢等，也会造成测量不准确。因此，应该定期维护检查，检定周期一般不超过两年，对超过国家标准规定误差的节流装置应予以更换。

（3）差压式流量计安装与维护

①　差压式流量计的安装　安装节流元件的前后直管段原则上越长越好，但实际工程不可能，为此要保证节流元件前后段长度满足前 10D 后 5D（D 为管道内径）；节流元件的开孔中心须与管道中心线同心，其偏差不得超过 1°；安装孔板时，应确定好孔板节流元件方向与管道介质方向相符，孔板反装会造成流量指示变小；管道内的流束应该是稳定的；被测介质在流过节流装置时不应发生相变；对于新安装的管路系统必须在管道冲洗后再对节流元件进行安装。

②　常用取压方式　常用的取压方式有角接取压、法兰取压、径距取压、理论取压及管接取压五种。角接取压用得最多，其次是法兰取压。各种取压方式都规定了取压口位置、取压口直径、取压口加工及配合等，必须严格遵守，否则，微小变化都会带来较大的测量误差。

a. 角接取压：两个取压口以一定的角度安装在节流元件上下游。上下游取压管位于孔板（或喷嘴）的前后端面处。角接取压包括单独钻孔取压和环室取压。单独钻孔取压用在DN（公称直径）400 以上场合。角接取压适用于标准孔板、喷嘴，如图 3-5 为角接取压两种方法。

b. 法兰取压：上下游侧取压口的轴线至孔板上下游侧端面之间的距离均为（25.4±0.8)mm。取压口开在孔板上下游侧的法兰上，适用于标准孔板、楔形体，如图 3-6(a)。

c. 径距取压：上游侧取压口的轴线至孔板上游端面的距离为 D±0.1D，下游侧取压口的轴线至孔极下游端面的距离为 0.5D。适用于标准孔板（大口径）、长径喷嘴。如图 3-6(b)。

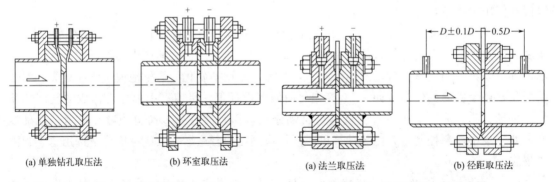

(a) 单独钻孔取压法　　(b) 环室取压法　　　　(a) 法兰取压法　　(b) 径距取压法

　　　图 3-5　角接取压　　　　　　　　图 3-6　法兰取压、径距取压

③　取压口的安装方式　测量液体流量时，取压口应位于管道下半部分，一般与管道中心的水平线成 45°角；差压式流量计的安装位置应选在节流装置的下方，导压管从取压口引出后最好垂直向下延伸，以便气泡向上排出。如果差压式流量计受现场条件限制不得不装在节流装置的上方，则导压管从节流装置引出后最好也先垂直向下，然后再弯曲向上，以形成U 形液封，并在导压管的最高点处安装集气器。

测量气体流量时，取压口应位于管道上半部分，一般与管道的垂直中心线成 45°角，方向朝上；差压式流量计应装在节流装置的上方，以防夹杂在气体中的水分进入导压管。

测量蒸汽流量时，取压口应位于管道上半部分，在靠近节流装置处的连接管路上加装冷凝器，并使两个冷凝器位于同一水平面。

（4）差压式流量计常见故障及处理方法（表 3-1）

表 3-1　差压式流量计常见故障及处理方法

故障现象	故障分析	处理方法
指示零或移动很小	① 平衡阀未全关闭或泄漏 ② 节流装置根部高低压阀未打开 ③ 节流装置至差压式流量计间阀门、管路堵塞 ④ 蒸汽导压管未完全冷凝 ⑤ 节流装置和工艺管道间衬垫不严密	① 关闭平衡阀，修理或换新 ② 打开高低压阀 ③ 冲洗管路，修复或换阀 ④ 待完全冷凝后打开仪表阀门 ⑤ 拧紧螺栓或换垫
指示在零下	① 高低压管路反接 ② 高压侧管路严重泄漏或破裂	① 检查并正确连接好 ② 换件或换管道
指示偏低	① 高压侧管路不严密 ② 平衡阀不严或未关紧 ③ 高压侧管路空气未排净 ④ 差压式流量计或二次仪表零位失调或变位	① 检查、排除泄漏 ② 检查、关闭或修理 ③ 排净空气 ④ 检查、调整
指示偏高	① 低压侧管路不严密 ② 低压侧管路积存空气 ③ 蒸汽的压力低于设计值 ④ 差压式流量计零位漂移	① 检查、排除泄漏 ② 排净空气 ③ 按实际密度补正 ④ 检查、调整
指示波动大	① 流量参数本身波动太大 ② 测压元件对参数波动较敏感	① 高低压阀适当关小 ② 适当调整阻尼作用
指示不动	① 防冻设施失效，差压式流量计及导压管内液压冻住 ② 高低压阀未打开	① 加强防冻设施的效果 ② 打开高低压阀

3.1.2　电磁流量计

扫码看视频
电磁流量计

　　电磁流量计简称 EMF，是 20 世纪 50～60 年代随着电子技术的发展而迅速发展起来的新型流量测量仪表，是根据法拉第电磁感应定律制成的一种测量导电液体体积流量的仪表。电磁流量计外观如图 3-7 所示。

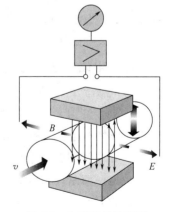

图 3-7　电磁流量计外观图　　　　　　　　　图 3-8　电磁流量计原理

（1）电磁流量计的原理

电磁流量计的测量原理图如图 3-8 所示，设在均匀磁场中，垂直于磁场方向有一个直径

为 D 的管道。管道由不导磁材料制成，当导电的液体在管道中流动时，导电液体切割磁力线，因而在磁场及流动方向垂直的方向上产生感应电动势，如安装一对电极，则电极间产生和流速成比例的电位差。感应电动势的大小为

$$E = BDv$$

式中，B 为磁感应强度；D 为管道直径；v 为流体平均流速。

则流体的体积流量为

$$q_V = \frac{\pi D^2}{4} v = \frac{\pi D}{4B} E$$

由上式可知，体积流量 q_V 与 E 和 D 成正比，与 B 成反比，与其他物理参数无关，这就是电磁流量计的测量原理。

需要说明的是电磁流量计的使用必须满足下列条件：磁场是均匀分布的恒定磁场；被测流体的流速轴对称分布；被测液体是非磁性的；被测液体的电导率均匀且各向同性。

实际的电磁流量计由流量传感器和转换器两大部分组成。如图 3-9 所示是电磁流量计典型结构图，测量管上下装有励磁线圈，通过励磁电流产生磁场穿过测量管，一对电极装在测量管内壁与液体相接触，引出感应电动势，送到转换器。励磁电流则由转换器提供。

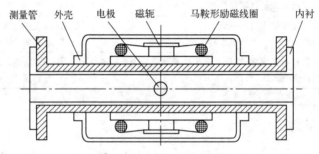

图 3-9　电磁流量计结构

按励磁方式分为直流励磁和交流励磁。直流励磁用于测量液态金属表面流量，交流励磁是用 50Hz 工频市电励磁，产生正弦交变磁场。采用交流励磁可避免直流励磁电极表面产生极化现象，但易受市电引起的与流量信号正交及同相位的各种感应噪声的影响，现在逐渐被低频矩形波励磁所代替。

(2) 电磁流量计的特点与安装维护

① 电磁流量计的特点

a. 测量管内无可动部件，几乎没有压力损失，也不会发生堵塞现象。特别适用于矿浆、泥浆、纸浆、泥煤浆和污水等固液两相介质的流量测量。

b. 由于测量管及电极都衬有防腐材料，故也适用于各种酸、碱、盐溶液。

c. 电磁流量计无机械惯性，反应灵敏，可以测量脉动流量。

d. 测量范围很宽，适于管径从几毫米到 2000mm；插入式电磁流量计适应的管径可达 3000mm。速度范围为：流体 2～4m/s，最高 10m/s。量程比：一般为 20∶1，可高达 100∶1。测量精度 ±(0.5%～1%)。

电磁流量计也有不足之处，主要是：

a. 管道上安装电极及衬里材料的密封受温度的限制，它的工作温度一般为 40～130℃，

工作压力为 $0.6 \sim 1.6MPa$。

b. 电磁流量计要求被测介质必须具有导电性能，由于电导率的限制，因此电磁流量计不适于气体、蒸汽与石油制品的流量测量。

② 电磁流量计的安装维护

a. 电磁流量计安装时要求传感器的测量管内必须充满液体，并且不允许有气泡产生。垂直安装可以避免固液两相分布不均匀或液体内残留气体的分离，这样可以减少测量误差。

b. 不要将传感器安装在泵的入口侧，以避免抽压时损坏测量管内衬。使用活塞泵、隔膜泵或蠕动泵时，需要安装脉动缓冲器。

c. 满足下列前后直管段长度要求，以确保测量精度：前直管段长度≥5DN，后直管段长度≥2DN。

d. 避开振动源或安装减振管。

e. 电磁流量计传感器的输出信号比较微弱，一般满量程只有几毫伏，流量很小时只有几微伏，故易受外界磁场的干扰。因此传感器的外壳、屏蔽线及测量管均应妥善地单独接地，不允许接在电机及变压器等的公共中线上或水管上。为了防止干扰，传感器及转换器均应安装在远离大功率电气设备（如电机及变压器）的地方。

f. 电磁流量计传感器及转换器应用同一相的电源，不同相的电源可使检测信号与反馈信号相位差120°，相敏整流器的整流效率将大大降低，以致仪表不能正常工作。

g. 仪表使用一段时间后，管道内壁可能积垢，垢层的电阻低，严重时可能使电极短路，表现为流量信号越来越小或突然下降。此外，管壁内衬也可能被腐蚀和磨损，产生电极短路和渗漏现象，造成严重的测量误差，甚至仪表无法继续工作。因此，传感器必须定期维护清洗，保持测量管内部清洁，电极光亮平整。

（3）电磁流量计常见故障及处理方法（表3-2）

表 3-2　电磁流量计常见故障及处理方法

故障现象	故障分析	处理方法
仪表无流量信号输出	① 仪表供电不正常 ② 电缆连接不正常 ③ 液体流动状况不符合要求 ④ 传感器零部件损坏或测量内壁有附着层 ⑤ 转换器元器件损坏	① 检查电源线路板输出各路电压是否正常 ② 正确连接电缆 ③ 检查液体流动方向和管内液体是否充满 ④ 定期清理覆盖的液体结疤层 ⑤ 更换损坏的元器件
输出值波动	① 外界杂散电流等产生的电磁干扰 ② 管道未充满液体或液体中含有气泡 ③ 流量计的电源板松动	① 检查仪表运行环境内是否有大型电器或电焊机在工作 ② 使液体满管或气泡平复 ③ 将流量计拆卸开，重新固定好电路板
流量测量值与实际值不符	① 变送器电路板故障 ② 信号电缆连接不好	① 检查变送器电路板是否完好 ② 检查信号电缆连接和电缆的绝缘性能是否完好
输出信号超量程	① 信号电缆接线出现错误 ② 转换器的参数设定不正确 ③ 转换器与传感器型号不配套	① 检查信号回路连接情况 ② 检查转换器的各参数设定和零点、满度是否符合要求 ③ 调换转换器与传感器的型号

3.1.3　超声波流量计

（1）超声波流量计的原理

超声波流量计是一种非接触式流量测量仪表，超声波流量计外观如图 3-10 所示。它利用超声波在流体中的传播特性来测量流体的流速和流量，有时差法、速差法、频差法、多普勒法及相关法等。这里只介绍频差法。

图 3-10　超声波流量计外观图

超声波的发射和接收换能器，一般采用压电陶瓷元件，接收换能器利用其压电效应，发射换能器则利用其逆压电效应。为保证声能损失小、方向性强，必须把压电陶瓷片封装在声楔之中。声楔应有良好的透声性能，常用有机玻璃、橡胶或塑料制成。压电元件常用锆钛酸铅（PZT）。通常把发射和接收换能器用完全相同的材质和结构做成，可以互换使用或兼作两用。

频差法是测量超声波在顺流与逆流方向的传播频率差来求算流量的，如图 3-11 所示，超声换能器 A 和 B 分装在管道外壁两侧，以一定的倾角对称布置，在电路的作用下，换能器产生超声波以一定的入射角射入管壁，然后折射入流体，在流体内传播，穿过管壁为另一换能器所接收。两个换能器是相同的，通过收发转换器控制，可交替作为发射器和接收器。

设流体的流速为 v，管道内径为 D，超声波束与管道轴线的夹角为 θ，超声波的静止流体中的声速为 c。若 A 换能器发射超声波，则其在顺流方向的传播频率 f_a 为

$$f_a = \frac{c + v\cos\theta}{D/\sin\theta} = \frac{(c + v\cos\theta)\sin\theta}{D}$$

若 B 换能器发射超声波，则其在逆流方向的传播频率 f 为

$$f = \frac{c - v\cos\theta}{D/\sin\theta} = \frac{(c - v\cos\theta)\sin\theta}{D}$$

故顺流与逆流传播频率差（频差）Δf 为

$$\Delta f = f_a - f = \frac{\sin 2\theta}{D}v$$

由此可得流体的体积流量 Q 为

$$Q = \frac{\pi D^2}{4}v = \frac{\pi D^3}{4\sin 2\theta}\Delta f$$

对于一个个体测量计，式中 D、θ 是常数，则 Q 与 Δf 成正比，即测量频差可算出体积流量。

图 3-11 是超声波流量计的测量电路方框图，M 为倍率，由于 Δf 很小，为了提高测量准确度，采用了倍频回路（倍率为数十倍到数百倍），然后，把倍频的脉冲数对应顺流与逆

流方向进行加减运算求差值，然后经 D/A 转换（数模转换）并放大成标准电流信号（4～20mA DC），以便显示记录和累积流量。

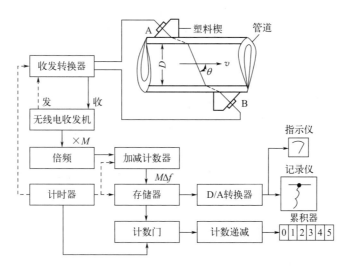

图 3-11　超声波流量计频差法测量流量

超声波流量计可用来测量液体和气体的流量，比较广泛地用于测量大管道液体（如自来水）的流量，甚至江河的流速。它没有插入被测流体管道的部件，故没有压力损失，可以节约能源。由于换能器与流体不接触，对腐蚀很强的流体也同样可准确测量。超声换能器在管外壁安装，故安装和检修时对流体流动和管道都毫无影响。超声波流量计的测量准确度一般为 ±(1%～2%)，测量管道液体流速范围一般为 0.5～5m/s。

（2）超声波流量计的结构及安装

① 超声波流量计的结构　超声波流量计由超声换能器、电子线路和流量显示三部分组成。根据超声换能器的不同，可分为外贴式、插入式和管道式三种超声波流量计，如图 3-12 所示。

(a) 管道式超声波流量计　　(b) 外贴式超声波流量计　　(c) 插入式超声波流量计

图 3-12　不同结构超声波流量计

a. 外贴式超声波流量计是生产最早、用户最熟悉且应用最广泛的超声波流量计，安装换能器无须管道断流，即贴即用。

b. 管道式超声波流量计把换能器和测量管组成一体，精度比其他形式超声波流量计高。

c. 插入式超声波流量计利用专门的工具在管道上打孔，把换能器插入管道内。

② 超声波流量计安装方式　安装方式有直接透过法、反射法、交叉法，如图 3-13 所示。

a. 直接透过法，又称 Z 法，主要适用于流体以管轴为对称轴沿管轴平行流动的情形。Z 法方式安装的换能器超声波信号强度高，测量的稳定性也好。

b. 反射法，又称 V 法，V 法安装时超声波信号行程增加 1 倍。适用于小管径、管道条件好的流量测量。

c. 交叉法，又称 X 法，同 V 法适用条件一样，是 V 法的变形。安装距离会受到限制。

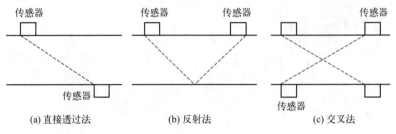

(a) 直接透过法　　　　(b) 反射法　　　　(c) 交叉法

图 3-13　超声波流量计安装方式

③ 超声波流量计安装事项及要求　避免在水泵、大功率电台、变频等有强磁场和振动干扰处安装机器；选择管材均匀致密、易于超声波传输的管段；要求有足够长的直管段，安装点上游直管段长度必须大于 10D，下游长度大于 5D，流体应充满管道；介质温度一般不超过 200℃。

(3) 超声波流量计常见故障及处理方法（表 3-3）

表 3-3　超声波流量计常见故障及处理方法

故障现象	故障分析	处理方法
流速显示数据剧烈变化	传感器安装在管道振动大的地方或安装在调节阀、泵、缩流孔的下游	将传感器安装在远离振动的地方或移至改变流态装置的上游
传感器是好的,但流速低或没有流速	① 管道内油漆、铁锈未清除干净 ② 管道面凹凸不平或安装在焊接缝处 ③ 传感器与管道耦合不好，耦合面有缝隙或气泡 ④ 传感器安装在套管上，则会削弱超声波信号	① 重新清理管道,安装传感器 ② 将管道磨平或在远离焊缝处安装传感器 ③ 重新涂耦合剂 ④ 将传感器移到无套管的管段部位上
流量计工作正常,突然流量计不再测量流量了	① 被测介质发生变化 ② 被测介质由于温度过高产生汽化 ③ 被测介质温度超过传感器的极限温度 ④ 传感器下面的耦合剂老化或消耗了 ⑤ 由于出现高频干扰使仪表超过自身滤波值 ⑥ 计算机内数据丢失	① 改变测量方式 ② 降温 ③ 降温 ④ 重新涂耦合剂 ⑤ 远离干扰源 ⑥ 重新输入数值

3.1.4　涡街流量计

涡街流量计是在流体中安放一根（或多根）非流线型阻流体，流体在阻流体两侧交替地分离释放出两串规则的漩涡，在一定的流量范围内漩涡分离频率正比于管道内的平均流速，通过采用各种形式的检测元件测出漩涡分离频率，就可以推算出流体的流量。涡街流量计外观图如图 3-14 所示。

扫码看视频

涡街流量计

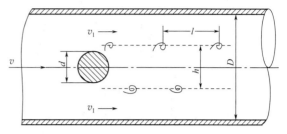

图 3-14 涡街流量计外观图   图 3-15 卡门涡街流量计原理

(1) 涡街原理

流体在流动过程中，遇到障碍物必然产生回流而形成漩涡。在流体中垂直插入一根圆柱体（或三棱柱体、方柱体等）作为漩涡发生体，流体流过柱体，当流速高于一定值时，在柱体两侧就会产生两排交替出现的漩涡列，称为卡门涡街，简称涡街，如图 3-15 所示。

要形成稳定涡街必须满足的关系：$h/l = 0.281$。根据卡门涡街形成原理，单列漩涡产生的频率 f 为

$$f = Sr \frac{v_1}{d} = Sr \frac{v}{md}$$

式中 v_1、v——分别为圆柱体两侧的流体速度和管道流体的平均流速，m/s；

       d——圆柱体直径，m；

       m——管道流体的平均流速与圆柱体两侧流速之比，$m = v/v_1$；

       Sr——斯特劳哈尔数，在 Re（雷诺数）$= 5 \times 10^2 \sim 15 \times 10^4$ 范围内，Sr 基本上是一个常数，对于圆柱体 $Sr = 0.21$，对于三角柱体 $Sr = 0.16$。

令 $\beta = d/D$（D 为管道直径），当 $\beta \leqslant 0.35$ 时，$m = (1 - 1.27\beta)$，则流体的体积流量 Q 为

$$Q = A_0 (d/Sr)(1 - 1.27\beta)f$$

式中 A_0——管道截面积。

当管道内径和圆柱体的几何尺寸确定后，体积流量只与单列漩涡产生的频率成正比（系数为 K），而与流体的物理性质（温度、压力、密度、成分等）无关，于是得

$$Q = Kf$$

如采用三棱柱体作为漩涡发生体，其迎流面的边长或宽度为 d_1，流体的体积流量 Q 为

$$Q = A_0 (d_1/Sr)(1 - 1.5\beta)f$$

(2) 涡街流量计的组成

涡街流量计由传感器和转换器组成，如图 3-16 所示。传感器包括漩涡发生体（阻流体）、检测元件、仪表表体等；转换器包括前置放大器、滤波整形电路、D/A 转换电路、输出接口电路、端子、支架和防护罩等。涡街流量计的漩涡发生体形状有单漩涡发生体、双漩涡发生体、多漩涡发生体等，如图 3-17 所示。近年来，智能式流量计还把微处理器、显示通信及其他功能模块也装在转换器内。

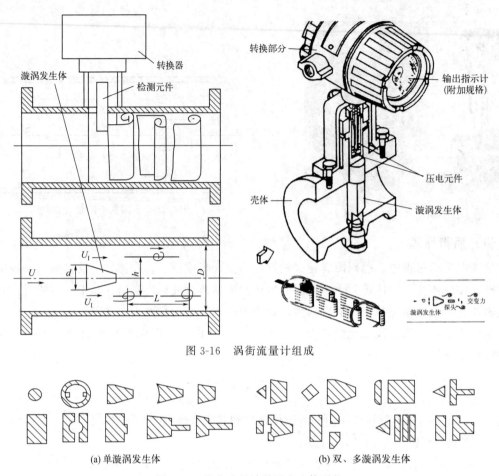

图 3-16　涡街流量计组成

(a) 单漩涡发生体　　　　　　　(b) 双、多漩涡发生体

图 3-17　涡街流量计漩涡发生体形状

（3）流量的检测方法

① 电容检测法　在三角柱的两侧面各有相同的弹性金属膜片，内充硅油，漩涡引起的压力波动使两膜片与柱体间构成的电容产生差动变化。其变化频率与漩涡产生的频率相对应，故检测电容变化频率可推算出流量。

② 应力检测法　在三角柱中央或其后部插入嵌有压电陶瓷片的杆，杆端为扁平片，产生漩涡引起的压力变化作用在杆端而形成弯矩，使压电元件出现相应的电荷。此法技术上比较成熟，应用较多，已有系列化产品。

③ 热敏检测法　在圆柱体下端有一段空腔，被隔板分成两侧，中心位置有一根细铂丝，它被加热到比所测流体温度略高 10℃ 左右，并保持温度恒定。产生漩涡引起压力的变化，流体向空腔内流动，穿过空腔将铂丝上的热量带走，铂丝温度下降，电阻值变小。其变化频率与漩涡产生的频率相对应，故可通过测量铂丝阻值变化的频率来推算流量。

④ 超声检测法　在柱体后设置横穿流体的超声波束，流体出现漩涡将使超声波由于介质密度变化而折射或散射，使收到的声信号产生周期起伏，经放大得到相应于流量变化的脉冲信号。

此外，还有利用磁或光在漩涡压力作用下转变为电脉冲的不同方法。

（4）涡街流量计的安装

涡街流量计适用于测量液体、气体、蒸汽的单相介质流量，满管式涡街流量计管径范围为

25～250mm，插入式管径范围为 250～2000mm。主要技术性能是：雷诺数范围 (2×10^4)～(7×10^6)，介质温度 -40～$300℃$，介质压力 0～2.5MPa。介质流速：空气 5～60m/s，蒸汽 6～70m/s，水 0.4～7m/s。量程比 10：1，测量精度 $\pm1\%$（满管式）、$\pm2.5\%$（插入式）。传感器安装要求如下，其上下游直管段要求见图 3-18。

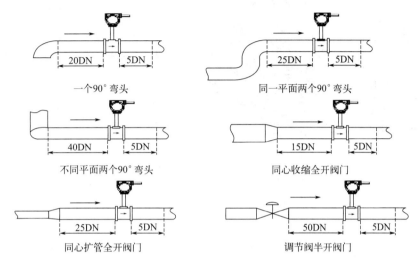

一个90°弯头   同一平面两个90°弯头

不同平面两个90°弯头   同心收缩全开阀门

同心扩管全开阀门   调节阀半开阀门

图 3-18 传感器上下游直管段长度的要求

传感器可以安装在水平、垂直或倾斜的管道上，但当测量液体时，管道内必须充满液体；

传感器的上游侧和下游侧应有较长的直管段，上游应尽量避免安装调节阀；

被测介质含有较多杂质时，应在传感器上游直管段要求的长度以外加装过滤器；

传感器应避免安装在有机械振动的管道上，并尽量避开强电磁场干扰。

(5) 涡街流量计常见故障及处理方法（表3-4）

表 3-4 涡街流量计常见故障及处理方法

故障现象		故障分析	处理方法
管道有流量，仪表无输出	仪表无显示无输出	① 电源出现故障 ② 供电电源未接通 ③ 连接电缆断线或者接线错误	① 重新供电或者更换电源 ② 接通电源 ③ 重新接线,检查电缆
	仪表有显示无输出	① 流量过低,没有进入测量范围 ② 主板有故障 ③ 探头体有损伤 ④ 管道堵塞或者传感器被卡死	① 增大流量或者重新选择流量计 ② 更换主板 ③ 更换探头 ④ 重新安装仪表
流量输出不稳定	选型安装及其管道原因	① 有较强电干扰信号,仪表未接地,流量与干扰信号叠加 ② 直管段不够或者管道内径与仪表内径不一致 ③ 管道振动的影响 ④ 流量计安装不同心 ⑤ 流体不满管 ⑥ 流量测量值高于实际值 ⑦ 流体中存在气穴现象	① 重新接好屏蔽地 ② 重新更换安装位置 ③ 加固管道,减小振动 ④ 重新安装仪表 ⑤ 检查流体流况及其仪表安装位置 ⑥ 检查上游管线是否有异物 ⑦ 仪表下游加装阀门,增大背压
	仪表原因	仪表菜单设置错误	重新按要求设置菜单

3.1.5　转子流量计

转子流量计又称浮子流量计，是基于浮子位置测量的一种变面积流量的仪表，能测量封闭管道中各种液体或气体的瞬间流量，压力损失小，安装维护方便，可广泛用于复杂、恶劣环境及各种介质条件的流量测量与过程控制中。转子流量计外观图如图3-19所示。

图 3-19　转子流量计外观图

主要特点：压力损失小、性能可靠、检测范围大（量程比 10：1）、结构简单、安装使用方便、价格便宜，只能垂直安装，且流体的流向是自下而上，检测精度可达±（1%～2%），特别适用于小管径流量测量。

为适应不同行业的需求，转子流量计可分玻璃转子流量计和金属管转子流量计两大类。其中玻璃转子流量计具有透明度高、读数直观、重量轻、寿命长、安装连接方便等特点，但易破裂，一般只用于常温、常压下透明介质的流量测量，是直接观察介质流动状态的就地指示型仪表。

金属管转子流量计（又称金属浮子流量计），按其传输信号方式的不同又分为远传型和就地指示型两种。多用于高温、高压介质，并可适用于不透明介质和腐蚀性介质的流量测量，具有结构简单、工作可靠、适用范围广、精度较高、安装方便等特点。

（1）转子流量计原理

转子流量计是由一个从下向上的逐渐扩大的锥形管和一个置于锥形管内可以沿管的中心线上下自由移动的转子（也称浮子）构成。当测量流体的流量时，流体自下而上流入锥形管，被转子截流，这样在转子上下游之间产生压力差，转子在压力差的作用下上升，这时作用在转子上的力有三个：流体对转子的动压力、转子在流体中的浮力和转子自身的重力。

转子流量计垂直安装时，转子重心与锥管管轴会相重合，作用在转子上的三个力都平行于管轴。当这三个力达到平衡时，转子就平稳地浮在锥管内某一位置上。对于给定的转子流量计，转子大小和形状已经确定，因此它在流体中的浮力和自身重力都是已知常量，唯有流体对浮子的动压力是随来流流速的大小而变化的。因此当来流流速变大或变小时，转子将做向上或向下的移动，相应位置的流动截面积也发生变化，直到流速变成平衡时对应的速度，转子就在新的位置上稳定。对于一台给定的转子流量计，转子在锥管中的位置与流体流经锥管的流量的大小成一一对应关系。这就是转子流量计的计量原理，如图3-20所示。

分析表明，转子在锥形管中的位置高度，与所通过的流量有着相互对应的关系。因此，观测转子在锥形管中的位置高度，就可以求得相应的流量值。为了使转子在锥形管的中心线上下移动时不碰到管壁，通常采用两种方法：一种是在转子中心装有一根导向芯棒，以保持转子在锥形管的中心线做上下运动；另一种是在转子圆盘边缘开有一道道斜槽，当流体自下而上流过转子时，一面绕过转子，同时又穿过斜槽产生一反推力，使转子绕中心线不停地旋转，就可保持转子在工作时不碰到管壁。转子流量计的转子材料可用不锈钢、铝、青铜等制成。

转子流量计由传感器和转换器构成。传感器包括：测量管、浮子、支撑架、导向杆等。转换器一般包括：磁耦合器、显示面板、指针等。图3-21为转子流量计结构。

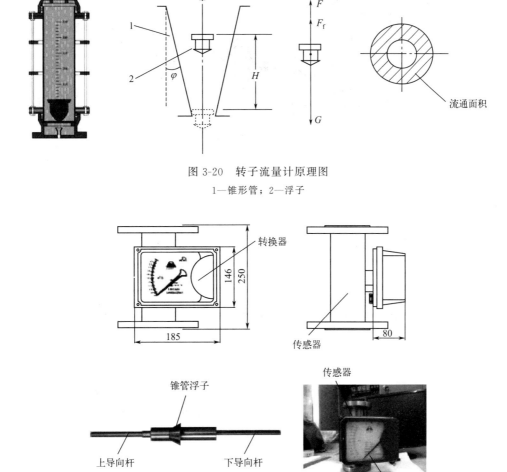

图 3-20　转子流量计原理图
1—锥形管；2—浮子

图 3-21　转子流量计结构

转换器部分检测浮子运动方式有角位移式金属浮子流量检测和磁阻式金属浮子流量检测两种方式。

① 角位移式金属浮子流量检测　浮子内嵌磁铁，流量变化时，内磁铁随浮子上下移动，引起外磁钢的位移，连杆随之转动一定角度，从而将浮子的直线位移转换为连杆的角度位移，如图 3-22 所示。

② 磁阻式金属浮子流量检测　浮子内嵌磁铁，在金属锥管管体外安装圆形磁体，通过磁路耦合将浮子的纵向位移转换成外部磁体的角度变化，并通过磁阻元件测量此角度。如图 3-23 所示，设计与磁阻元件配套的硬件电路，实现流量的测量。图中 PWM 指脉冲宽幅调制。

（2）转子流量计的安装

转子流量计垂直安装在无振动的管道上。流体自下而上流过流量计，且垂直度不大于 2°。

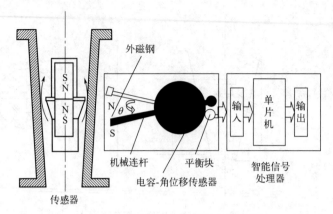

图 3-22 角位移式金属浮子流量检测

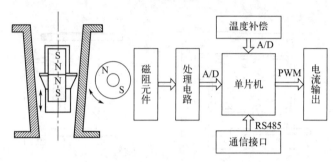

图 3-23 磁阻式金属浮子流量检测

　　需要保证流量计前后直管段满足前 $5D$，后 $3D$。确保周围其他设备产生的磁场不影响测量结果。含有铁磁性物质介质应安装磁过滤器，如果介质中含有固体杂质，应考虑在阀门和直管段之间加装过滤器。当用于气体测量时，应保证管道压力不小于 5 倍流量计的压力损失，以使浮子稳定工作。为避免由于管道引起的流量计变形，工艺管道的法兰必须与流量计的法兰同轴并且相互平行，应适当地增强管道支承以避免管道振动和减少流量计的轴向负荷，测量系统中控制阀应安装在流量计下游。应避免安装在磁场附近，远离大电机及变频设备。

（3）转子流量计常见故障及处理方法（表 3-5）

表 3-5　转子流量计常见故障及处理方法

故障现象	故障分析	处理方法
流量计指针抖动	① 介质脉动 ② 气压不稳	① 加大阻尼 ② 采用稳压或稳流装置
指针停到某一位置不动	① 开启阀门过快，浮子卡死 ② 浮子导向杆与止动环不同心	① 减慢开阀速度 ② 拆下仪表调整
测量误差大	① 安装不符合要求 ② 液体介质的密度变化较大 ③ 温度压力影响较大 ④ 管道振动	① 垂直或水平安装倾角不大于 20° ② 计算误差修正系数，乘以读数换成真实流量 ③ 采用温压补偿 ④ 找专业人员调整部件位置

任务实施

3.1.6 检修电磁流量计

某设备电磁流量计出现故障,需要维修,任务工单见表3-6。

表3-6 检修电磁流量计任务工单

部门	设备管理部	作业类型	正常维修	优先级	日常工作
负责人	张三	维修工	李四	成本	
设备	V-101	对象描述	LIC	功能位置	1011
开工时间	2020.1.5	完成时间	2020.1.6		
故障描述	电磁流量计出现测量值与实际值不符				

根据任务工单,分析电磁流量计可能出现的问题,然后进行检查维修。具体工作过程如下,完善表3-7内容。

表3-7 电磁流量计任务分析表

开工作申请单	(见附录附表1)	备注
工作准备	材料准备: 工具准备:	
工作分析	电磁流量计出现测量值与实际值不符,检查是不是变送器电路板故障或者信号电缆故障	
工作实施		
工作总结		
关工作申请单	完成人: 完成时间:	

3.1.7 选择速度式流量计

某厂家需要采购流量计，具体要求见表 3-8，根据生产需求，选择合适的速度式流量计。

表 3-8 速度流量计任务工单

部门	设备采购部	作业类型	购买	优先级	日常工作
负责人	张三	工程师	李四		
介质描述 （环境描述）		精馏塔塔釜温度是保证产品分离纯度的重要间接控制指标，一般要求它保持在一定的数值。通常采用改变进入再沸器的加热蒸汽量来对塔釜温度进行控制，从而保持塔釜温度的恒定。由于温度对象滞后比较大，通过加热蒸汽量控制塔釜温度的方法存在延迟，当蒸汽压力波动比较厉害时，控制不及时，会使控制质量不够理想。为解决这个问题，可以采用塔釜温度与加热蒸汽流量的串级控制系统，所以根据具体工艺要求，需要对蒸汽流量进行测量。蒸汽温度可达230℃			
工作任务	选用合适的流量计，测量装置内蒸汽的流量				

根据采购要求，分析各种流量计的测量原理、应用领域、测流量范围、价格等因素，填写表 3-9，然后确定选用的流量计。

表 3-9 流量计分析表

	项目	差压式流量计	涡街流量计	电磁流量计
流量计资料	测量原理			
	应用领域			
	测流量范围			
	安装维护			
	价格			
选用仪表分析				
工作总结				
备注				

任务 3.2　维护容积式流量计

🧠 基础知识

扫码看视频

容积式流量计

3.2.1　椭圆齿轮流量计

椭圆齿轮流量计是容积式流量计的一种。它对被测流体的黏度变化不敏感，特别适合于测量高黏度的流体（如重油、聚乙烯醇、树脂等），甚至糊状物的流量。椭圆齿轮流量计外观图见图 3-24。

（1）工作原理

椭圆齿轮流量计的测量部分由两个相互啮合的椭圆形齿轮 A 和 B、轴及壳体组成。椭圆齿轮与壳体之间形成测量室，如图 3-25 所示。

图 3-24　椭圆齿轮流量计外观图

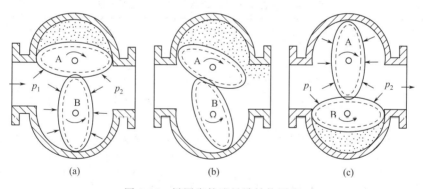

图 3-25　椭圆齿轮流量计结构原理

当流体流过椭圆齿轮流量计时，由于克服阻力将会引起阻力损失，从而使进口侧压力 p_1 大于出口侧压力 p_2，在此压力差的作用下，产生作用力矩使椭圆齿轮连续转动。在图 3-25(a) 所示的位置时，由于 $p_1 > p_2$，在 p_1 和 p_2 的作用下所产生的合力矩使 A 轮顺时针方向转动，这时 A 为主动轮，B 为从动轮。如图 3-25(b) 上所示为中间位置时，根据力的分析可知，此时 A 轮与 B 轮均为主动轮。当继续转至图 3-25(c) 所示位置时，p_1 和 p_2 作用在 A 轮上的合力矩为零，作用在 B 轮上的合力矩使 B 轮做逆时针方向转动，并把已吸入半月形测量室内的介质排至出口，这时 B 轮为主动轮，A 轮为从动轮，与图 3-25(a) 所示情况刚好相反。如此往复循环，A 轮和 B 轮互相交替地由一个带动另一个转动，并把被测介质以半月形测量室容积为单位一次次地由进口排至出口。显然，图 3-25(a)～(c) 所示仅仅表示椭圆齿轮转动了 1/4 周的情况，而其所排出的被测介质为一个半月形测量室容积。所

以，椭圆齿轮每转一周所排出的被测介质量为半月形测量室容积的 4 倍。故通过椭圆齿轮流量计的体积流量 Q 为

$$Q = 4nV_0$$

式中，n 为椭圆齿轮的旋转速度；V_0 为半月形测量室容积。

由上式可知，在椭圆齿轮流量计的半月形测量室容积 V_0 已定的条件下，只要测出椭圆齿轮的转速 n，便可知道被测介质的流量。

椭圆齿轮流量计的流量信号（即转速 n）的显示，有就地显示和远传显示两种。配以一定的传动机构及计数机构，就可记录或指示被测介质的总量。

（2）使用特点

椭圆齿轮流量计是基于容积式流量计原理测量的，与流体的黏度等性质无关。因此，椭圆齿轮流量计特别适用于高黏度介质的流量测量。椭圆齿轮流量计测量精度较高，压力损失较小，安装使用也较方便。但是，在使用时要特别注意被测介质中不能含有固体颗粒，更不能夹杂机械物，否则会引起齿轮磨损以至于损坏。为此，椭圆齿轮流量计的入口端必须加装过滤器。另外，椭圆齿轮流量计的使用温度有一定范围，温度过高，就有使齿轮发生卡死的可能。

椭圆齿轮流量计的结构复杂，加工制造较为困难，因而成本较高。如果因使用不当或使用时间过久，发生泄漏现象，就会引起较大的测量误差。

（3）常见故障及处理方法（表 3-10）

表 3-10　椭圆齿轮流量计常见故障及处理方法

故障现象	故障分析	处理方法
流量计突然无法测量	① 工艺管道内有杂物，堵塞椭圆齿轮 ② 气压不稳 ③ 被测介质在半月形测量室内固化	① 清洗更换工艺管道 ② 测试工艺管道压力 ③ 打开半月形测量室，清理杂物
指针旋转不稳定	① 传动机构装配不当 ② 齿轮组松动	① 重新组装传动机构和计数机构 ② 拧紧精度调节齿轮总成
测量误差大	① 椭圆齿轮内套和端垫磨损严重，测量介质黏度小于测试介质黏度，流量过低 ② 液体中可能含有气体	① 根据实际测量的液体黏度，更换垫片，重新调整流量计；也可以计算误差，然后调节误差调节器的旋钮，增加仪器值的误差，微调一个刻度，增加或减少仪器记录 0.05%；粗调节到 0.45% ② 排出气体

3.2.2　腰轮流量计

腰轮流量计是一种容积式流量仪表，可用来连续测量管道中流过液体的体积流量，见图 3-26。腰轮流量计由计量部分和积算部分组成，能实现就地指示和远传功能，具有精度高、可靠性好、牢固耐用、寿命长、使用方便等优点，广泛应用于石油、化工、轻工、交通、商业等领域，对石油等制品、化学溶剂等流体进行精确计量。

图 3-26　腰轮流量计外观图

(1) 工作原理

腰轮流量计原理如图 3-27 所示，椭圆齿轮换为无齿的腰轮：两只腰轮靠其伸出表壳外的轴上的齿轮相互啮合。当液体通过时，两个腰轮向相反方向旋转，每转一周也推出 4.5 个月形测量室容积的流体，其工作原理与椭圆齿轮流量计相同。由于腰轮没有齿，不易被流体中灰尘夹杂卡死，同时腰轮的磨损也较椭圆齿轮轻一些，因此使用寿命较长，准确度较高，可作标准表使用。

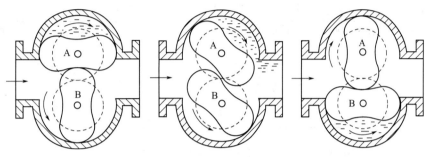

图 3-27　腰轮流量计原理

(2) 使用特点

腰轮式流量计适用于油、酸、碱等液体的流量测量，腰轮流量计还可用来测量气体的流量（大流量）。腰轮式流量计的准确度一般为 $\pm0.5\%$，有的可达 $\pm0.2\%$；工作温度一般在 $-10\sim80\text{℃}$，工作压力 1.6MPa，压力损失较小，适用于液体的动力黏度范围为 $0.6\sim500\text{MPa·s}$。

国产腰轮流量计通常是就地指示仪表。智能型腰轮流量计采用单片机进行数据采集、信号处理，显示流体（液体或气体）参数如温度、压力、瞬时流量与累计流量等，输出标准电流信号，RS485 通信接口，便于上下位机通信联络；测量精度达 $\pm(0.2\%\sim0.5\%)$。

(3) 常见故障及处理方法（表 3-11）

表 3-11　腰轮流量计故障分析及处理方法

故障现象	故障分析	处理方法
流量计腰轮不转	① 杂物卡住管道 ② 被测液体凝固 ③ 被测介质在半月形测量室内固化	① 清洗管道、过滤器和流量计 ② 溶解液体 ③ 清理管道、溶解液体
指针不动或时走时停	① 表头拨叉脱节 ② 表头变速器进入杂物 ③ 指针或计数器卡死 ④ 变速器有脱节现象	① 将表头拆卸，用手转动拨叉 ② 清理杂物 ③ 维修指针或计数器 ④ 调整变速器
测量误差变化大	① 液体脉动较大 ② 液体中可能含有气体	① 减少脉动 ② 加入消气器或排出气体
小流量误差大	① 轴承磨损 ② 固定驱动齿轮主体变位	① 更换轴承 ② 检查驱动齿轮的轮体是否转动,固定齿轮的螺钉是否松动

任务实施

3.2.3 维护椭圆齿轮流量计

某设备椭圆齿轮流量计测量误差大，需要维护，任务工单如表 3-12。

表 3-12 椭圆齿轮流量计任务工单

部门	设备管理部	作业类型	正常维护	优先级	日常工作
负责人	张三	维修工	李四	成本	
设备	V-102	对象描述	FIC	功能位置	1048
开工时间	2022.8.5	完成时间	2022.8.6		
任务描述	椭圆齿轮流量计测量误差大				

根据任务工单，分析椭圆齿轮流量计测量误差大的原因：椭圆齿轮内套和端垫磨损严重，测量介质黏度小于测试介质黏度，流量过低；液体中可能含有气体；流量传感器两端管道段不同轴。然后进行检查维护，具体工作过程如下，完善表 3-13 内容。

表 3-13 椭圆齿轮任务工单分析表

开工作申请单	（见附录附表 1）	备注
工作准备	材料准备： 工具准备：	
工作分析	怀疑椭圆齿轮流量计中进入气体	
工作实施		
工作总结		
关工作申请单	完成人： 完成时间：	

任务 3.3 使用质量流量计

基础知识

3.3.1 质量流量计分类与检测

在实际生产中，由于要对产品进行质量控制、成本核算，对生产过程中各种物料混合比率进行测定，以及对生产过程进行自动调节等，必须了解质量流量。随着工业生产技术的发展和自动化水平的提高，要求更准确地进行经济核算，使得质量流量测量技术日益重要。

质量流量计的测量方法，可分为间接测量和直接测量两类。间接测量方法通过测量体积流量和流体密度经计算得出质量流量，这种方式又称为推导式；直接测量方法则由检测元件直接检测出流体的质量流量。

3.3.2 科里奥利质量流量计

科里奥利质量流量计如图 3-28 所示，简称科氏力流量计，是根据牛顿第二定律 $F=ma$，利用流体在测量管中流动时，将产生与质量流量成正比的科里奥利力的原理测量的。由于它实现了真正意义上的高精度的直接流量测量，具有抗磨损、耐腐蚀、可测量多种介质及多个参数等诸多优点，现已在石油化工、制药、食品及其他工业过程中广泛应用。

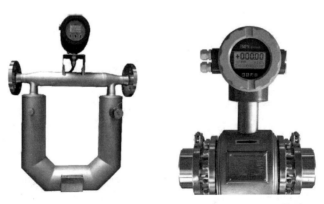

图 3-28 科里奥利质量流量计外观图

科里奥利质量流量计计量准确、稳定、可靠，在需要对流体进行精确计量或控制的场合选用较多，但其售价较高，在不需要精确计量及控制的场合一般选用其他质量流量计代替。科里奥利质量流量计对于液体和气体都可选用，但是在现场应用中，氢气流量的精确测量一般都选用热式质量流量计。

（1）科里奥利质量流量计工作原理

科里奥利质量流量计由传感器和变送器两大部分组成。其中传感器通过电磁检测将测量管的扭曲量转变成为电信号，送到变送器处理。如图 3-29，科里奥利质量流量计主要由驱动线圈组、检测线圈组、温度检测装置和测量管等组成。变送器用于对来自传感器的信号进行运算、变换、放大并输出 4～20mA 电流信号或频率脉冲信号，主要由电源、驱动、检测、显示等部分电路组成。

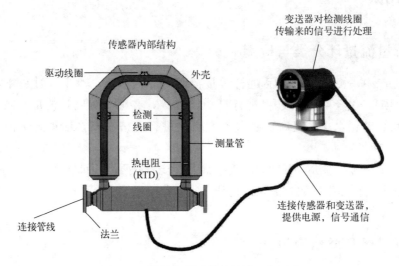

图 3-29　科里奥利质量流量计工作原理

在双管型质量流量计当中，入口处的连接管线把流入的介质均等地一分为二，送到两根测量管中，这样保证了 100% 的介质流经测量管。如图 3-30 所示，两根测量管由于驱动线圈的作用，产生以支点为轴的相对振动。当测量管中有流量时，产生如图 3-31 所示的科里奥利现象。

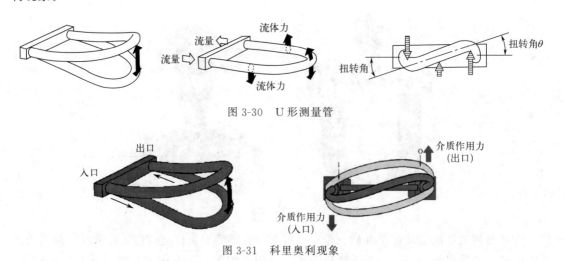

图 3-30　U 形测量管

图 3-31　科里奥利现象

在每个测量管上，均有一组磁铁/线圈组，称为入口检测线圈和出口检测线圈。由于相对振动，线圈在磁铁的磁场做切割磁力线的运动，在内部回路产生交流电信号。该信号能准确地反映线圈组间的相对位移和相对速度。通过监测该交流信号，可判断测量管的运行状态，如图 3-32 所示。

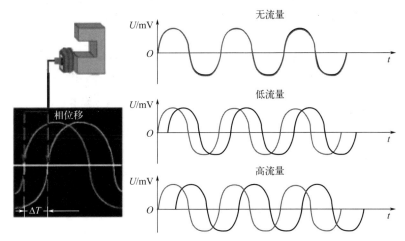

图 3-32　科里奥利质量流量计检测质量流量原理

进行质量流量检测时，在没有流体流经测量管的情况下，测量管不产生扭曲，测量管由安装在测量管端部的电磁驱动线圈驱动，入口和出口处检测线圈监测到的交流电信号是同相位的。当有流量的时候，由于科里奥利原理，测量管产生扭曲，两端的检测线圈输出的交流电信号存在相位差。流量越大，相位差就越大，而且其相位差 ΔT 与流量的大小成正比关系。这样，可以利用 ΔT 作为质量流量的标定系数，即可以用 ΔT 来表示每秒有多少克的流体流过。

科里奥利质量流量计还可以进行密度测量。测量管的一端被固定，而另一端是自由的。这一结构可看作一重物悬挂在弹簧上构成的重物/弹簧系统，一旦被施以一运动，这一重物/弹簧系统将在它的谐振频率上振动，这一谐振频率与重物的质量有关。

质量流量计的测量管是通过驱动线圈和反馈电路在它的谐振频率上振动，测量管的谐振频率与测量管的结构、材料及质量有关。测量管的质量由两部分组成：测量管本身的质量和测量管中介质的质量。每一台传感器生产好后测量管本身的质量就确定了，测量管中介质的质量是介质密度与测量管体积的乘积，而测量管的体积对每种口径的传感器来说是固定的，因此振动频率直接与密度有相应的关系，那么，对于确定结构和材料的传感器，介质的密度可以通过测量测量管的谐振频率获得。用科里奥利质量流量计传感器测量管测量密度时，管道刚性、几何结构和流过流体质量共同决定了管道装置的固有频率，因而由测量的管道频率可推出流体密度。

（2）科里奥利质量流量计传感器测量管的结构形式

按照测量管的数量可将其分为单管型、双管型和连续管三种结构。按照测量管的形状可分为直管型和弯管型两大类。目前质量流量计测量管的管型已发展到 20 多种，无论测量管形状如何，其基本都是根据科里奥利原理制造的，结构如图 3-33 所示。

（3）科里奥利质量流量计的特点及选用

科里奥利质量流量计是一种直接测量的质量流量计，具有以下特点：

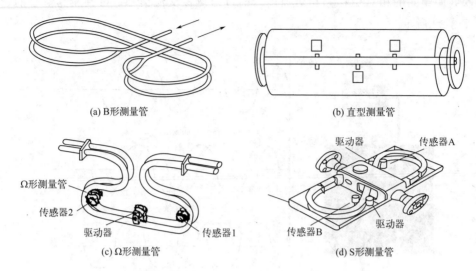

(a) B形测量管　　　　　　　　　　　(b) 直型测量管

Ω形测量管
传感器2
驱动器
传感器1
(c) Ω形测量管

驱动器　传感器A
驱动器
传感器B
(d) S形测量管

图 3-33　科里奥利质量流量计传感器测量管的结构形式

　　a. 具有准确性、重复性、稳定性，而且在流体通道内没有阻流元件和可动部件；

　　b. 直接测得质量流量，不受被测介质物理参数的影响，精度较高；

　　c. 不受管内流态影响，因此对流量计前后直管段要求不高；

　　d. 其范围度可达 100：1，但是它的阻力损失较大，存在零点漂移，管路振动会影响其测量；

　　e. 一般不用于较大管径，最好不超过 DN200；

　　f. 不能用于测量低密度和低气压气体；

　　g. 相比于其他流量计，价格比较昂贵。

　　科里奥利质量流量计可以应用于需直接精确测量液体、高密度气体和浆体的质量流量，可以直接测量流体温度、密度，不受介质压力或黏度变化的影响而提供精确可靠的质量流量数据。科里奥利质量流量计的选择一般主要考虑其性能和可靠性。性能包括各种指标，如准确度、量程利用率、压力损失和量程能力等。

　　准确度主要包括：偏差、重复性、线性和回滞。有 3 种描述方式：流量百分比准确度、满量程准确度和带零点稳定度的准确度。不同的厂家可能以不同的方式给出，比较时应考虑到这一点。其中带零点稳定度的准确度更能体现科里奥利质量流量计在整个流量范围内的准确度，因为零点稳定度表示了质量流量计测量实际零流量的能力。

　　根据操作条件和传感器的最大流量，预选出传感器的规格（公称管径），计算出压力损失是选型工作的一个重要环节。不实际的高流量会引起高的压力损失，但灵敏度高，准确度就好。相反，低流量会使压力损失降低，灵敏度低，准确度较差。所以，选择的时候要综合考虑，在尽可能低的压力损失下得到高的流量灵敏度和准确度。

　　量程能力（最大量程和最小量程的比值）也是一个考虑因素。如果使用 mA 输出信号的话，与许多其他常规仪表的选择一样。量程利用率（额定流量与瞬时流量的比值）也很重要，一般可通过厂家给出的科里奥利质量流量计在各种流速下的量程利用率、压力损失和准确度曲线来计算其在给定应用中的性能。

（4）科里奥利质量流量计的安装

从质量流量计的工作原理可知，科里奥利质量流量计的安装有以下一些要求：

a. 相对于其他类型的流量计，科里奥利质量流量计具有安装简便、易于使用、测量精度高、直接测量等优点，尤其是没有直管段要求，用户可以根据要求选择安装位置。

b. 安装位置应避免电磁干扰，如远离大型电动机、继电器等。

c. 工艺管道应对中，两侧法兰应平行，严禁用传感器强行拉直上下游工艺管道，否则将影响测量甚至损坏传感器。另外在两侧的工艺管道近处法兰（2~10 倍管径处）应有稳固支承。

d. 安装时要注意科里奥利质量流量计外壳上的流向标志，其箭头指向与变送器内部组态的流量方向一致（科里奥利质量流量计可以双向使用，如果安装方向与实际流向相反，修改变送器内的流向组即可）。

科里奥利质量流量计传感器测量管的安装图例，如图 3-34 所示。

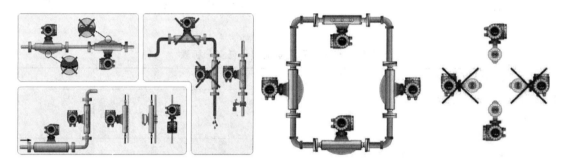

图 3-34　科里奥利质量流量计传感器测量管的安装图例

（5）科里奥利质量流量计的常见故障及处理方法（表 3-14）

表 3-14　科里奥利质量流量计常见故障及处理方法

故障现象	故障分析	处理方法
瞬时流量显示最大值	① 电缆断开或传感器损坏 ② 变送器内的保险管烧坏 ③ 传感器测量管堵塞	① 更换电缆或更换传感器 ② 更换保险管 ③ 疏通后,轻拍传感器外壳,再测量交、直流电压,仍不成功,则安装应力太大,重新安装
流量增加时,流量计指示负向增加	传感器流向与外壳指示流向相反,信号线接反	改变安装方向,改变信号线接线
流体流动时,流量显示正负跳动,跳动范围较大且有时维持负最大值	① 电源交、直流屏蔽线接地大于4Ω ② 管路振动 ③ 流体有气液两相组分 ④ 变送器周围有强磁场或射频干扰	① 重新接地 ② 将流量计的连接管道改为金属软管 ③ 在流量计上方管道开孔,并安装阀门,用来排放气相组分 ④ 改变变送器周围环境

⚙ 任务实施

3.3.3 校验科里奥利质量流量计

某厂家设备已安装科里奥利质量流量计用于测量进料流量，任务工单如表 3-15。

表 3-15 科里奥利质量流量计任务工单

部门	设备管理部	作业类型	正常使用	优先级	日常工作
负责人	张三	维修工	李四	成本	
设备	V-101	对象描述	FIC	功能位置	1033
开工时间	2022.9.5	完成时间	2022.9.6		
任务描述	校验科里奥利流量计				

根据任务工单，分析校验科里奥利质量流量计的步骤。具体工作过程如下，完善表 3-16 内容。

表 3-16 科里奥利质量流量计任务分析表

开工作申请单	（见附录附表 1）	备注
工作准备	材料准备： 工具准备：	
工作任务	校验科里奥利质量流量计的步骤	
工作实施		
工作总结		
关工作申请单	完成人： 完成时间：	

练习题

1. 安装孔板时，应确定好孔板流向标志与管道介质方向相符，孔板反装会造成流量指示（　　　　　）。

2. 常用的取压方式（　　　　　）用得最多，其次是（　　　　　）。

3. 差压式流量计在流通管道上安装有流动阻力元件，流体通过阻力元件时，流束将在阻力元件处形成局部收缩，使流速（　　　　　），静压力（　　　　　），于是在阻力元件前后产生（　　　　　）。

4. 差压式流量计流体的体积流量或质量流量与差压式流量计所测得的（　　　　　）有确定的数值关系。

5. 电磁流量计测量管内无可动部件，几乎没有压力损失，也不会发生堵塞现象。特别适用于（　　　　　）的流量测量。

6. 电磁流量计要求被测介质必须具有（　　　　　）性能。

7. 电磁流量计所测体积流量与感应电动势和测量管内径成（　　　　　）关系，与磁场的磁感应强度成（　　　　　），与其他物理参数无关。

8. 电磁流量计按励磁方式分为（　　　　　）和（　　　　　）。

9. 当导电的液体在管道中流动时，导电液体切割磁力线，因而在磁场及流动方向垂直的方向上产生（　　　　　）。

10. 电磁流量传感器测量管上下装有励磁线圈，通入励磁电流产生磁场穿过测量管，一对电极装在测量管内壁与液体相接触，引出（　　　　　），送到（　　　　　）。

11. 超声波是（　　　　　）超出人耳听觉的上限约（　　　　　）Hz的声波，是一种听不到的声波。

12. 超声波流量计是一种（　　　　　）式流量测量仪表。

13. 超声波流量计由（　　　　　）三部分组成。

14. 根据超声换能器的不同，可分为（　　　　　）三种超声波流量计。

15. （　　　　　）超声波流量计是生产最早、用户最熟悉且应用最广泛的超声波流量计，安装换能器无须管道断流，即贴即用。

16. 超声波的发射和接收换能器，一般采用压电陶瓷元件，接收换能器利用其（　　　　　）效应，发射换能器则利用其（　　　　　）效应。

17. （　　　　　）超声波流量计把换能器和测量管组成一体，精度比其他形式超声波流量计高。

18. 流体在流动过程中，遇到障碍物必然产生回流而形成（　　　　　）。

19. 在流体中插入一个非流线型柱状物，流体经过时流速上升，压力（　　　　　），同时在柱体下游会产生两列不对称且又有规律的漩涡，该漩涡在柱体的侧后方形成漩涡列，通常称作（　　　　　），通过后速度下降，压力上升。

20. 涡街流量计由两部分组成，（　　　　　）包括漩涡发生体、检测元件、表体等；（　　　　　）包括前置放大器、滤波整形电路、D/A转换电路、输出接口电路等。

21. 涡街流量计主要用于工业管道介质（　　　　　）的流量测量，如气体、液体、蒸汽等多种介质。

22. 三棱柱的两侧面各有相同的弹性金属膜片，内充硅油，漩涡引起的压力波动使两膜片与柱体间构成的电容产生差动变化。这是涡街频率的（　　　　）检测法。

23. 转子流量计又称（　　　　），是基于浮子位置测量的一种变面积流量的仪表。

24. 转子流量计一般分为（　　　　）流量计和（　　　　）流量计。

25. 科里奥利质量流量计简称科氏力流量计。当流体在测量管中流动时，将产生与质量流量成正比的（　　　　）。

学习笔记

扫码看答案

练习题
参考答案

项目考核

流量检测仪表选型与维护项目考核表

主项目及配分		具体项目要求及配分	评分细则	配分	学生自评	小组评价	教师评价
素养(20分)	纪律情况(6分)	按时到岗,不早退	缺勤全扣,迟到、早退视程度扣1~3分	3分			
		积极思考回答问题	根据上课统计情况得分	2分			
		学习习惯养成	学习用品准备齐全	1分			
		不完成工作	此为扣分项,睡觉、玩手机、做与工作无关的事情酌情扣1~6分				
	6S(3分)	桌面、地面整洁	自己的工位桌面、地面整洁无杂物,得2分;不合格酌情扣分	2分			
		物品定置管理	按定置要求放置,得1分;不合格不得分	1分			
	职业道德(6分)	与他人合作	主动合作,得2分;被动合作,得1分	2分			
		帮助同学	能主动帮助同学,得2分;被动,得1分	2分			
		工作严谨、追求完美	对工作精益求精且效果明显,得2分;对工作认真,得1分;其余不得分	2分			
	价值素养(5分)	环保意识	对化工行业需要的环保知识基本了解,得2分	2分			
		民族自豪感	对国产流量传感器应用基本了解,树立民族自豪感,得3分	3分			
核心技术(60分)	流量检测仪表(50分)	工作原理	能掌握常用流量传感器原理,得15分;部分掌握,得8~10分;不掌握不得分	15分			
		故障处理	能掌握常用流量检测仪表故障处理方法,得15分;部分掌握,得8~10分;不掌握不得分	15分			
		仪表选用	能根据流量性质选择合适的流量检测仪表,得10分;部分选择合适,得6~8分;选择不合适不得分	10分			
		仪表安装	能掌握常用流量检测仪表安装方法、注意事项,得10分;部分掌握,得6~8分;不掌握不得分	10分			
	流量计校验(10分)	校验流量计	会校验流量计,会根据流量仪表泄漏量判断是否符合检测要求,得10分;其余酌情扣分	10分			

续表

主项目及配分	具体项目要求及配分		评分细则	配分	学生自评	小组评价	教师评价
项目完成情况（20分）	按时、保质保量完成（20分）	按时提交	按时提交,得 6 分;迟交酌情扣分;不交不得分	6分			
		书写整齐度	文字工整、字迹清楚,得 3 分;抄袭、敷衍了事酌情扣分	3分			
		内容完成程度	按完成情况得分	6分			
		回答准确率	视准确率情况得分	5分			
加分项(10分)	有独到的见解		视见解程度得分	10分			
合计							
总评							
组长签字							
教师签字							

🗨 文化小窗

严谨治学——王竹溪先生

王竹溪先生是杨振宁先生的导师,是国际有名的理论物理热力学专家。1975 年,王先生用深厚的数学、物理功底,求得短管的三位权重函数表达式,为我国电磁流量计的理论研究奠定了基础。

物位检测仪表选型与维护

　　在生产过程中经常需要测量生产设备中的料位、液位或不同介质的分界面，如炼铁高炉、化铁炉、炼铜鼓风炉、料仓等的料位，石油化学工业中蒸馏塔、分馏塔、储油罐等的液位，以及不同液体之间分界面，都要进行实时检测和准确控制。其目的是通过液位或料位的测量，确定容器内贮料的数量，以保证连续生产的需要或进行经济核算；观察液位、料位或不同介质分界面是否在规定的范围以内，以保证生产在安全和合理状态下顺利进行。图4-1为物位测量现场图。

图 4-1　物位测量现场图

① 液位　生产过程中罐、塔、槽等容器中存放的液体表面位置。

② 料位　料斗、堆场仓库等储存的固体块、颗粒、粉料等的堆积高度和表面位置。

③ 界位　两种互不相溶的物质的界面位置。

液位、料位及界位总称为物位。对物位进行测量的仪表称为物位检测仪表。

⚙ 项目目标

专业能力	个人能力	社会能力
• 能复述各种物位检测仪表的工作原理； • 能够描述物位检测仪表各部分的组成，并说明它们的功能； • 能够规范地使用、维护和保养各类物位检测仪表； • 运用所学知识，判断物位是否在规定的范围内，以使生产过程正常，保证产品的质量、产量和生产安全； • 监控物位检测仪表，确定容器中的原料、产品或半成品的数量，保证生产顺利； • 能够规范地使用工具，排除仪表故障； • 能够调整差压液位计，对差压液位计进行零点迁移； • 能够根据工作现场需求，液体、固体特性，选用合适的液位传感器	• 形成任务独立分析和独立执行能力； • 愿意进行知识的拓展和运用； • 提升口语表达阐述能力； • 根据项目要求从厂家的产品说明书或网络中获取相关资料（邮件、网页、样本、手册、说明书等）； • 熟练处理、整理工作表格与文字； • 能够解决工作过程中出现的问题； • 整理设备周边的工作环境	• 团队合作，分析项目，与他人进行沟通交流，获取信息； • 讲解展示工作计划与内容，演示工作成果； • 听从安排，完成工作任务的检测与交换工作； • 增强环保意识、工程意识； • 根据工作任务估算维护成本，进行效益核算

⚙ 引导题

1. 压力就是（　　　　　）作用在物体单位面积上的力。在物理学上称之为压强，但是在工程中常把它称为压力，公式为（　　　　　），式中，p 是压力，F 是垂直作用力，S 是受力面积。

2. 压力的单位，在国际单位制中规定为（　　　　　），简称（　　　　　），符号为（　　　　　），1 个标准大气压＝（　　　　　）。

3. 电磁耦合又称（　　　　　）耦合，它是由于两个电路之间存在（　　　　　），使一个电路的（　　　　　）变化通过互感影响到另一个电路。

4. 1 法拉（F）＝（　　　　　）μF＝（　　　　　）pF。

5. 电容的电容量受 3 个因素影响：（　　　　　）、（　　　　　）、（　　　　　）。

6. 阿基米德定律是（　　　　　　　　　　　）。

7. 变化的电场会产生（　　　　　），而变化的磁场又会变成（　　　　　），磁场和电场相辅相生。导体在闭合电路中，切割磁力线时，电路中产生电流叫（　　　　　）。

8. 磁场耦合是指一个线圈的电流变化，在相邻的线圈产生（　　　　　）的现象。它们在电的方面彼此独立，之间的相互影响是靠（　　　　　）将其联系起来的。

9. 能对磁场做出某种方式反应的材料称为（　　　　　）。在水平面内能自由转动的条形磁体，静止时指北的一极是（　　　　　），指南的一极是（　　　　　）。

10. 音叉是物理学常用的实验器材，它是呈"Y"形的钢质或铝合金发声器，可以产生单一波长的（　　　　　）。各种音叉可因其尺寸和叉臂长短、高矮的不同，而发出不同波长的纯音。叉臂越长，即音叉（　　　　　），波长（　　　　　），音调越（　　　　　）。

11. 静止状态的流体内物体所受浮力 $F_{浮}$＝（　　　　　）。

12. 雷达用（　　　　　）的方法发现目标并测定它们的空间位置。

13. 声波分类：

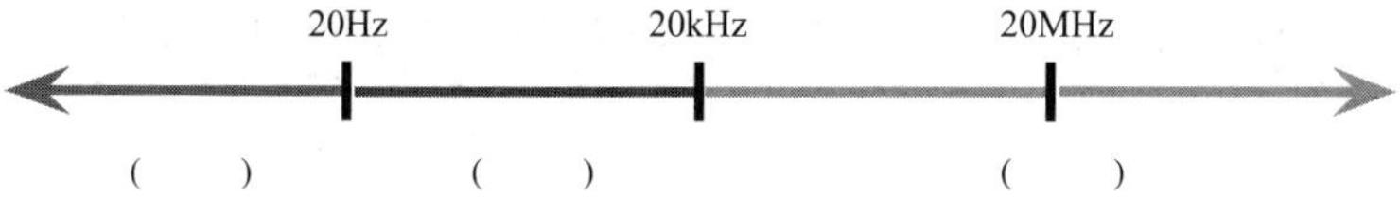

| 20Hz | 20kHz | 20MHz |

（　　　）　　　　（　　　）　　　　　　　（　　　）

14. 超声波的传播依赖于（　　　　　）的存在，不同介质中的（　　　　　）不同，一般（　　　　　）＜（　　　　　）＜（　　　　　）。

15. 超声波在理想气体中的传播速度只受到（　　　　　）的影响，现实中，声速也会受到气压的影响。

学习笔记

扫码看答案

引导题参考答案

任务 4.1 选择与检修接触式物位计

扫码看视频

差压(式)
液位计

🧠 **基础知识**

4.1.1 差压液位计

差压液位计主要部件为传感器模块、电子元件外壳、毛细管、高低压侧法兰及膜片。传感器模块包括充油传感器系统（隔离膜、充油系统和传感器）以及传感器电子元件。液位计外观如图 4-2 所示。

(a) 法兰式差压液位计

(b) 差压液位计

图 4-2 液位计外观图

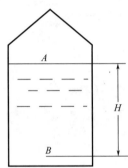

图 4-3 差压液位计原理

（1）差压液位计测量原理

差压液位计是利用容器内液位变化时，液柱高度产生的静压变化的原理工作的，测量敞口容器和密封容器的液位，测得的差压与液位高度成正比，如图 4-3。

根据 $F_浮 = \rho g V_排$ 与 $F = pS$ 得出 $p = \rho g H$。

A、B 两点的差压为

$$\Delta p = p_B - p_A = (p_A + \rho g H) - p_A = \rho g H$$

式中，p_A 为密封容器中 A 点静压（气相压力）；p_B 为 B 点静压；H 为液体高度；ρ 为液体密度；g 为重力加速度，取 9.8m/s^2。

（2）差压液位计零点调整和零点迁移

① 敞口容器的液位检测 如图 4-4 所示，差压液位计的高压室与容器的下部取压口相连，低压室与液位上部的空间相连。差压液位计安装的位置距最低液位 h_1，距离容器底 h_2，需要检测的液位为 H，这时差压液位计两侧的压力分别为

$$p_1 = H\rho g + (h_1 + h_2)\rho g$$
$$p_2 = 0 \quad （表压力）$$
$$\Delta p = p_1 - p_2 = H\rho g + (h_1 + h_2)\rho g = H\rho g + Z_0$$

式中，ρ 为容器内液体的密度；Z_0 为零点迁移量，$Z_0 = (h_1 + h_2)\rho g$；g 为重力加速度。

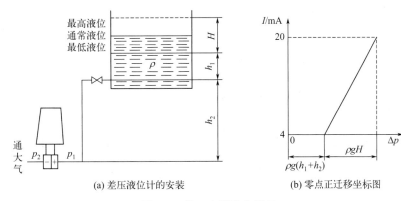

(a) 差压液位计的安装　　　　　(b) 零点正迁移坐标图

图 4-4　敞口容器液位测量

当液位 $H = 0$，即最低液位时，$\Delta p = Z_0$，液位计就有一个与 Z_0 相应的电流信号输出。由于 Z_0 的存在，输出信号不能正确反映液位的高低。变送器正常使用的要求是：当液位从零变化到最高位置时，输出电流对应为 4～20mA DC。

因此，必须设法抵消 Z_0 的影响。当差压液位计安装位置固定后，Z_0 是一个固定值，这时可将零点沿 Δp 的坐标正方向迁移一个相应的位置。采取的办法是，调整内部设置的零点迁移弹簧，改变弹簧的张力来抵消 Z_0 的作用力，称为零点正迁移，使液位计满足正常使用的要求。

例如，按图 4-4(a) 安装一台差压液位计，测量敞口容器的液位，设测量上、下限范围为 0～4.905kPa（相当于 0～500mmH$_2$O），即量程为 4.905kPa 时，输出信号为 4～20mA DC。设 $Z_0 = 1.962$kPa（相当于 200mmH$_2$O），如果不进行零点迁移，则：

当液位 $H = 0$ 时，$\Delta p = 1.962$kPa，输出信号必大于 4mA DC；

当液位 $H = H_{\max}$ 时，$\Delta p = 4.905$kPa $+ 1.962$kPa $= 6.867$kPa，输出信号大于 20mADC。

这种情况不符合正常使用要求。因此，必须将零点正向迁移到 Z_0 的位置，使输出信号与液位之间保持正常关系；这时，测量范围的下限改变为 1.962kPa，上限改变为 6.867kPa，但量程仍是 4.905kPa，输出信号仍是 4～20mA DC。

可见，零点迁移的实质是同时改变差压液位计的上限与下限（即测量范围），即相当于把测量上、下限的坐标同时平移一个位置，并不改变量程的大小，以适应现场安装的实际条件。由于安装位置的不同，除上述零点正迁移外，也可能需要进行负迁移，正负迁移的基本原理与方法相同。

② 密闭容器的液位检测　测量密闭容器中的液位，差压液位计的正压室仍与容器的下部取压口相连，低压室则与容器的密闭空间相连通。当容器内外的温差较大，气相容易凝结成液相，影响测量结果时，则应按图 4-5(a) 装置仪表，在气相连通管内充以隔离液体，充满高度为 h_3，隔离液体的密度为 ρ_2，被测液体的密度为 ρ_1，一般取 $\rho_2 > \rho_1$，这时两侧的压力分别为

$$p_1 = (H + h_1 + h_2)\rho_1 g + p_0, \quad p_2 = h_3 \rho_2 g + p_0$$

$$\Delta p = p_1 - p_2 = H\rho_1 g - [h_3\rho_2 g - (h_1 + h_2)\rho_1 g] = H\rho_1 g - Z_0$$

式中 Z_0 ——零点迁移量，$Z_0 = [h_3\rho_2 g - (h_1 + h_2)\rho_1 g]$，这里 Z_0 是负迁移，即沿 Δp 坐标的负方向移动 Z_0 的位置。

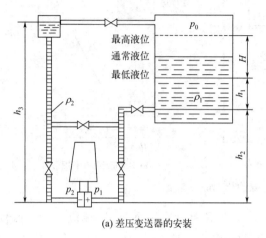

(a) 差压变送器的安装   (b) 零点负迁移坐标图

图 4-5 密闭容器液位测量

③ 法兰式差压液位计 用普通差压液位计测量液位时，容器底侧用导压管将液体接到正压室，液体上空同样用导压管接到负压室，要求液体必须是清洁的。如液体有腐蚀性，含固体颗粒、易结晶、易沉淀或黏度大的液体，容易堵塞导压管，此时应采用法兰式差压液位计。

如图 4-6 所示，其通过法兰与容器内的液体接触。法兰接头有一个不锈钢膜盒，膜盒内充以硅油，用毛细管引到测量室。显然，差压液位计利用法兰与被测液体隔离，法兰与液体接触端面受到的压力作用于膜盒，通过膜盒内毛细管中的硅油将压力传递到正负测量室内，从而测出液体的液位。法兰的结构分为平法兰和插入式法兰两种。

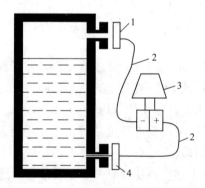

图 4-6 法兰式差压液位计测量液位

1—平法兰接头；2—毛细管；3—差压液位计；4—插入式法兰接头

零点调整和零点迁移的目的，是使变送器输出信号的下限值 y_{min} 与测量信号的下限值 x_{min} 相对应，如图 4-7 所示。

(3) 差压液位计安装使用

差压液位计安装在防爆区域，安装时必须符合防爆规定；避免腐蚀性或过热的被测介质

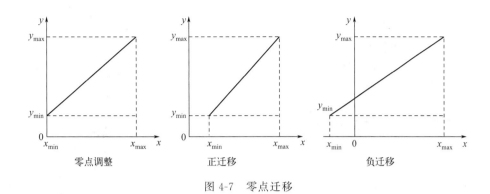

图 4-7　零点迁移

直接接触；应尽量安装在温度和湿度变化小，无冲击和振动的地方。

导压管配管要防止杂物在导压管内沉积，导压管要尽可能短。

（4）差压液位计常见故障及处理方法（表4-1）

表 4-1　差压液位计常见故障及处理方法

故障现象	故障分析	处理方法
液位计显示值偏大	负压侧导压管、排污阀泄漏	检查漏点或更换器件
	负压侧导压管堵塞	疏通导压管
	负压侧膜盒积污或膜片损坏	清理膜盒积污或更换膜片
液位计显示值偏小	正压侧根部阀开度过小	阀门开度加大
	正压侧膜盒积污	清理膜盒积污
	正压侧导压管堵塞	疏通导压管
液位计显示值不变	电路板故障损坏	更换电路板
	膜盒损坏	更换膜盒
液位计显示值波动较大	毛细管有破损，硅油泄漏	更换液位计
	正负导压管不畅通	疏通导压管

4.1.2　电容式物位计

（1）电容式物位计组成

电容器是由两个极板构成的，如图4-8，两极板的大小或它们之间的距离或两极板之间的介质种类或介质厚度不同，电容量大小各异，因此可通过测量电容传感器的电容量变化测定各种参数，其中包括测定液位、料位或不同液体的分界面等。

扫码看视频

电容式物位计

电容物位传感器大多是圆形电极，是一个同轴的圆筒形电容器，如图4-9所示，电容探头和储罐罐壁形成一个电容。圆筒形电容器的电容量 C 为

$$C = 2\pi\varepsilon L / \ln(D/d) = KL\varepsilon$$

式中，L 为两极板间互相遮蔽部分的长度；d、D 为内、外电极的直径；ε 为极板间介质的介电系数，$\varepsilon = \varepsilon_0 \varepsilon_r$；$K$ 为仪表常数。

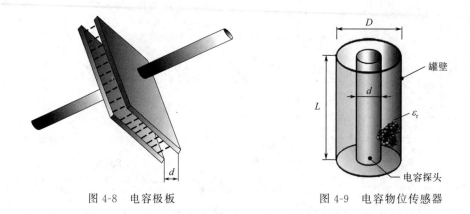

图 4-8　电容极板　　　　　　图 4-9　电容物位传感器

其中 $\varepsilon_0 = 8.84 \times 10^{-12} \text{F/m}$，为真空（或干空气）近似的介电系数；$\varepsilon_r$ 为介质的相对介电系数。

（2）电容式物位计测量原理

① 导电液体液位测量　水、酸、碱、盐及各种水溶液都是导电介质，应用绝缘电容液位传感器。一般用直径为 d 的不锈钢或紫铜棒作电极，外套聚四氟乙烯塑料绝缘管或涂以搪瓷绝缘层，电容传感器插在容器内的液体中。图 4-10 为导电液体液位测量。

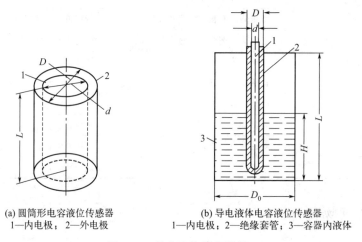

(a) 圆筒形电容液位传感器　　　(b) 导电液体电容液位传感器
1—内电极；2—外电极　　　　1—内电极；2—绝缘套管；3—容器内液体

图 4-10　导电液体液位测量

$$\Delta C = C - C_0 \approx 2\pi\varepsilon H / \ln(D/d) = SH$$

式中，S 为电容传感器的灵敏度系数，$S = 2\pi\varepsilon / \ln(D/d)$。

对于一个具体传感器，D、d 和 ε 基本不变，测量电容变化量即可知液位的高低。D 和 d 越接近，ε 越大，传感器灵敏度越高。液体的黏度或附着性大时，会粘在电极上，严重影响测量准确度。因此这种电容传感器不适用于黏度较高或者黏附力强的液体。

② 非导电液体液位测量　非导电液体，不要求电极表面绝缘，可以用裸电极作内电极，外套已开有液体流通孔的金属外电极，通过绝缘环装配成电容传感器，如图 4-11 所示。

当液位为零时，传感器的内外电极构成一个电容器，极板间的介质是空气，这时的电容量 C_0 为

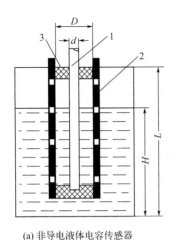

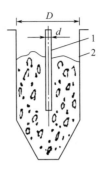
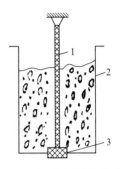

(a) 非导电液体电容传感器	(b) 测量金属料仓的料位计原理	(c) 测量水泥料仓的料位计原理
1—内电极；2—外电极；3—绝缘环	1—金属内电极；2—金属容器壁外电极	1—钢丝绳内电极；2—钢筋；3—绝缘体

图 4-11　非导电液体液位测量

$$C_0 = 2\pi\varepsilon_0 L / \ln(D/d)$$

式中，D，d 分别为外电极的内径与电极的外径；ε_0 为空气的介电系数。

当液位上升时，电极的一部分被湮没。设液体的相对介电系数为 ε_r，则传感器电容量 C 为

$$C = 2\pi\varepsilon_0 (L - H) / \ln(D/d) + 2\pi\varepsilon_0\varepsilon_r H / \ln(D/d)$$

两式相减得传感器的电容变化量 ΔC 为

$$\Delta C = 2\pi\varepsilon_0 (\varepsilon_r - 1) H / \ln(D/d) = S'H$$

式中，S' 为电容传感器的灵敏度系数，$S' = 2\pi\varepsilon_0 (\varepsilon_r - 1) / \ln(D/d)$。

同样对传感器而言，D、d、ε_0、ε_r 是一定的，因此测定电容变化量 ΔC 即可测定液位 H。

③ 粉粒状物料位测量　测量粉粒状非导电介质如矿石、合金、石灰、干燥水泥、粮食等的料位，是长期困扰人们的难题，至今还没有一个准确可靠的测量方法。测量钢筋水泥料仓的料位的电容传感器，钢丝绳悬在料仓中央，与仓壁中的钢筋构成电容器，粉料作为绝缘介质，电极对地亦应绝缘。测量粉粒状导电介质的料位时，可在裸电极外套绝缘套管，这时电容器的两电极是由粉料和绝缘套管内的电极所组成。金属电极插入容器中央作为内电极，金属容器壁作为外电极，粉料作为绝缘介质，如果容器为圆筒形，电容变化量为

$$\Delta C = [2\pi\varepsilon_0 (\varepsilon_r - 1) / \ln(D/d)] = S'H$$

(3) 电容式液位计安装

露天安装时，探极线不能裸露于容器以外，以免雨天探极线着水出现测量误差。外壳或接线盒下部的过程连接部件，应与容器外壁连接（接地），接触电阻不能大于 2Ω。探极线安装时，应尽量远离容器内壁，最小距离不能小于 100mm。当受条件限制，距离小于 100mm 时，探极线与容器的距离必须保证相对固定。

（4）电容式液位计常见故障及处理方法（表4-2）

表 4-2   电容式液位计常见故障及处理方法

故障现象	故障分析	处理方法
仪表无电流输出	电源模块故障	更换电源模块
仪表指示为零或最大值	信号处理器故障	检查或更换信号处理器
	传感器绝缘不良	传感器引线与金属塔壁间电阻，应大于10MΩ
仪表指示波动	电磁干扰	消除电磁干扰
	工艺控制不稳定	调整PID参数稳定液位

4.1.3   浮筒液位计

扫码看视频

浮力式(浮筒)液位计

（1）浮筒液位计工作原理

浮筒液位计是根据阿基米德定律和磁耦合原理设计而成的液位测量仪表，仪表可用来测量液位、界位和密度。浮筒液位计外观如图4-12所示。

图 4-12   浮筒液位计外观图

当液位在零液位时，扭力管受到浮筒重量所产生的扭力矩作用（这时扭力矩最大），扭力管转角处于0°。当液位逐渐上升到最高时，扭力管受到最大的浮力所产生的扭力矩的作用（这时扭力矩最小），转过一个角度 ϕ，变送器将这个转角 ϕ 转换成4～20mA直流信号，这个信号正比于被测量液位。

（2）浮筒液位计结构及测量

如图4-13所示，浮筒1垂直地悬挂在杠杆2的一端，杠杆2的另一端与扭力管3相连，它与芯轴4的一端垂直地固定在一起，并由固定在外壳上的支点所支承；芯轴的另一端为自由端，通过推杆5带动霍尔位移转换器6输出角位移。

当液位低于浮筒下端时，浮筒的全部重量作用在杠杆上，此时，经杠杆施于扭力管上的扭力矩最大，扭力管产生的扭角最大（朝顺时针方向），这一位置就是零液位。当液位超过整个浮筒上端时，作用在扭力管上的扭力矩最小，扭力管的扭角最小；当液位高于浮筒下端时，作用在浮筒上的力为浮筒重量与其所受浮力之差，随着液位的升降，扭力管的扭角变化所产生的角位移经过机械或磁电位移转换器，转换成电信号，用以显示、记录与控制液位的变化。

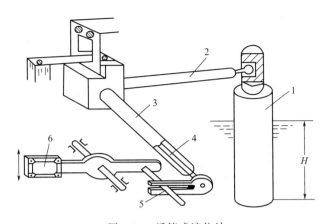

图 4-13 浮筒式液位计

1—浮筒；2—杠杆；3—扭力管；4—芯轴；5—推杆；6—霍尔位移转换器

(3) 浮筒液位计的安装

按浮筒装在设备上的位置来分，装在设备内部的称为内浮筒，装在设备外部的称为外浮筒。内浮筒液位计分侧向安装和顶部安装，接口采用法兰连接，等级按设备的设计压力来考虑。外浮筒液位计都安装在设备的侧壁，接口采用法兰连接，通常在外壁同一条垂线上设上下两法兰。

浮筒应垂直安装，其垂直度允许偏差为 2mm/m，以防止浮筒与浮筒室内壁相撞。

安装时液位计筒体必须垂直，避免液位上下变化时内浮筒与外浮筒产生摩擦。

浮筒挂钩时，不得大幅度地摆动或拉压，以免损坏传感器，降低仪表精度。

仪表的内外接地应可靠牢固，应远离干扰源，以免影响仪表正常运行及防爆性能。

(4) 浮筒液位计常见故障及处理方法（表4-3）

表 4-3 浮筒液位计常见故障及处理方法

故障现象	故障分析	处理方法
液位指示长时间不变化	连通管堵	工艺清罐后，检修疏通连通管
液位指示与实际不符	被测介质密度变化	对浮筒重新进行标定
液位指示最大	工艺罐内淤泥等杂质多	工艺清罐后，将浮筒拆下清理

4.1.4 磁翻板液位计

(1) 磁翻板液位计工作原理

磁翻板液位计根据浮力原理和磁性耦合作用研制而成，如图 4-14 所示为磁性耦合原理图。在与容器连通的非导磁管（一般为不锈钢）内，带有磁铁的浮子随管内液位的升降，利用磁性的吸引，使得带有磁铁的红白两面分明的翻板或翻球产生翻转，有液体的位置红色（N 极）朝外，无液体的位置白色（S 极）朝外，根据红色指示的高度可以读得液位的具体数值。

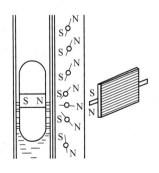

图 4-14 磁性耦合原理

（2）磁翻板液位计结构

磁翻板液位计主要由主导管、浮子室、指示器、标尺器、筒体、连接法兰部件、排污阀等组成，如图 4-15 所示。

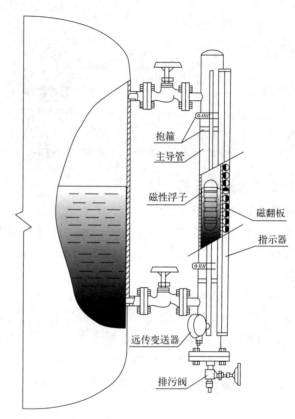

图 4-15　磁翻板液位计外观图

① 主导管　磁翻板液位计的主导管是用来容纳浮子的腔体，它通过法兰或其他接口与被测量的容器形成连通器结构，容器内的液体介质就通过此连通器流到主导管内，这样主导管内的液面与被测容器内的液面具有相同的高度。

② 浮子室　浮子室里面的浮子作为感知液位的部件，其内部嵌有 6~10 个圆柱形磁钢，或者由两块磁铁采用背靠背的方式组合在一起，因而在浮子圆周表面形成磁场，且磁场半径扩展性好，磁性作用距离远，一般能达到 20~30mm，浮子的磁力耦合作用到显示面板内的磁性翻板上。浮子随着容器内的液位上升或下降而跟随上升或下降，浮子内正好固定有一组磁性单元，它在浮子内的高度正好与对应液体液面高度一致。

③ 指示器　磁翻板液位计的指示器通常捆绑在主导管的外表面，用于实时指示液位，如图 4-16 所示。在磁性浮子的永久磁钢的磁耦合作用下，指示器内的翻板发生翻转，翻板两面分别涂有不同颜色（通常为红色和白色），一般地，当容器内液位上升时，翻板由白色转变为红色，当容器内液位下降时，翻板由红色转变为白色，指示器的红白交界处为容器内液位的实际高度，这时就可以看到容器内的液位了。

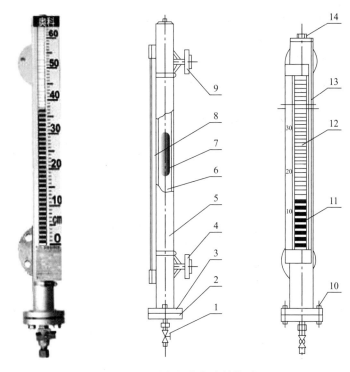

图 4-16 磁翻板液位计结构图

1—排污阀；2—筒体下法兰盖；3—筒体下法兰；4—连接下法兰；5—筒体；6—浮子室；7—浮子；
8—标尺器；9—连接上法兰；10—螺栓；11—标尺；12—指示器；13—主导管；14—封头螺栓

（3）磁翻板液位计安装

如图 4-17 所示，磁翻板液位计安装要避开物料介质进出口处，避免物料流体局部区域的急速变化，影响液位测量的正确性。垂直安装时，磁翻板液位计与容器主导管间应装有球阀，以便于检验和清洗。介质内不应含有固体杂质或磁性物质，以免对浮子造成卡阻。

图 4-17 磁翻板液位计安装示意图

磁翻板液位计附近不能有导磁物质接近，禁用铁丝固定，否则会影响磁翻板液位计的正常工作。对超过一定长度（普通型＞3m、防腐型＞2m）的液位计，需增加中间加固法兰或耳攀作固定支承，以增加强度，克服自身重量对测量的影响。

（4）磁翻板液位计常见故障及处理方法（表4-4）

表 4-4   磁翻板液位计常见故障及处理方法

故障现象	故障分析	处理方法
变送器无信号输出	24V DC 供电不正常	检查供电电源
	安全栅损坏或松动	更换安全栅，固定接线端子
液位变化时，磁翻板不动作，变送器输出不变化	浮子的磁钢已退磁	更换浮子组件
	取样阀门开度过小或没有打开	开大或打开取样阀
变送器有输出信号，但误差大	变送器的零点有变化	检查零点进行调校
	变送器的量程设定出错	检查并进行更正
变送器的零点或量程不能调至响应值	24V DC 供电偏低	使供电电压符合要求
	变送器与液位计不配套	更换响应的变送器或液位计
	信号线接触电阻过大	检查信号回路接线
液位计指示混乱	排污时阀门开得太快	缓慢进行排污，用磁铁复位
	浮子脱落	拆下液位计进行处理
液位计的指示器不正常	指示器个别翻板失磁	用磁钢刷理顺指示，否则更换翻板
	主导管内有异物，浮子卡死不能下降	进行排污冲洗或清洁处理

4.1.5 音叉物位开关

扫码看视频

物位开关

（1）音叉物位开关工作原理

如图 4-18 所示，通过安装在基座上的一对压电晶体使音叉在一定共振频率下振动。当音叉物位开关的音叉与被测介质相接触时，音叉的频率和振幅将改变，音叉物位开关的这些变化由智能电路来进行检测、处理并将之转换为一个开关信号，以达到物位报警或控制的目的。为了让音叉伸到罐内，通常使用法兰或者带螺纹的工艺接头将音叉物位开关安装到罐体的侧面或者顶部。音叉物位开关的结构简单且牢固耐用，测量时几乎不受被测介质的物理和化学特性的影响。即使外部振动很强或被测介质更换，测量也不会受到影响。

图 4-18   音叉物位开关外观图

(2) 音叉物位开关安装

音叉物位开关安装方式主要有顶部安装和侧面安装两种方式。音叉物位开关在安装、拆卸和搬运时，不允许敲击、碰撞音叉。也不允许手握音叉提表，这会使音叉受力过大而损坏压电晶体或折断音叉。

① 仓壁侧面安装　对于较高黏度的液体及固体粉料、小颗粒料，安装时音叉物位开关叉体方向标记必须向上；电器接口不要向上，应向下倾斜，如图4-19所示。

② 管道安装　音叉物位开头在管道中安装时叉体方向标记应与液体流向一致，这样不会对测量造成影响，如图4-20所示。

③ 法兰安装　延长管应伸入仓内，避免探极与焊接管之间形成腔体，如图4-21所示。

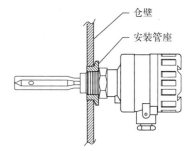

图 4-19　仓壁侧面安装图

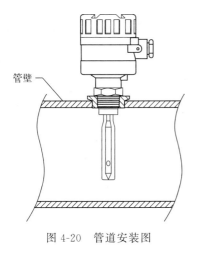

图 4-20　管道安装图

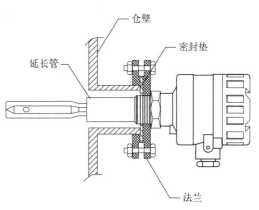

图 4-21　法兰安装图

(3) 音叉物位开关常见故障及处理方法 (表4-5)

表 4-5　音叉物位开关常见故障及处理方法

故障现象	故障分析	处理方法
音叉物位开关在运行保护或溢流保护时出现错误	工作电压太低	拨动高低位模式开关,当仪表因此而切换时,振动叉体可能会被附着物遮盖或机械性受损。如果在运行模式正确的情况下音叉物位开关功能依然有误,将仪表送去维修
	电子部件损坏	拨动高低位模式开关,如仪表此后不转换,说明电子部件坏了,更换电子部件
	叉体上有附着物	清除附着物
	高低位模式选择错误	重新设置正确的高低位模式(溢流保护,干运行保护)
指示灯出现红灯闪烁	叉体损坏	检查叉体,更换叉体
	电子部件受损	更换电子部件
	仪表其他部件损坏	更换仪表或寄回维修

⚙ 任务实施

4.1.6 检修差压液位计

某设备差压液位计出现故障，需要维修，任务工单如表4-6。

表4-6 差压液位计任务工单

部门	设备管理部	作业类型	正常维修	优先级	日常工作
负责人	张三	维修工	李四	成本	
设备	V-101	对象描述	LIC	功能位置	1011
开工时间	2020.1.5	完成时间	2020.1.6		
故障描述	差压液位计显示值很小				

根据任务工单，分析差压液位计可能出现的问题，然后进行检查维修。具体工作过程如下，完善表4-7内容。

表4-7 差压液位计任务分析表

开工作申请单	（见附录附表1）	备注
工作准备	材料准备： 工具准备：	
工作分析	可能原因:怀疑膜片上有结晶或膜片损坏,拆开法兰检查,发现正压室膜片已被腐蚀	
工作实施		
工作总结		
关工作申请单	完成人： 完成时间：	

任务 4.2　维护非接触式物位计

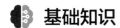

🧠 **基础知识**

超声波
液(物)位计

4.2.1　超声波物位计

（1）超声波的反射

当超声波遇到界面时会发生反射，当超声波在密度不同的界面上发生反射时，两种介质的密度差 $\Delta\rho$ 越大，反射越强，声阻抗主要与介质的密度有关，下式中 ρ 为介质的密度，v 为超声波速度。

声阻抗为

$$Z = \rho v$$

超声波液位计是利用回声测距原理工作的。根据超声波传播介质的不同，超声波液位计分为液介式、气介式和固介式三种，如图 4-22 所示。

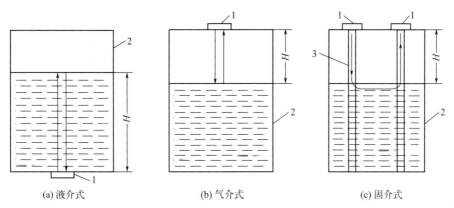

图 4-22　超声波液位计原理及分类
1—换能器；2—容器；3—金属波导棒

图 4-22（a）是液介式超声波液位计，一个超声换能器（超声探头）装在容器的底部外侧，交替用作发射器和接收器。换能器所发射的超声波，在液体介质中传播到液、气界面上，再反射回来被换能器接收。超声波在介质中的传播速度是一定的，故超声波往返所需时间与液位高度（从容器底部至液面）成正比。也可采用两个换能器，分别作发送器与接收器。

图 4-22（b）是气介式超声波液位计，将一个换能器装在容器的顶部，超声波在气体介质中传播，到气、液界面上反射回来，超声波往返所需时间与液位高度（从容器顶部至液面）也成正比。

图 4-22（c）是固介式超声波液位计，在液体中插入两根金属波导棒，两个换能器安装在容器的顶部，一个用作发射器，另一个用作接收器。假设左侧的换能器发射超声波，经波导棒传播至液面，折射后通过液体介质传给另一波导棒，再传给右侧被换能器接收。由于两根

波导棒之间的距离是固定的，因此可由超声波从发射到接收所需时间 t 求得液位高度 H。超声波在固体介质中传播，有较好的方向性，而且能量损失也较小。

超声波液位计的优点是：超声换能器不与被测介质接触，超声波传播与介质密度、电导率、热导率及介电常数等无关，适用于有毒、腐蚀性强、黏度高等介质的液位测量或报警。它的缺点是超声波速度受介质的温度和压力的影响，介质的翻腾、气泡和波浪也会使超声波乱反射而产生测量误差，这使其应用受到限制。

（2）超声波物位计的分类

按结构形式，超声波物位计可分为一体式和分体式两种，如图 4-23 所示。一体式超声波物位计的仪表表头和换能器为一整体，此一体式超声波物位计防护等级高、抗干扰能力强，能适应大多数工业环境。分体式超声波物位计的仪表表头与换能器分开安装，表头与换能器之间用导线连接。分体式超声波物位计适合于不便维护、调试等复杂的环境场合，并且表头上的总线通信和开关量输出等功能，可以用于变送和远传控制。

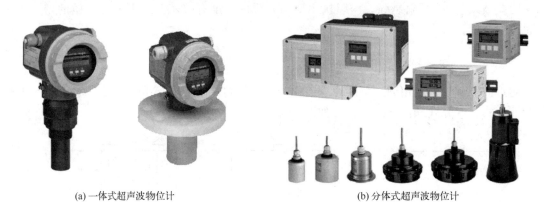

(a) 一体式超声波物位计   (b) 分体式超声波物位计

图 4-23   超声物位计外观图

（3）超声波物位计测量原理

由超声换能器（探头）发出超声波，超声波遇到被测物位表面反射折回，折回的反射回波被换能器接收并转换成电信号，如图 4-24 所示。超声波的传播时间与超声波从发出位置到物体表面的距离成正比。

超声波发送到接收之间的时间为 t，用时间 t 和超声波速度 c 计算传感器膜片与产品表面间的距离如下：

$$d = ct/2$$

由输入的已知空罐距离（空距）d 和安装高度 H 计算物位 h 如下：

$$h = H - d$$

超声波物位计可以用集成温度传感器补偿温度变化引起的超声波速度变化。

发射的超声波脉冲有一定的宽度，这使得距离换能器较近的小段区域内的反射波与发射波重叠，无法识别，不能测量其距离值，这个区域称为盲区。

（4）超声波物位计安装

超声波物位计是一种非接触式、低成本、用于物位连续性测量的物位计。尽管安装简单，但如果安装过程中安装不当，对超声波物位计的正常测量也会产生很大影响。

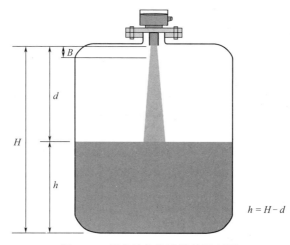

图 4-24　超声波物位计测量原理图

B—盲区；d—空距；h—物位；H—安装高度

　　避开罐内的障碍物/进料口，避开盲区。在确定超声波物位计的量程时，必须预留出大于或等于盲区的尺寸余量，也就是探头的高度与最高物位间的差值，必须大于或等于盲区的尺寸，以保证对物位的准确监测，并确保仪表安全。超声波物位计要安装防护罩，防止日晒雨淋。超声波物位计在户外或潮湿的环境使用时，需要注意电缆线接入和沿引方式，正确的方法是将电缆线弯曲并朝下引，以防止水或潮气进入仪表。

　　避免测量范围与加料区重合。安装超声波物位计时，应避开如人梯、限位开关、加热设备、支架等障碍物。同时须注意，超声波物位计发射的波束不得与加料料流相交，超声波物位计不能距离罐壁太近。禁止将传感器安装在罐体中央位置，传感器与罐壁间的距离约为罐体直径的 1/6。测量有堆角的固体料位时，传感器膜片应与物料表面垂直安装。禁止在同一罐体上安装两台超声波测量设备，因为两路信号可能会相互干扰。

（5）超声波物位计常见故障及排除

<u>故障现象一</u>：测量值不正确，但是距离测量值正确，如图 4-25 所示。图中 t 表示时间长度。

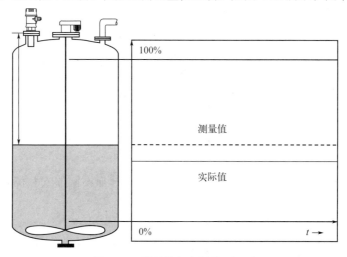

图 4-25　测量值与实际值不一致

故障排除一：检查超声波物位计空标、满标，必要时重新标定；进行线性化处理。

故障现象二：进料/排料过程中测量值无变化，如图 4-26 所示。

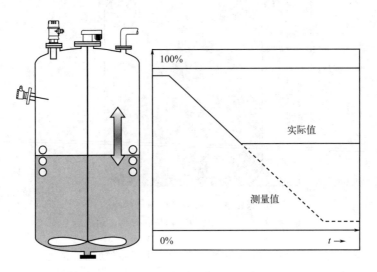

图 4-26　测量值无变化

　　故障排除二：执行干扰回波抑制；清洗传感器；更换安装位置。

　　故障现象三：表面不平静时（进料、排料、搅拌器运转时），测量值偶尔跳转至更高的物位，如图 4-27 所示。

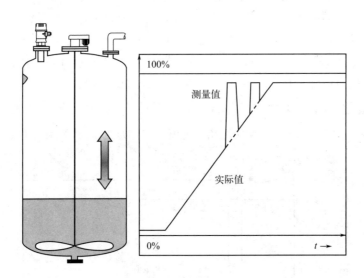

图 4-27　测量值偶尔跳转

　　故障排除三：执行干扰回波抑制；增大输出阻尼；选择不同的安装位置或更大口径的传感器。

　　故障现象四：回波丢失，如图 4-28 所示。

　　故障排除四：检查参数设置；选择其他安装位置或更大口径的传感器；使传感器水平对齐介质表面。

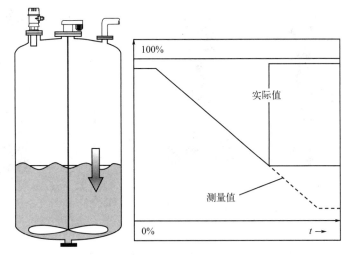

图 4-28 回波丢失

4.2.2 雷达物位计

(1) 雷达原理

雷达通过一个可以发射电磁波（一般为脉冲信号）的装置发射电磁波，电磁波遇到障碍物反射，由一个接收装置接收反射信号。可根据测得电磁波运动过程的时间差来确定物位变化情况。由电子装置对微波信号进行处理，最终转化成与物位相关的电信号。

如图 4-29，雷达物位计的天线发射出电磁波，这些波经被测对象表面反射后，再被天线接收，电磁波从发射到接收的时间与到液面的距离成正比，关系式如下：

$$D = CT/2$$

式中，D 为雷达物位计到液面的距离；C 为电磁波速度；T 为电磁波运行时间；H 为空罐的高度。

则物位 L 为

$$L = H - D$$

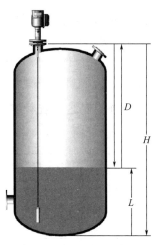

图 4-29 雷达测距原理

(2) 雷达物位计天线种类

雷达物位计根据天线结构形式不同，可分为：棒式天线、喇叭口天线、抛物面天线、导波天线和套管天线，如图 4-30 所示。

① 棒式天线 适合测量腐蚀性介质，工作压力可达 1.6MPa，被测介质温度可达 20℃，发射角大，一般为 30°，信噪比小，精度较低，但易于清洗，常用于测量运行条件较好、口径较大、测量范围小的槽罐和腐蚀性介质。

② 喇叭口天线 喇叭口天线喇叭口径大，收发性能好。这种雷达物位计天线适合大多数测量，工作压力可达 6.4MPa，被测介质温度最高可达 350℃，聚焦性能好，发射角比棒式天线小。如果是高频雷达物位计，发射角就更小，准确度更高。许多缓冲罐、储罐、反应罐等都选用这类天线，但这类天线不适用于腐蚀性介质的测量。

③ 抛物面天线 多用于高频发射的雷达，由于其发射角只有 3.5°，非常适合测量精确

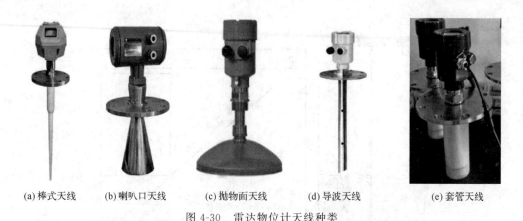

(a)棒式天线　　(b)喇叭口天线　　(c)抛物面天线　　(d)导波天线　　(e)套管天线

图 4-30　雷达物位计天线种类

目标和绕过障碍物进行测量。

④ 导波天线　通过导波金属或缆绳收发电磁波，属接触测量。由于它对粉尘、蒸汽、导波杆上黏附介质等影响较小，所以更广泛地应用于固体料位测量和介电常数很小的液位测量。

⑤ 套管天线　当介电常数较小（1.6～3）或液面产生持续涡流或容器内装置造成假反射时，应选这类仪表。套管对电磁波有聚焦作用，天线装在导波管中或旁路管中。套管内径大小对雷达波传播时间产生影响，所以在参数设置时，应设置套管内径参数，对行程内时间进行补偿。另外，这类天线要求被测介质流动性好，不易挂料。

（3）雷达物位计安装

雷达物位计必须安装在罐仓顶部，不能安装在顶部中心，避免多次强波反射，雷达距离仓壁 30cm 以上。天线应平行于测量槽壁，以利于微波的传播，电磁波通道主轴线上应尽量避开横梁、梯子。

雷达物位计的外部加装有保温和伴热装置，使罐口附近温度基本保持恒定，避免天线有凝结水或者结冰现象。应避开下料区、搅拌器等干扰源，使波束范围内无固定物，提高信号的可信度。

（4）雷达物位计常见故障及处理方法（表 4-8）

表 4-8　雷达物位计常见故障及处理方法

故障现象	故障分析	处理方法
LCD 没有显示	电源故障或掉电	检查电源及接线是否正常
指示值明显失真	参数设置与现场实际不相符	重新设置参数和功能
	天线结疤	清理天线和天线附近的附着物
设置后显示为"0"或者有故障显示	仪表内部有故障	按故障信息检查和处理或返厂修理
液位显示 100%	天线有污物堆积	清洗天线
	天线的安装位置过高	降低天线的安装高度或者缩短管口
液位有变化但显示不变	不同信号离开追踪窗口太频繁	设置追踪窗口为关
液位显示一直保持在实际高度以上	容器内有障碍物产生回波干扰	设置回波抑制功能
液位显示变化缓慢	阻尼过高	降低传感器阻尼
	窗口追踪太低	关闭窗口追踪
液位显示的漂移太大	物料表面有斜坡	增大阻尼时间或使用瞄准器

任务实施

4.2.3 根据生产需求选择非接触式物位计

某厂家需要采购物位计，具体要求如表4-9，根据生产需求，选择合适的物位计。

表4-9 物位计任务工单

部门	设备采购部	作业类型	购买	优先级	日常工作
负责人	张三	工程师	李四		
介质描述 （环境描述）	重油是原油提取汽油、柴油后的节余重质油,相对密度普遍在0.82～0.95,其成分主要是碳氢化合物,用于转速大、功率大的大型柴油机组。特点是密度大、黏度大、杂质多、储存输转温度高(110℃)、油品含水及蒸汽量大、进油过程中易起泡沫等				
工作任务	选用合适的物位计,测量重油储罐液位				

根据采购要求，分析各种物位计的测量原理、应用领域、介质条件、精度、价格等因素，填写超声波物位计、雷达物位计分析表，然后确定选用的物位计，完成表4-10。

表4-10 物位计选用分析表

非接触式物位计资料	项目	超声波物位计	雷达物位计
	测量原理		
	应用领域		
	介质温度压力		
	精度		
	价格		
选用仪表分析			
工作总结			
备注			

练习题

1. 差压液位计优点有（　　　　）、（　　　　）、（　　　　）等。

2. 差压液位计可以测量介质有（　　　　）、（　　　　）、（　　　　）介质等。

3. 超声波传播时会因介质产生损耗，（　　　　）越长，能量越小，空气中存在粉尘颗粒、小液滴时，一部分能量被散射。

4. 超声波物位计相对于接触式测量仪表的优势有什么？超声波物位计不适用于什么场合？

5. 磁翻板液位计适用于（　　　　）、（　　　　）、（　　　　）等场合。

6. 磁翻板液位计与介质直接接触，浮球密封要求要严格，不能测量（　　　　）介质。磁性材料如果退磁，容易导致液位计（　　　　）工作。

7. 浮筒液位计适用于（　　　　）、（　　　　）等环境，测量精度（　　　　），可测量液位变化范围（　　　　）的场合，不宜测量（　　　　）、（　　　　）。

8. 查阅说明书，标注图 4-31 中各部分的名称。

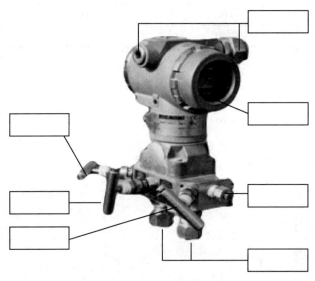

图 4-31　液位计图

9. 如图 4-32 所示，判断超声波物位计安装在哪个位置最合适，为什么？

10. 雷达物位计的优点有（　　　　）、（　　　　）、（　　　　）等，雷达物位计适用的测量介质有（　　　　）、（　　　　）等。

11. 雷达测量距离原理是测量发射脉冲与回波脉冲之间的（　　　　），因电磁波以光速传播，据此就能换算成雷达与目标的精确（　　　　）。

12. 电容式物位计是由电容传感器与电容转换器组成的，可以测量（　　　　）的物位。

图 4-32 超声波物位计

13. 音叉物位开关可以应用于（　　　　　　）等不同介质，主要优点有（　　　　）、（　　　　）等。

14. 音叉由压电晶体激励产生振动，当音叉被液体或固体浸没时（　　　　　　）发生变化，这个变化由电子线路检测出来并输出一个开关量。

15. 空气密度是 $1.23kg/m^3$，常见介质密度如表 4-11，当在空气中传播的超声波遇到液体或固体的表面时，由于密度差别很大，会出现（　　　　　　）现象。

表 4-11 常见介质密度表

液体		固体	
介质	密度/(kg/m³)	介质	密度/(kg/m³)
汽油	700	聚丙烯	870
乙醚	710	聚乙烯	900
石油	760	PET 树脂	1400
酒精	790	铝	2700
煤油	800	煤	1500
苯	880	铁	7800
植物油	920	铜	8900
水	1000	铅	11300

16. 浮筒液位计由测量部分和转换部分组成。测量部分由浮筒及吊链、传动杆、扭力管及壳体组成。转换部分由放大器的微处理器及电子电路和 LCD（液晶显示器）/操作按键组成。在图 4-33 中指出各部分。

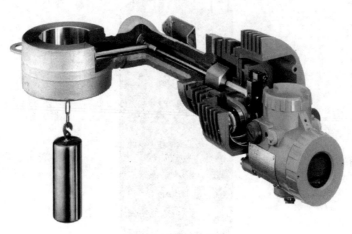

图 4-33 浮筒液位计

✎ 学习笔记

....

....

....

....

....

....

....

....

....

....

....

....

扫码看答案

练习题
参考答案

 **项目考核**

物位检测仪表选型与维护项目考核表

主项目及配分	具体项目要求及配分		评分细则	配分	学生自评	小组评价	教师评价
素养（20分）	纪律情况（6分）	按时到岗,不早退	缺勤全扣,迟到、早退视程度扣1～3分	3分			
		积极思考回答问题	根据上课统计情况得分	2分			
		学习习惯养成	学习用品准备齐全	1分			
		不完成工作	此为扣分项,睡觉、玩手机、做与工作无关的事情酌情扣1～6分				
	6S（3分）	桌面、地面整洁	自己的工位桌面、地面整洁无杂物,得2分;不合格酌情扣分	2分			
		物品定置管理	按定置要求放置,得1分;不合格不得分	1分			
	职业道德（6分）	与他人合作	主动合作,得2分;被动合作,得1分	2分			
		帮助同学	能主动帮助同学,得2分;被动,得1分	2分			
		工作严谨、追求完美	对工作精益求精且效果明显,得2分;对工作认真,得1分;其余不得分	2分			
	价值素养（5分）	安全意识,规范意识	在工作中具有安全意识,按流程操作,得2分	2分			
		工匠精神	体会大国工匠的精益求精,并应用在学习工作中,得3分	3分			
核心技术（60分）	物位检测仪表（50分）	工作原理	能掌握常用物位传感器原理,得15分;部分掌握,得8～10分;不掌握不得分	15分			
		故障处理	能掌握常用物位检测仪表故障处理方法,得15分;部分掌握,得8～10分;不掌握不得分	15分			
		仪表选用	能根据物料性质选择合适的物位检测仪表,得10分;部分选择合适,得6～8分;选择不合适不得分	10分			
		仪表安装	能掌握常用物位检测仪表安装方法、注意事项,得10分;部分掌握得6～8分;不掌握不得分	10分			
	差压液位计校验（10分）	校验差压液位计	会校验差压计,得5分;其余酌情扣分	5分			
		差压式液位计的零点迁移	能掌握差压液位计零点迁移原理和方法,得5分;部分掌握,得1～4分;不掌握不得分	5分			

续表

主项目及配分	具体项目要求及配分		评分细则	配分	学生自评	小组评价	教师评价
项目完成情况（20分）	按时、保质保量完成（20分）	按时提交	按时提交,得6分;迟交酌情扣分;不交不得分	6分			
		书写整齐度	文字工整、字迹清楚,得3分;抄袭、敷衍了事酌情扣分	3分			
		内容完成程度	按完成情况得分	6分			
		回答准确率	视准确率情况得分	5分			
加分项（10分）	有独到的见解		视见解程度得分	10分			
合计							
总评							
组长签字							
教师签字							

文化小窗

民族自豪——中国古代发明

中国古代人民在原始的自动装置的创造和发明上做出了巨大的贡献,能工巧匠们发明了许多原始的自动装置,满足生产、生活和作战的需要。例如指南车、铜壶滴漏、水运仪象台、记里鼓车等。《岭外代答》还记载了一种调节饮酒速度的自动装置。

温度检测仪表选型与维护

温度是与人类的生活、工作关系密切的物理量,是工业生产和科学研究中普遍、重要的热工参数之一。自然界中几乎所有的物理、化学过程都与温度密切相关,许多生产过程都是在一定的温度范围内进行的。

项目目标

专业能力	个人能力	社会能力
• 能够描述温度检测仪表的测温方式,说明不同工业温度检测仪表的使用场合; • 能够复述热电偶、热电阻的测温原理; • 能够表述热电偶基本测温定律; • 能够说出几种非接触温度传感器原理; • 能够查阅分度表进行温度补偿计算; • 能够规范地使用、维护和保养各类温度检测仪表; • 能够判断温度是否在规定的范围内,以便使生产过程正常,保证产品的质量、产量和生产安全; • 能够检验调整温度检测仪表; • 能够根据工作现场需求,选用合适的温度传感器	• 愿意进行知识的拓展和运用; • 能根据项目要求从厂家的产品说明书或网络中获取相关资料(邮件、网页、样本、手册、说明书等); • 熟练处理、整理工作表格与文字; • 能够解决工作过程中出现的问题; • 整理设备周边的工作环境	• 分析项目,小组合作完成工作; • 根据工作任务展示工作计划与内容; • 按照任务要求,在规定时间内完成工作任务; • 在温度检测中保证生产安全、设备安全,具有工程意识

引导题

1. 温度是表征物体(　　　　)的物理量,微观上来讲是物体分子热运动的剧烈程度。

2. 温度是化工生产中重要的测量及控制参数。它不能直接测量,只能借助于冷热不同物体之间的(　　　　),以及物体的某些物理性质随(　　　　)的不同而变化的物理特性来间接测量。

3. 温度测量仪表按测温方式可分为(　　　　)和(　　　　)两大类。

4. 温度的数值表示方法称为（　　　　　　　）。它规定了温度的读数的零点以及单位。国际上规定的有：（　　　　　）、（　　　　　）、（　　　　　）、（　　　　　）等。人的正常体温约为37℃，相当于（　　　　　）℉。

5. 相同阻值的铜热电阻和铂热电阻的外形比较，（　　　　　）的体积大。

6. 在 600～1300℃温度范围内测量，热电偶是比较理想的，但是对于中低温的测量，常用的温度传感器是（　　　　　）。

7. 热电阻具有不同的分度号，Pt100 中 Pt 表示的是热电阻材料为（　　　　　），100 表示该热电阻在（　　　　　）时的电阻值是 100Ω。

8. 辐射出射度是指物体单位表面积在单位时间内所发射的（　　　　　）范围的辐射能量的（　　　　　）。

✎ 学习笔记

....

....

....

....

....

....

....

....

....

....

....

....

....

....

....

....

....

扫码看答案

引导题
参考答案

任务 5.1 选择与检修接触式测温仪表

基础知识

扫码看视频

温度与测量

5.1.1 温度与温标

(1) 温度

温度是表征物体冷热程度的物理量，是物体内部分子无规则剧烈运动程度的标志，是工业生产中普遍、重要的热工参数之一。温度是国际单位制中七个基本量之一，是一个和人们生活环境有着密切关系的物理量，也是一种在生产、科研、生活中需要测量和控制的重要物理量，尤其在国防现代化及航空航天工业的科研和生产过程中，温度的精确测量及控制更是必不可缺的。

(2) 温标

为了定量地描述温度，引入了温标的概念。温标是衡量物体温度的标准尺度，是温度的数值表示方法，是规定温度的读数起点（零点）和测量的基本单位。

目前国际上用得较多的温标有四种：摄氏温标、华氏温标、列氏温标和热力学温标。

① 摄氏温标 瑞典天文学家安德斯·摄尔修斯将一个标准大气压下水的冰点温度规定为0℃，水的沸点定为100℃，两者间均分成100等分。1954年的第十届国际计量大会（CGPM）特别将此温标命名为"摄氏温标"，以表彰摄尔修斯的贡献。在标准大气压下，冰的熔点为0℃，水的沸点为100℃，中间划分100等分，每等分为1℃，符号为 t。

② 华氏温标 把纯水的冰点温度定为32℉，把标准大气压下水的沸点温度定为212℉，中间分为180等分，每一等分代表1℉，这就是华氏温标。华氏温标在美国和一些欧洲国家使用。

③ 列氏温标 水的冰点被定为0列氏度（°R），而沸点则为80°R。因此，如欲将列氏温标表示的温度（R）转为摄氏温度（t），须把列氏温度乘上1.25（即 $t=1.25R$）。

④ 热力学温标 又称开尔文温标或绝对温标，是国际单位制（SI）的7个基本量之一，是国际单位制热力学温度的标度，符号为 T，单位 K（开尔文，简称开）。1954年，国际计量大会选定水的三相点的温度为273.16K，并以它的1/273.16定为1K。

(3) 温度的测量方式

温度的测量方式有接触式测温和非接触式测温两种。接触式测温方式有膨胀类、热电类、电阻类、电学类等。

常见的玻璃液体温度计、水银温度计、压力式温度计都属于膨胀类。它是利用液体、气体的热膨胀及物质的气压变化原理进行测量。膨胀类的测温范围比较小。

　　热电类是应用热电效应原理进行测温。它能测量 1800℃ 左右的高温。

　　电阻类利用了固体材料的电阻值随温度而变化的原理。铂热电阻测量温度较高，铜热电阻测温范围在零下 50℃ 到零上 150℃。

　　集成温度传感器利用半导体器件的温度效应进行测量，一般用于电子电路中。

　　非接触式测温方式有光纤类和辐射类。光纤温度传感器利用光纤的温度特性原理进行测量，辐射类利用了普朗克定律。非接触式温度传感器能测量高温，一般在 3000℃ 左右。

5.1.2　热电偶原理及特性

热电偶原理
定律

(1) 热电偶测温原理

　　热电偶的测温原理就是基于热电效应。两种不同材料的导体（或半导体）组成一个闭合回路，如图 5-1 所示，若两接点温度 T 和 T_0 不同，则在该回路中就会产生电动势，这种现象称为热电效应，该电动势称为热电势。这两种不同材料的导体或半导体的组合称为热电偶，导体 A、B 称为热电极。两个接点，一个称热端，又称测量端或工作端，测温时将它置于被测介质中；另一个称冷端，又称参考端或自由端。

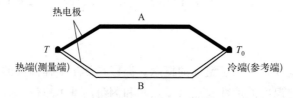

图 5-1　热电偶原理图

　　热电偶的热电势由两种导体的接触电势和单一导体的温差电势组成。

　　① 接触电势　接触电势是由于两种不同导体的自由电子密度不同而在接触处形成的电动势。导体 A、B 材料有不同的电子密度，设导体 A 的电子密度 N_A 大于导体 B 的电子密度 N_B，则从 A 扩散到 B 的电子数要比从 B 扩散到 A 的多，A 因失电子而带正电荷，B 因得电子而带负电荷，于是在 A、B 的接触面上便形成一从 A 到 B 的静电场。这个静电场将阻碍电子的扩散运动，诱发电子的漂移运动，当扩散与漂移达到动态平衡时，在 A、B 接触面上便形成了电位差，即接触电势。接触电势的方向：自由电子密度小的导体指向电子密度大的导体。

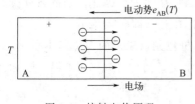

图 5-2　接触电势原理

　　两种导体接触时，自由电子密度大的导体中的电子向密度小的导体扩散，在接触处失去电子一侧带正电，得到电子一侧带负电，扩散达到动平衡时，在接触面的两侧就形成稳定的接触电势。接触电势原理如图 5-2 所示。接触电势的数值取决于两种不同导体的性质和接触点的温度。其表达式为

$$e_{AB}(T) = \frac{kT}{e} \ln \frac{N_A}{N_B} \tag{5-1}$$

　　式中，k 为玻耳兹曼常数；T 为接触面的绝对温度；e 为单位电荷量；N_A 为导体 A 的自由电子密度；N_B 为导体 B 的自由电子密度。

② 温差电势　如图 5-3 所示，温差电势指一根导体因两端温度不同而产生的热电动势。同一导体两端温度不同时，高温端（测量端、工作端、热端）电子的运动速度大于低温端（参考端、自由端、冷端）电子的运动速度，单位时间内高温端失电子带正电，低温端得电子带负电，高温端、低温端之间会形成一个从高温端指向低温端的静电场。该电场

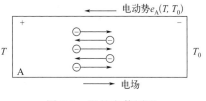

图 5-3　温差电势原理

阻止高温端电子向低温端运动；加大低温端电子向高温端的运动速度，当运动达到动态平衡时，导体两端产生相应的电位差，该电位差称为温差电势。温差电势的方向：由低温端指向高温端。

同一导体的两端温度不同时，高温端的电子能量要比低温端的电子能量大，因而从高温端运动到低温端的电子数比从低温端运动到高温端的要多，结果高温端因失去电子而带正电，低温端因获得多余的电子而带负电，因此，在导体两端便形成温差电势，其大小由式（5-2）给出：

$$e_A(T, T_0) = \int_{T_0}^{T} \sigma_A dT \qquad (5-2)$$

式中，σ_A 为汤姆孙系数，表示单一导体两端单位温度差为 1℃ 时所产生的温差电势，与材料性质和两端温度有关。

金属导体内温差电势极小，可以忽略，那么回路中起决定作用的是接触电势，因而热电偶的总电动势就如式（5-3）所示。

$$E_{AB}(T, T_0) = e_{AB}(T) - e_{AB}(T_0) \qquad (5-3)$$

A、B 导体在热端和冷端的电动势等于导体 A、B 在热端和在冷端的电势差。根据测温原理测量回路中的电动势，经过查分度表，分析计算，就可以得到热端温度。

对于已选定的热电偶，当冷端温度 T_0 恒定时，$e_{AB}(T_0) = c$ 为常数，则总的热电动势就只与温度 T 成单值函数关系，见式（5-4）。

$$E_{AB}(T, T_0) = e_{AB}(T) - c = f(T) - c（是 T 的单值函数） \qquad (5-4)$$

(2) 热电偶特点

根据热电偶的测温原理及热电势公式，可以得出热电偶主要有以下三个特点。

a. 热电偶回路热电势的大小，只与组成热电偶的材料和材料两端连接点处的温度有关，与热电偶丝的直径、长度及沿程温度分布无关。

b. 只有两种不同性质的材料才能组成热电偶，相同材料组成的闭合回路不会产生热电势。

c. 热电偶的两个热电极材料确定之后，热电势的大小只与热电偶两端接点的温度有关。

(3) 热电偶测温定律

① 均质导体定律　由两种均质导体组成的热电偶，其热电动势的大小只与两材料及两接点温度有关，与热电偶的大小尺寸、形状及沿热电极各处的温度分布无关。如果材料不均匀，当导体上存在温度梯度时，将会有附加电动势产生。这条定理说明，热电偶必须由两种不同性质的均质材料构成。

② 中间导体定律　在热电偶回路中插入第三种导体，只要第三种导体的两端温度相同，

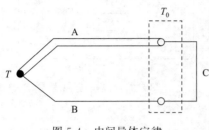

图 5-4　中间导体定律

则对热电偶回路的总热电势没有影响。中间导体定律原理图如图 5-4 所示。

如式(5-5)所示，A、B、C 三种导体在温度 T 和 T_0 的总电动势 E_{ABC}，等于导体 A、B 在温度 T 的电动势，导体 B、C 在温度 T_0 的电动势和导体 C、A 在温度 T_0 的电动势之和。而在温度都为 T_0 时，导体 A、B 电动势，导体 B、C 电动势，导体 C、A 电动势代数和为 0，如式(5-6)，将式(5-6)代入式(5-5)中，就得式(5-7)。

经过分析，得出 A、B、C 三种导体在温度 T 和 T_0 的总电动势 E_{ABC} 等于 A、B 两种导体在温度 T 和 T_0 的电动势 E_{AB}。

由图 5-4 可得回路总热电势为

$$E_{ABC}(T,T_0)=e_{AB}(T)+e_{BC}(T_0)+e_{CA}(T_0) \tag{5-5}$$

当 $T=T_0$ 时：

$$E_{ABC}(T_0,T_0)=e_{AB}(T_0)+e_{BC}(T_0)+e_{CA}(T_0)=0$$

$$-e_{AB}(T_0)=e_{BC}(T_0)+e_{CA}(T_0) \tag{5-6}$$

所以：

$$E_{ABC}(T,T_0)=e_{AB}(T)+e_{BC}(T_0)+e_{CA}(T_0)=e_{AB}(T)-e_{AB}(T_0)=E_{AB}(T,T_0) \tag{5-7}$$

同理，在热电偶回路中接入第四、第五……种导体，只要保证接入的每种导体两端的温度相同，同样不影响热电偶回路中总的热电动势大小。

如图 5-5 所示，利用热电偶来实际测温时，连接导线、显示仪表和接插件等均可看成是中间导体，只要保证这些中间导体两端的温度各自相同，则对热电偶的热电动势没有影响。因此中间导体定律对热电偶的实际应用是十分重要的。

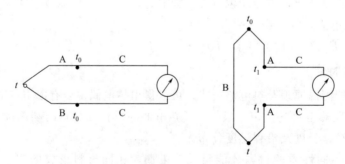

图 5-5　连接仪表的热电偶测量回路

③ 中间温度定律　热电偶在接点温度为 t、t_0 时的热电动势等于该热电偶在接点温度为 t、t_n 和 t_n、t_0 时相应的热电动势的代数和。即

$$E_{AB}(t,t_0)=E_{AB}(t,t_n)+E_{AB}(t_n,t_0) \tag{5-8}$$

如图 5-6 所示，其中 t_n 称为中间温度。中间温度定律证明如下：

$$E_{AB}(t,t_n)+E_{AB}(t_n,t_0)=[e_{AB}(t)-e_{AB}(t_n)]+[e_{AB}(t_n)-e_{AB}(t_0)]$$

$$=e_{AB}(t)-e_{AB}(t_0)$$

$$=E_{AB}(t,t_0)$$

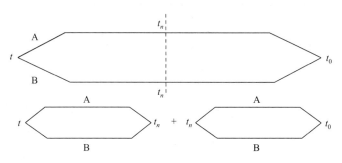

图 5-6　中间温度定律

中间温度定律为制定热电偶分度表奠定了理论基础。所谓分度表就是热电偶自由端（冷端）温度为 0℃时，热电偶工作端（热端）温度与输出热电动势之间的对应关系的表格。如果自由端温度不为 0℃时，则可通过式（5-8）及分度表求得工作端的温度 T。另外，运用补偿导线延长测温距离，可以消除热电偶冷端温度变化的影响。

④ 参考电极定律　两种导体 A、B 分别与参考电极 C 组成热电偶，如果他们所产生的热电动势已知，A 和 B 两极配对后的热电动势可用式(5-9)求得。

A、B 两种导体在热端温度 t 和冷端温度 t_0 的电势等于 A、C 两种导体和 C、B 两种导体在 t、t_0 的电势差。

$$E_{AB}(t,t_0)=E_{AC}(t,t_0)-E_{BC}(t,t_0) \tag{5-9}$$

如图 5-7 所示，参考电极定律大大简化了热电偶的选配工作。只要获得有关热电极与参考电极配对的热电动势，那么任何两种热电极配对时的热电动势均可利用该定律计算，而不需要逐个进行测定。由于铂的物理和化学性能稳定、熔点高、易提纯，所以目前常采用纯铂丝作为标准电极。

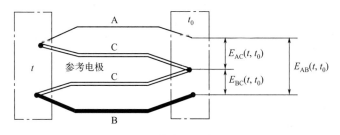

图 5-7　参考电极定律

（4）热电偶材料

原则上说，随便两种不同的导体焊在一起，都会产生热电势。这并不是说所有热电偶都具有实用价值，能被大量采用的材料必须在测温范围内具有稳定的化学及物理性质，热电势要大，且与温度接近线性关系。

国际计量委员会规定了 ITS-2019 标准，我国规定了热电偶标准为 GB/T 16839.1—2018。如表 5-1 所示为八种国际通用热电偶特性表。分度表是自由端温度在 0℃时的条件下得到的，不同的热电偶具有不同的分度表。

表 5-1　八种国际通用热电偶特性表

名　称	分度号	测温范围/℃	100℃时的热电势/mV	1000℃时的热电势/mV	特点
铂铑$_{30}$①-铂铑$_6$	B	0～1820	0.033	4.834	熔点高,测温上限高,性能稳定,准确度高,100℃以下热电势极小,所以可不必考虑冷端温度补偿;价格昂贵,热电势小,线性差;只适用于高温域的测量
铂铑$_{13}$-铂	R	−50～1768	0.647	10.506	使用上限较高,准确度高,性能稳定,复现性好;但热电势较小,不能在金属蒸气和还原性气氛中使用,在高温下连续使用时特性会逐渐变坏,价格昂贵;多用于精密测量
铂铑$_{10}$-铂	S	−50～1768	0.646	9.587	优点同铂铑$_{13}$-铂;但性能不如R型热电偶;曾经长期作为国际温标的法定标准热电偶
镍铬-镍硅	K	−270～1300	4.096	41.276	热电势大,线性好,稳定性好,价廉;但材质较硬,在1000℃以上长期使用会引起热电势漂移;多用于工业测量
镍铬硅-镍硅	N	−270～1300	2.744	36.256	是一种新型热电偶,各项性能均比K型热电偶好,适用于工业测量
镍铬-铜镍（康铜）	E	−270～1000	6.319	76.373	热电势比K型热电偶大50%左右,线性好,耐高湿度,价廉;但不能用于还原性气氛;多用于工业测量
铁-铜镍（康铜）	J	−210～1200	5.269	57.953	价格低廉,在还原性气氛中较稳定;但纯铁易被腐蚀和氧化;多用于工业测量
铜-铜镍（康铜）	T	−270～400	4.279	——	价廉,加工性能好,离散性小,性能稳定,线性好,准确度高;铜在高温时易被氧化,测温上限低;多用于低温域测量。可作−200～0℃温域的计量标准

① 铂铑$_{30}$ 表示该合金含 70% 的铂及 30% 的铑,以下类推。

（5）热电偶结构

为了适应不同生产对象的测温要求和条件,热电偶的结构形式有普通工业用热电偶、铠装热电偶和薄膜热电偶等。

扫码看视频

热电偶种类及结构

① 普通工业用热电偶　普通工业用热电偶是热电极可以从保护管中取出的可拆卸的热电偶,它与显示仪表、记录仪表或计算机等配套使用,可以测量各种生产过程中气体、液体、熔体及固体表面的温度。

如图 5-8 所示是工业测量上应用最多的普通型热电偶,它一般由热电极、绝缘管、保护管和接线盒等组成。热电偶的热电极被绝缘管保护,测量时将热端放入被测物体中,从接线盒中引出电信号,传给控制器。安装方式有法兰安装（如图 5-9）、螺纹安装（如图 5-10）。

热电极的直径大小由材料的价格、机械强度、电导率、热电偶的用途及测温范围决定。贵金属热电极的直径为 0.3～0.65mm,普通金属热电极的直径为 0.3～3.2mm。热电极的长度有多种规格，主要由安装条件和插入深度来决定，一般为 300～2000mm。热电偶热端采用焊接方式连接，接头形状有点焊、对焊和铰接点焊。焊点的直径应不超过热电极直径的 2 倍。

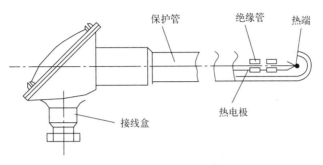

图 5-8 普通热电偶结构

图 5-9 法兰安装

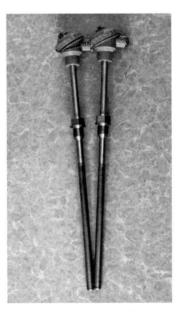

图 5-10 螺纹安装

为了防止热电极间的电势短路，在热电极上套装绝缘管。绝缘管有单孔、双孔、四孔等多种形式。绝缘管材料根据材料允许的工作温度进行选择，低温下可用橡胶、塑料、聚乙烯等材料；高温下可用普通陶瓷（1000℃以下）、高纯氧化铝（1300℃以下）、刚玉（1600℃以下）等。

为了防止热电极遭受机械损伤和化学腐蚀，通常将热电极和绝缘管装入不透气的保护管内。保护管的材料和形式由被测介质的特性、安装方式和时间常数等决定。常见的材料有黄铜、不锈钢、高温耐热钢、高纯氧化铝、刚玉、金属陶瓷等，测量更高温度时还可使用氧化铍和氧化钍，可达 2200℃。普通工业用热电偶测温时间常数随保护管的材料及直径而变化（一般为 10～240s），当采用金属保护管外径为 12mm 时，时间常数为 45s，外径为 16mm 时，时间常数为 90s，而耐高压的金属热电偶的时间常数为 2.5min。安装时可采用螺纹连接和法兰连接两种形式。常用保护管材料及其适用的温度范围如表 5-2 所示。

表 5-2　常用保护管材料及其适用的温度范围

材料名称	长期使用温度/℃	短期使用温度/℃	材料名称	长期使用温度/℃	短期使用温度/℃
铜或铜合金	400		高级耐火瓷管	1400	1600
20#碳钢管	600		再结晶氧化铝管	1500	1700
1Cr18Ni9Ti 不锈钢	900～1000	1250	高纯氧化铝管	1600	1800
28Cr 铁（高铬铸铁）	1100		硼化锆	1800	2100
石英管	1300	1600			

接线盒内有接线柱作为热电极和补偿导线或导线的连接装置。根据用途的不同，接线盒有普通式、防溅式、防水式、隔爆式和插座式等结构形式。

②铠装热电偶　铠装热电偶作为测量温度的传感器，通常与显示仪表、记录仪和电子调节器配套使用，也可以作为普通装配式热电偶的感温元件。铠装热电偶也称缆式热电偶，它是将热电偶丝与电熔氧化镁绝缘物熔铸在一起，外套不锈钢管等。它可以直接测量各种生产过程中 0～1800℃ 范围内的液体、蒸气和气体介质，以及固体表面的温度。与普通装配式热电偶相比，铠装热电偶具有可弯曲、耐高压、热响应时间短和坚固耐用等优点。铠装热电偶测量端的结构形式有绝缘式、露端式、接壳式三种。铠装热电偶的种类非常多，有防喷式、防水式、手柄式、圆接插式等，如图 5-11 所示。

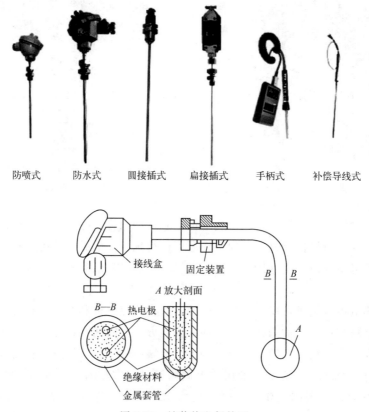

图 5-11　铠装热电偶外观

③ 薄膜热电偶　薄膜热电偶是用真空蒸镀的方法使两种热电极材料蒸镀到绝缘基板上，二者牢固地结合在一起，形成薄膜状工作端，上面再蒸镀一层二氧化硅薄膜作为绝缘和保护层，如图 5-12 所示。

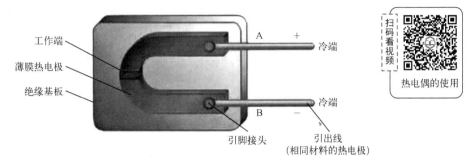

图 5-12　薄膜热电偶

薄膜热电偶的特点是：工作端是非常薄的薄膜（可薄到 $0.01 \sim 0.1 \mu m$），尺寸也很小，故工作端的热容量小，时间常数非常小（可达几毫秒），用于测量变化快的温度。由于黏合剂的耐热限制，只能用于 $-200 \sim 300 ℃$ 范围。若将热电极材料直接蒸镀到被测对象表面，时间常数可达微秒级。

薄膜热电偶温度传感器具有响应速度快、测量精度高的优点，非常适合对物体表面、小间隙等瞬变温度进行测量。

(6) 热电偶冷端温度补偿

由热电偶的测温原理可知，热电势是热端温度与冷端温度的函数，在冷端温度恒定的条件下，热电势是热端温度的函数。而在实际应用时，如图 5-13 所示，热电偶的冷端放置在距离热端很近的大气中，受高温设备和环境温度波动的影响较大，因此冷端温度不恒定。要想消除冷端温度波动对测温的影响，必须进行冷端温度补偿。常用的冷端温度补偿方法有：冷端恒温法、计算修正法、显示仪表机械零点调整法、补偿电桥（冷端温度补偿器）法、补偿导线法、辅助热电偶法、PN 结补偿法等。

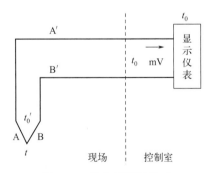

图 5-13　热电偶测温示意

① 冷端恒温法（冰浴法）　将热电偶的冷端置于 $0℃$ 的恒温器内，保持 t_0 为 $0℃$。此时测得的热电势可以准确地反映热端温度变化的大小，直接查对应的热电偶分度表即可得知热端温度的大小。此方法测量准确，但有局限性，一般适用于实验室测量。

② 计算修正法　当热电偶的冷端温度 $t_0 \neq 0℃$ 时，由于热端与冷端的温差随冷端温度的

变化而变化，所以测得的热电势 $E_{AB}(t, t_0)$ 与冷端为 0℃ 时所测得的热电势 $E_{AB}(t, 0℃)$ 不等。若冷端温度高于 0℃，则 $E_{AB}(t, t_0) < E_{AB}(t, 0℃)$。热电偶的分度关系是在冷端温度为 0℃ 的情况下得到的，若热电偶的冷端温度为 t_0，不是 0℃，则不能用测量热电偶的热电势去查分度表，必须进行热电势修正。可以利用下面的方法计算并修正测量误差。

A、B 导体在温度 t 和 0℃ 间的电势等于在温度 t、t_0 电势和温度 t_0、0℃ 电势之和，即

$$E_{AB}(t, 0℃) = E_{AB}(t, t_0) + E_{AB}(t_0, 0℃)$$

适用场合：实验室测温，现场使用的直读仪表测温，前提条件是冷端温度可测且基本恒定。缺点：不便于连续测温。

③ 补偿电桥法 如果能得到一个随温度而变化的附加电势，并将该电势串联在热电偶回路中，使其抵偿热电偶热电势因冷端温度变化而产生的变化，则可保证显示仪表中的电势不受冷端温度变化的影响，达到自动补偿的目的。如图 5-14 所示，常用的冷端温度补偿器基于不平衡电桥原理工作。需要注意的是，若补偿电桥的初始平衡温度不是 0℃，则传递给显示仪表的电势还需要修正，通常采取显示仪表机械零点调整的方法。

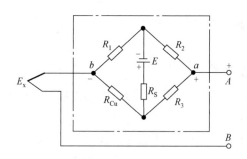

图 5-14 热电偶补偿电桥

电桥补偿法是利用不平衡电桥产生的不平衡电压来自动补偿热电偶因冷端温度变化而引起的热电势变化，可购买与被补偿热电偶对应型号的补偿电桥。电桥补偿法一般不单独使用。如图 5-15 所示为电桥补偿示意图。

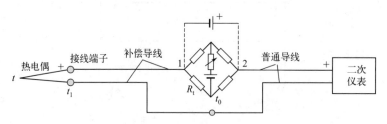

图 5-15 电桥补偿示意图

电桥补偿法原理如图 5-16 所示，电阻 R_1、R_2、R_3、R_{Cu} 组成了一个电桥，与热电偶冷端处于同一环境温度下。补偿电桥的桥臂电阻 R_1、R_2、R_3、R_4 的电阻温度系数较小，R_{Cu} 电阻的温度系数较大，当 $t_0 = 0℃$ 时，将电桥调至平衡状态，a、b 两点电位相等，电桥对仪表读数无影响。

当热电偶冷端温度上升时，热电势值将减小，但电阻 R_{Cu} 阻值增加，电桥失去平衡，

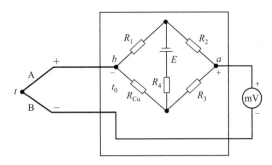

图 5-16　电桥补偿法原理

a、b 间显现的电位差 $U_{ab} > 0$，如果适当选取桥臂电阻，便可使 U_{ab} 正好等于减小的热电势值，仪表读出的热电势值便不受自由端温度变化的影响，即起到了自动补偿的作用。

$$E_{AB}(t,0) = E_{AB}(t,t_0) + E_{AB}(t_0,0) = E_{AB}(t,t_0) + U_{ab}$$

④ 补偿导线法　由中间温度定律可知，当接点温度低于 100℃ 时，可用热电特性相同的一对导线代替测量用热电偶，也就是使用补偿导线。补偿导线虽不能改变冷端温度，但可以迁移热电偶的冷端位置，即将冷端从温度波动剧烈的地点迁移至相对稳定的地点，便于与其他温度补偿方法配合实现温度的正确指示。例如，测量炉膛温度的热电偶的冷端通常在炉膛外部不远就地安装，该处温度受高温设备及环境温度变化的影响，波动较剧烈，同时该处的温度一般高于冷端温度补偿器的补偿温度，因此不能采用前述温度补偿方法。使用补偿导线将热电偶的冷端迁移至集控室后的电子间，当该处温度稳定时，可采用显示仪表机械调零等预置电势法；当该处温度不很稳定时，由于温度处于冷端温度补偿器的补偿范围，所以可使用冷端温度补偿器进行补偿。

常用补偿导线正极、负极的绝缘层着色见表 5-3。不清楚补偿导线型号时，可根据补偿导线绝缘层着色来判断。绝缘层着色看不清楚的补偿导线，可把补偿导线两根线拧紧放入沸水中，用万用表的直流毫伏挡测量热电势，将万用表显示的电势值与环境温度对应的电势值相加，查常用型号热电偶分度表，根据计算电势值查找接近 100℃ 的，就可判断是何种类型的补偿导线。如某补偿导线放入沸水中测得热电势为 3.010mV，测量时室温为 25℃ 对应的热电势为 1mV，则总热电势为 4.01mV，查热电偶分度表中与其接近的有 K 分度为 98℃，T 分度为 94℃，可以确定该补偿导线型号为 KCB。

表 5-3　常用补偿导线

补偿导线型号	配用热电偶分度号	补偿导线合金材质		绝缘层着色		100℃时允差/℃		200℃时允差/℃	
		正极	负极	正极	负极	普通级	精密级	普通级	精密级
SC	S	SPC(铜)	SNC(铜镍)	红	绿	±5	±3	±5	—
KC	K	KPC(铜)	KNC(镍硅)	红	蓝	±2.5	±1.5	—	—
KX	K	KPX(镍铬)	KNX(铜镍)	红	黑	±2.5	±1.5	±2.5	±1.5
EX	E	EPX(镍铬)	ENX(铜镍)	红	棕	±2.5	±1.5	±2.5	±1.5
JX	J	JPX(铁)	JNX(铜镍)	红	紫	±2.5	±1.5	±2.5	±1.5
TX	T	TPX(铜)	TNX(铜镍)	红	白	±2.5	±1.5	±2.5	±1.5

5.1.3 热电阻原理及特性

热电阻是中、低温区最常用的一种温度检测传感器。它的主要特点是测量精度高、性能稳定。热电阻广泛用来测量 $-220 \sim 850℃$ 的温度，少数情况下，低温可测量至 $-272℃$，高温可测量至 $1000℃$。金属热电阻常用的材料是铂和铜。其中铂热电阻的测量精度是最高的，它不仅广泛应用于工业测温，而且被制成了标准的温度基准仪。

(1) 热电阻工作原理

热电阻是利用导体的电阻随温度变化而变化的特性测量温度的。因此要求作为测量用的热电阻材料必须具备以下特点：电阻温度系数要尽可能大和稳定，电阻率高，电阻与温度之间关系最好成线性关系，并且在较宽的测量范围内具有稳定的物理和化学性质。目前应用得较多的热电阻材料有铂和铜等。

① 铂热电阻　铂易于提纯、复制性好，在氧化性介质中，甚至高温下，其物理、化学性质极其稳定，因而主要用于高精度温度测量和标准测温装置，其测温范围为 $-200 \sim 850℃$。下面介绍铂电阻的电阻-温度特性方程。

温度与电阻关系：

$$-200 \sim 0℃时，R_t = R_0[1 + At + Bt^2 + Ct^3(t - 100)]$$
$$>0 \sim 850℃时，R_t = R_0[1 + At + Bt^2]$$

式中，R_0 为 0℃时电阻值；A、B、C 为温度系数，A 为 $3.96847 \times 10^{-3}℃^{-1}$，$B$ 为 $-5.847 \times 10^{-7}℃^{-1}$，$C$ 为 $-4.22 \times 10^{-12}℃^{-1}$。

电阻值 R_0 有 100Ω、10Ω，分度号分别为 Pt100、Pt10。主要作为标准电阻温度计，广泛应用于温度基准、标准的传递。

② 铜热电阻　由于铂是贵金属，价格较贵，在测量精度要求不高，测温范围在 $-50 \sim 150℃$ 时普遍采用铜电阻。铜易于提纯，价格低廉，电阻-温度特性的线性较好，但电阻率仅为铂的几分之一。因此，铜电阻所用阻丝细而且长，机械强度较差，热惯性较大，在温度 100℃ 以上或在腐蚀性介质中使用时，易氧化，稳定性较差。因此，铜电阻只能用于低温及无腐蚀性的介质中。

温度与电阻关系：

$$R_t = R_0(1 + \alpha t)$$

式中，R_t 是温度为 t 时的铜电阻值；R_0 是温度为 0℃时铜电阻值；α 是温度系数，为 $4.25 \times 10^{-3} \sim 4.28 \times 10^{-3}℃^{-1}$。电阻值 R_0 有 50Ω、100Ω，分度号分别 Cu50、Cu100。

(2) 热电阻结构

热电阻与热电偶从外观上很像，都是由电阻体、绝缘套管（绝缘管）、保护管、引线和接线盒等组成。如图 5-17 所示为热电阻结构。

① 普通热电阻　通常都由电阻体、绝缘管、保护管和接线盒四个部分组成。除电阻体外，其余部分的结构和形状与热电偶的相应部分相同。铂电阻体是用很细的铂丝绕在云母、石英或陶瓷支架上做成的，形状有平板形、圆柱形及螺旋形等。

② 铠装热电阻　铠装热电阻比装配式热电阻直径小，具有易弯曲、抗冲击振动、

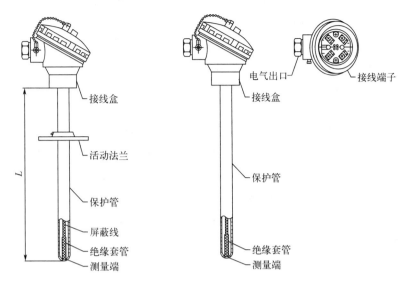

图 5-17　热电阻结构图

坚固耐用等特点，还可以作为装配式热电阻的内芯元件使用，外保护套采用不锈钢材质，里面充满高密度氧化物质绝缘体，适合安装在环境恶劣的场合，测温范围为 $-200 \sim 500 ℃$ 。使用中应注意其测量端是感温元件的位置，距其测量端 30mm 内不能弯曲，以免损伤感温元件。

③ 薄膜铂热电阻　薄膜铂热电阻是利用真空镀膜法将纯铂直接蒸镀在绝缘的基板上而制成的。它的测温范围是 $-50 \sim 600 ℃$ 。国产元件精度可达到德国标准中的 B 级，由于薄膜热容量小，热导率大，因此薄膜铂热电阻能够快速准确地测出表面的真实温度。

④ 厚膜铂热电阻　厚膜铂热电阻是用高纯铂粉与玻璃粉混合，加有机载体调成糊状浆料，用丝网印刷在刚玉基片上，再烧结安装引线，调整电阻值。最后涂玻璃釉作为电绝缘保护层。厚膜铂热电阻与普通铂热电阻的应用范围基本相同。在表面温度测量及在机械振动环境下应用明显优于普通铂热电阻。

⑤ 热电阻元件的内引线形式　有两线制、三线制、四线制。

两线制热电阻接线图如图 5-18 所示，即热电阻感温元件两端各有一根引线。其配线简单，成本低，大多产品采用两线制。用于测量精度要求不高的场合，引线长度不能过长，否则将增大测量误差。

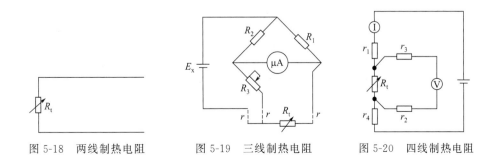

图 5-18　两线制热电阻　　　图 5-19　三线制热电阻　　　图 5-20　四线制热电阻

三线制热电阻接线图如图 5-19 所示，是热电阻感温元件的一端连接两根引线，另一端连接一根引线，此种引线形式就叫三线制。它可以消除内引线的影响，测量精度高于两线制，常用于测温范围窄、引线太长或引线布线中温度易发生变化的场合。三线制引线方式与不平衡电桥配合使用，两根引线分别接在电桥的两个桥臂上，另一根引线接在电桥的电源上，消除了引线电阻变化的影响。

四线制热电阻接线图如图 5-20 所示，在热电阻感温元件的两端各连接两根引线的方式称为四线制。其中两根引线为热电阻提供恒定电流，把电阻转换成电压信号，再通过另两根引线把电压信号引至测量仪表。四线制可完全消除引线的电阻影响，但结构较复杂，在温度变送器及 DCS 中有应用。

⑥ 识别热电偶与热电阻　工业用热电偶和热电阻保护管的外形几乎是一样的，有的测温元件外形很小，如铠装型的测温元件，两者外形又基本相同，在没有铭牌，又不知道型号的情况下，如何识别？

首先是看测温元件的引线，通常热电偶只有两根引线，如果有三根引线就是热电阻。但对于有四根引线的，需要测量电阻值来判断是双支热电偶，还是四线制的热电阻。先从四根引线中找出电阻几乎为零的两对引线，再测量这两对引线间的电阻值，如果为无穷大，就是双支热电偶，电阻值几乎为零的一对引线就是一支热电偶。如果两对引线的电阻为 $10\sim110\Omega$，则是单支四线制的热电阻，它的电阻值与什么分度号的热电阻最接近，就是该分度号的热电阻。如果只有两根引线，可以用数字万用表测量电阻值来判断，由于热电偶的电阻值很小，电阻几乎为零；如果测量时电阻值很小，可能就是热电偶。

热电阻在室温状态下，其最小电阻值也将大于 10Ω。常用的热电阻有 Pt10、Pt100 铂热电阻，Cu50、Cu100 铜热电阻四种分度号的热电阻，在室温 $20℃$ 时，其电阻值 Pt10 为 10.779Ω，Pt100 为 107.794Ω，Cu50 为 54.285Ω，Cu100 为 108.571Ω。室温大于 $20℃$时其电阻值更大，比较两者的电阻值大多就可判断了。如果是热电阻，也就可以知道是什么分度号的热电阻了。

找个容易得到的热源，通过加热测温元件来判断和识别。如可接杯饮水机的热水，将测温元件的测量端放入热水中，用数字万用表的直流毫伏挡，测量它有没有热电势，有热电势的就是热电偶，根据热电势查找热电偶分度表，就可以判断是什么分度号的热电偶。没有热电势时，则测量其电阻值有没有变化，有电阻值上升变化趋势的就是热电阻。还可使用电烙铁或电烘箱加热测温元件的测量端来判断识别。

(3) 热电阻/热电偶插入深度

热电阻/热电偶属接触式温度计，要与被测介质有良好的接触，才能保证热电阻/热电偶的测温精度。为确保测量的准确性，首先应根据管道或设备工作压力大小、工作温度、介质腐蚀性要求等方面，合理确定热电阻/热电偶的结构形式和安装方式；其次要正确选择测温点，测温点要具有代表性，不应把热电阻/热电偶插在被测介质的死角区域。热电偶的插入深度标准如表 5-4 所示。热电阻/热电偶工作端应处于管道流速较大处。最后，要合理确定热电阻/热电偶的插入深度，一般在管道上安装取 $150\sim200mm$，在设备上安装可取小于或等于 $400mm$。

表 5-4　不同种类及安装方式的热电偶的插入深度标准　　　　单位：mm

连接件标称直径	普通热电偶							铠装热电偶	
	直型直插	连接头直插	45°接头斜插	角连斜插	法兰直插	高压套管		卡套螺纹直插	卡套法兰直插
						固定套管	可换套管		
28	60	120	90	150	150	40	70	60	60
32								75	75
40								75	75
50								75	100
65						100	100	100	100
80	100	150	150	200	200	100	100	100	100
100	150	150	150	200	200	100	150	100	100
125	150	200	150	200	200	100	150	150	150
150	150	200	200	250	250	150	150	150	150
175	150	200	200	250	250			150	150
200	150	200	200	250	250	150	150	150	150
225	200	250	250	300	250	300		200	200
250	200	250	250	300	300			200	200
>250	200	250	250	300	300				

插入深度的选取应当使热电阻/热电偶能充分感受介质的实际温度。对于管道安装通常使工作端处于管道中心线 1/3 管道直径区域内。在安装中常采用直插、斜插（45°）等插入方式。如果管道较细，宜采用斜插。在斜插和管道弯头处安装时，其端部应对着被测介质的流向（逆流），不要与被测介质形成顺流。对于在管径小于 80mm 的管道上安装热电偶时，可以采用扩大管。

用热电阻/热电偶测量炉膛温度时，应避免热电偶与火焰直接接触，避免安装在炉门旁或与加热物体距离过近之处。在高温设备上测温时，为防止保护管弯曲变形，应尽量垂直安装。若必须水平安装，则在插入深度大于 1m 或被测温度大于 700℃ 时，应用耐火黏土或耐热合金制成的支架将热电阻/热电偶支承住。

热电阻/热电偶的接线盒引线孔应向下，以防因密封不良而使水汽、灰尘与脏物落入接线盒中，影响测量。为减少测温滞后，可在保护外套管与保护管之间加装传热良好的填充物，如变压器油（<150℃）或铜屑、石英砂（>150℃）等。

（4）温度检测仪表安装

温度检测仪表在保管、安装、使用及运输过程中，应尽量避免碰撞保护管，切勿使保护管弯曲、变形。安装时，严禁扭动仪表外壳。仪表经常工作的温度最好能在刻度范围的 1/2～3/4 处，安装方向要迎着被测介质流向或垂直管线安装。

避免在阀门、弯头及管道和设备的死角附近安装，远离热源、强电场、强磁场、电机附近等安装。接线盒必须做好防护，出线口朝下安装；保护管末端要尽可能靠近管道中心位置；必须使用与热电偶具有相同热电特性的补偿导线。

(5) 温度检测仪表常见故障及排除

① 测量不准的原因　测温元件损坏，铠装芯可能断开；接线问题，主要是接线松动、接线错误、热电偶补偿引线接线错误；变送器问题，参数设置错误、芯片损坏、变送器进水等；外部干扰，电磁干扰、振动干扰、保护管进水等；回路问题，回路断路或短路、电缆破皮接地、量程设置不正确等；安装问题，插深不够、位置不合适等。

② 判断流程　热电阻/热电偶温度计故障判断流程如图 5-21 所示。

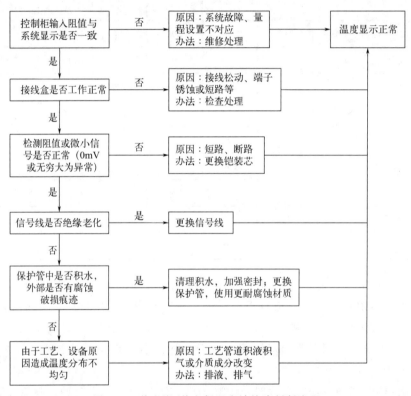

图 5-21　热电阻/热电偶温度计故障判断流程

③ 常见检查及处理方法

a. 铠装芯故障：用万用表电阻挡测量铠装芯引线阻值，阻值为∞，则为断偶。处理方法为更换新铠装芯。

b. 保护管故障：检查保护管中是否有积水。检查保护管外部是否有腐蚀、破损痕迹。处理方法为清理积水，更换新的保护管。

c. 回路故障：用信号发生器给回路发送 4～20mA 电流信号，检查示数与换算值是否一致。处理方法为核对检查接线，核对更改量程。

d. 变送器故障：用信号发生器给变送器输入微小（mV）信号。检查换算值与表头示数是否一致。处理方法为更换变送器或卡件。

任务实施

5.1.4　热电偶的选择

在日常生产过程中，很多类型的工厂或企业，都离不开使用热电偶，热电偶是一种经常被使用的测温工具，能够用来直接测量温度，并且将测温结果以数字的形式呈现出来，方便人们随时掌握设备或者机器的温度。它给生产带来了很大帮助，具有很高的实际应用价值。不过有些工作人员会发现，热电偶的结构大致相同，型号众多，那么怎样根据实际使用需求，来选择合适的热电偶型号呢？

（1）根据测温对象的性质选择

选择热电偶型号的时候，可以根据测温对象的性质及状态，来选择对应的型号。例如对于运动物体、高压容器及振动物体的测温，需要选择机械强度高的热电偶，再如，在有化学污染的环境里，测量一些化学容器或者化工设备温度的时候，需要选择有保护管的热电偶，如果是在存在电器干扰的情况下，应当选择绝缘性比较高的热电偶。

（2）根据耐久性、耐热性及热响应性进行选择

相对来说，线径大的热电偶，它们的响应会较慢一些，不过它们的耐久性表现更加良好。如果是既要求耐久性，也要求响应时间快的话，那么选用铠装热电偶是比较合适的。也可以根据耐热性、热响应性来选择合适的热电偶型号，这样做会为日常生产带来更大便利，在节省技术人员精力的同时，也缩短了生产所需要的时间。

（3）根据测温范围以及测量精度进行选择

在不同的企业或者工厂里面，需要用热电偶测量的温度范围是不一样的，对测量精度的要求也是有所区别的，可以根据测量精度和测温范围来选择合适的热电偶型号。

例如在 1300～1800℃ 的使用温度，同时又要求测量精度比较高的情况下，通常会选用 B 型热电偶，如果对精度的要求不是很高，气氛又允许的话，那么则可以选用钨铼热电偶；高于 1800℃ 一般选用钨铼热电偶；使用温度在 1000～1300℃，要求精度又比较高可用 S 型热电偶和 N 型热电偶；在 1000℃ 以下一般用 K 型热电偶和 N 型热电偶；低于 400℃ 一般用 E 型热电偶；250℃ 下以及负温测量一般用 T 型电偶，在低温时 T 型热电偶稳定而且精度高。

（4）使用气氛的选择

S 型、B 型、K 型热电偶适合在强的氧化和弱的还原气氛中使用，J 型和 T 型热电偶适合于弱氧化和还原气氛，若使用气密性比较好的保护管，对气氛的要求就不太严格。

在使用热电偶的时候，也有一些事项是需要注意的，例如热电偶的公称压力，它指的是在工作温度下，保护管可以承受静态的外压而不破裂；再如，热电偶的最小插入深度，不应小于保护管外径的 8～10 倍等。

某厂家需要采购热电偶，具体要求如表 5-5，根据生产需求，选择合适的热电偶。

表 5-5 热电偶任务工单

部门	设备采购部	作业类型	购买	优先级	日常工作
负责人	王五	工程师	刘六		
介质描述 （环境描述）	工业窑炉是在工业生产中，利用燃料燃烧或电能转化的热量的常用设备。工业产品对窑炉内温度场的均匀性要求较高，对燃烧气氛的稳定可控性要求较高。因而需要准确测量炉内的温度				
工作任务	选用合适的热电偶，测量工业炉窑中的温度				

根据采购要求，分析各种热电偶的应用领域、补偿导线、测温范围、价格等因素，选择两种热电偶，填写下面热电偶分析表 5-6，然后确定选用的热电偶。

表 5-6 热电偶分析表

	项目	_____型热电偶	_____型热电偶
热电偶资料	应用领域		
	补偿导线		
	测量温度范围		
	价格		
选用仪表分析			
工作总结			
备注			

任务 5.2 选用非接触式测温仪表

 **基础知识**

5.2.1 光学高温计

（1）热辐射原理

非接触测温主要是利用光辐射来测量物体温度。任何物体受热后都会有特有一部分的热能转变为辐射能，温度越高，则发射到周围空间的能量就越多。辐射能以波动形式表现出来，其波长的范围极广，从短波、X射线、紫外光、可见光、红外光一直到电磁波。而在温度测量中主要是可见光和红外光，因为此类能量被接收以后，多转变为热能，使物体的温度升高，所以一般就称为热辐射。

辐射换热是三种基本的热交换形式之一，波长范围 $1 \times 10^{-3} \sim 1 \times 10^{-8}$ m。在低温时，物体辐射能量很小，主要发射的是红外线。随着温度的升高，辐射能量急剧增加，辐射光谱也向短的方向移动，在 500℃左右时，辐射光谱包括了部分可见光；到 800℃时可见光大大增加，即呈现红热。如果到 3000℃时，辐射光谱包括更多的短波成分，使得物体呈现白热。

辐射能 Q：以辐射的形式发射、传播或接收的能量称为辐射能，单位为焦耳（J）。

辐射能通量：是辐射能随时间的变化率，又称辐射率，其单位是瓦特（W）。

辐射强度 I：在给定方向上的立体角单元内，离开点辐射源或辐射源面单元的辐射功率除以该立体角单元，称为该方向上的辐射强度，其单位为瓦特每球面度（W/Sr）。

辐射出射度是指物体单位表面积在单位时间内所发射的全部波长范围的辐射能量的总和，并以符号 M 表示。

物体在某一波长 λ 下的光谱辐射亮度 L_λ 和光谱辐射出射度 M_λ 是成正比的，即

$$L_\lambda = \frac{1}{\pi} M_\lambda$$

对一个确定的物体（可近似认为黑度 ε_λ 固定不变），在可见光波长范围内的某一波长下，因为实际物体的光谱辐射出射度 M_λ 与物体温度成单值函数关系，所以光谱辐射亮度 L_λ 必定与温度之间也成单值函数关系。这就是光学高温计测温的基本原理。

光学高温计是利用受热物体的单色辐射强度随温度升高而增加的原理制成的，由于采用单一波长进行亮度比较，因而也称单色辐射温度计。物体在高温下会发光，也就具有一定的亮度，物体的亮度与其辐射强度成正比，所以受热物体的亮度大小反映了物体的温度。通常先得到被测物体的亮度温度，然后转化为物体的真实温度。

光学高温计是发展最早、应用最广的非接触式温度计之一，如图 5-22 所示。它结构简单，使用方便，测温范围广（700～3200℃），一般可满足工业测温的准确度要求。光学高温计目前广泛用于高温熔体、炉窑的温度测量，是冶金、陶瓷等工业领域十分重要的高温仪表。

图 5-22　光学高温计

由于光学高温计采用肉眼进行色度比较，所以测量误差与人的经验有关。光学高温计测量的温度称为亮度温度，被测对象为非黑体时，要通过修正才能得到非黑体的真实温度。

（2）光学高温计原理结构

① 光学高温计原理　光学高温计中装有一只亮度可调的灯泡，作为比较光源。测温时，在某一波长下用灯泡灯丝的光谱辐射亮度与被测物体的光谱辐射亮度进行比较，通过改变灯丝电流人工调整灯丝的亮度，使二者亮度相等，该灯泡亮度与其灯泡灯丝的电气参数（电流或电阻）之间有一一对应关系，因此测出其电气参数就能得出物体的亮度，从而得出物体的温度值，最终实现非接触的温度测量。

② 光学高温计结构　光学高温计由光学系统与电气系统两部分组成。光学系统包括物镜、目镜、红色滤光片、灯泡、吸收玻璃等。物镜和目镜均可移动、调整，移动物镜可把被测物体的成像落在灯丝所在平面上。移动目镜是为了使人眼同时清晰地看到被测物体与灯丝的成像，以比较两者的亮度。红色滤光片的作用是与人眼构成"单色器"，以保证在一定波长（0.66μm 左右）下比较两者的光谱辐射亮度。

测量线路用来测量与灯丝亮度相应的灯丝的电流、电压降或电阻等电气参数，并显示温度示值。电源、调节电阻和指示仪表组成测量线路，原理一般有电压表式、电流表式以及不平衡电桥式和平衡电桥式四种。不同型号的光学高温计的结构大同小异。

在使用光学高温计测量温度时，人眼通过目镜看到的图像如图 5-23 所示。在被测对象的背景上有一根灯丝，如看到的是暗的背景上亮的灯丝，则说明灯丝亮度高于被测物体的亮度，应调整灯丝电流使其亮度降低；如背景亮而灯丝发黑，则灯丝亮度比被测物体的亮度低，应调整增高灯丝亮度。直到灯丝隐灭而看不到时，则说明两者亮度相等，即可读取测量结果。鉴于这一原理，光学高温计也常常称为灯丝隐灭式光学高温计。

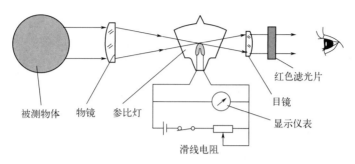

图 5-23　光学高温计原理示意图

5.2.2　光电高温计

　　光学高温计的缺点是以人眼观察，并需用手动平衡，因此不能实现快速测量和自动记录，且测量结果带有主观性。当被测温度低于 800℃时，光学高温计对亮度无法进行平衡。随着光电探测器、干涉滤光片及单色器的发展，光学高温计在工业测量中的地位逐渐下降，正在被较灵敏、准确的光电高温计所代替。光电高温计是在光学高温计的基础上发展起来的，用光敏元件代替人眼，实现光电自动测量。

　　光电高温计由光学系统与测量、放大显示两大部分组成。被测物体的辐射光由物镜、孔径光阑、调制盘上的进光孔和视场光阑投射到感受器件硫化铅光敏电阻（测量低于 700℃时）或硅光电池（测量高于 700℃时）上，调制盘为圆形铁片，边缘均匀等分八齿八槽，调制盘由同步电动机带动，当同步电动机以 3000r/min 转动时，可实现 400Hz 的光调制。视场光阑上有两个进光孔分别通过被测物体和灯泡钨丝的辐射线，孔上安装有两块不同透过率的滤光片。

　　旋转调制盘变成交变的辐射光，经过视场光阑变成交变的单色光，最终到达光敏电阻上，同时参比灯泡产生的参比光经滤光片变成同样波长下的单色光，最终也到达光敏电阻上。调制盘的旋转交替通断参比光和被测光的光路，光电元件接受的是两个交变单色光信号的脉冲信号。此光信号照射到光电元件上产生一个差值交变电信号，经相敏检波后变成直流电信号，再经过放大终转换成直流电流信号（0～10mA 或 4～20mA），如图 5-24 所示。

　　电流信号的改变经反馈电路能自动调整参比灯泡的亮度，使其自动与被测光亮度相平衡，实现温度测量和亮度自动跟踪。光电高温计既可在可见光，又可在红外光波长下工作，有利于用辐射法测低温，除此之外，光电高温计还具有分辨率高（光学高温计为 0.5℃，而光电高温计可达 0.01～0.05℃）、高精度、连续自动测量、响应快等优点。

5.2.3　比色温度计

（1）比色温度计原理

维恩位移定律表明，随着温度的升高，黑体辐射能的光谱分布也会发生一定的变化。一

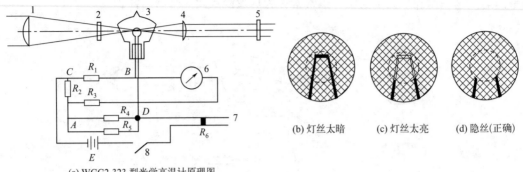

(a) WGG2-323 型光学高温计原理图
1—物镜；2—吸收玻璃；3—光学高温计灯泡；4—目镜；
5—红色滤光片；6—显示仪表；7—滑线电阻；8—按钮开关

(b) 灯丝太暗   (c) 灯丝太亮   (d) 隐丝(正确)

图 5-24   光电高温计

方面，辐射峰值会向短波方向移动；另一方面，光谱分布曲线的斜率会明显增大。随着斜率的增大，两个波长的光谱能量比变化明显。根据测量两个光谱能量比（两个波长的亮度比）来测量物体的温度的方法称为比色测温法，这种测量仪器叫作比色温度计。

用这种方法测量非黑体所处的温度称为比色温度或比色度。因此，比色温度可以定义为：当黑体辐射的两个波长 λ_1 和 λ_2 的亮度比等于被测辐射体在相应波长的亮度比时，黑体温度称为被测辐射体的比色温度。

图 5-25 为比色温度计的原理示意图。被测对象经物镜 1 成像，经光栏 3 与光导棒 4 投射到分光镜 6 上，使长波（红外线）辐射线透过，而使短波（可见光）部分反射。透过分光镜的辐射线再经滤光片 9 将残余的短波滤去后被红外光电元件（硅光电池）10 接收，转换成电量输出。

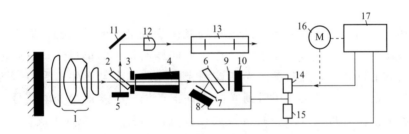

图 5-25   比色温度计原理示意图
1—物镜；2—平行平面玻璃；3—光栏；4—光导棒；5—瞄准反射镜；6—分光镜；
7,9—滤光片；8,10—硅光电池；11—圆柱反射镜；12—目镜；13—棱镜；
14,15—负载电阻；16—可逆电动机；17—放大镜

由分光镜反射的短波辐射线经滤光片 7 将长波滤去，再被硅光电池 8 接收，转换成与波长亮度成函数关系的电量输出。将这两个电信号输入自动平衡显示记录仪进行比较得出光电信号比，即可读出被测对象的温度值。光栏 3 前的平行平面玻璃 2 将一部分光线反射到瞄准反射镜 5 上，再经圆柱反射镜 11、目镜 12 和棱镜 13，就能从观察系统中看到被测对象的状态，以便校准仪器的位置。

（2）比色温度计分类

比色温度计按照它的分光形式和信号的检测方法，可分为单通道式与双通道式两种。所谓通道是指在比色温度计中使用探测器（检测元件）的个数。单通道比色温度计使用一个检测元件，被测目标辐射的能量被调制轮流经两个不同的滤光片，射入同一检测元件上。双通道比色温度计使用两个检测元件，分别接收两种波长光束的能量。单通道比色温度计又分为单光路式和双光路式两种。所谓单、双光路是看光束在进行调制前或调制后是否进行分光处理，即由一束光分成两束光。没有分光的为单光路，分光的为双光路。双通道比色温度计又分为调制式与非调制式。无论哪种比色温度计，都要计算两个光谱辐射亮度的比值。

① 单通道单光路比色温度计　图 5-26 是单通道单光路比色温度计的结构示意图。

光学系统是单通道单光路的一种结构形式。待测物体的热辐射通过保护窗口玻璃 1，经由回转抛物面的主镜 2、回转双曲面或回转椭球面的次镜 3，被分光镜 4 分成两束，热辐射的主要部分被分光镜反射，由镶嵌着两种不同波长的扇形滤光片 a 和 b 的调制盘 5 进行光调制，使热辐射交替地投射到光敏电阻检测元件 6 上，转换成交流电信号，经过电子线路放大和数据处理，显示出目标温度。这种比色温度计可以连续地进行远距离的非接触快速测温。为了对准测温物体，分光镜 4 透过一部分热辐射，成像在分划板 7 上，供目镜 8 瞄准用。分划板上常有十字叉线和两个同心圆，内圆所覆盖的物像就是目标上的被测温区。

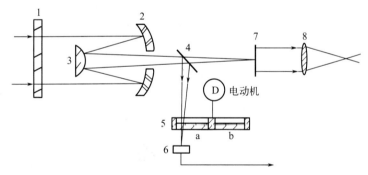

图 5-26　单通道单光路比色温度计

1—窗口玻璃；2—主镜；3—次镜；4—分光镜；5—调制盘；

6—光敏电阻检测元件；7—分划板；8—目镜

② 单通道双光路比色温度计　图 5-27 是单通道双光路比色温度计的结构示意图。被测物体的辐射由分光镜（干涉滤光片）分成两路不同波长的辐射光束，分别通过光调转盘上的通孔和反射镜，交替投射到同一个硅光电池上，转换成相应的电信号，再经变送器处理实现比值测定后，送显示器显示。单通道双光路比色温度计具有和单通道单光路比色温度计一样的优点（稳定）和缺点（动态品质差）。此外，它还有助于克服各滤光片特性差异的影响，提高测量准确度；但结构较复杂，光路调整困难。单通道比色温度计的测温范围为 900～2000℃，仪表基本误差 1%。

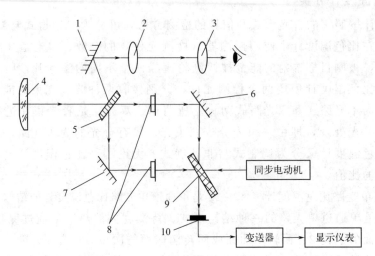

图 5-27　单通道双光路比色温度计

1,6,7—反射镜；2—倒像镜；3—目镜；4—物镜；

5—分光镜；8—滤光片；9—光调转盘；10—硅光电池

③ 双通道比色温度计　双通道非调制式比色温度计不像单通道那样采用振动圆盘进行调制，而是采用分光镜（干涉滤光片或棱镜）把被测目标的辐射分成不同波长的两束，且分别投射到两个光电探测器上，其结构示意图如图 5-28 所示。

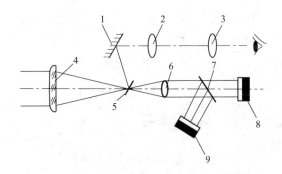

图 5-28　双通道非调制比色温度计

1—反射镜；2—倒像镜；3—目镜；4—物镜；5—通孔反射镜；

6—透镜；7—分光镜；8,9—硅光电池

被测物体的辐射能经物镜 4 聚焦于通孔反射镜 5 上，再经透镜 6 入射到分光镜 7 上。红外光透过分光镜后投射到硅光电池 8 上；可见光则被分光镜反射到另一硅光电池 9 上。在 8 的前面有红色滤光片将少量可见光滤去，在 9 的前面有可见光滤光片将少量长波辐射能滤去，两个硅光电池的输出信号的比值即可模拟颜色温度。图 5-28 中，反射镜 1、倒像镜 2 和目镜 3 组成瞄准系统，用于调节该温度计。

任务实施

扫码看视频

非接触式温度
传感器

5.2.4　根据工作场合选择高温计

　　某厂家需要采购高温计，具体要求如表 5-7 所示，根据生产需求，选择合适的高温计。

表 5-7　高温计任务工单

部门	设备采购部	作业类型	购买	优先级	日常工作
负责人	张三	工程师	李四		
介质描述 （环境描述）	工业窑炉是在工业生产中，利用燃料燃烧或电能转化的热量的设备。根据具体工艺要求，经常要对炉内的温度进行测量。燃烧材质的不同，炉内的环境和火焰温度都会有较大的区别				
工作任务	选用合适的高温计，测量工业炉窑内火焰的温度				

　　根据采购要求，分析各种高温计的测量原理、应用领域、测温范围、价格等因素，填写光学高温计、光电高温计、比色温度计分析表 5-8，然后确定选用的高温计。

表 5-8　高温计选用分析表

高温计资料	项目	光学高温计	光电高温计	比色温度计
	测量原理			
	应用领域			
	测温范围			
	价格			
选用仪表分析				
工作总结				
备注				

练习题

1. 接触式测温仪表比较简单、可靠，测量精度较高；但因测温元件与被测介质需要进行充分的（　　　　），所以不能应用于温度很高的温度测量。

2. 热电偶回路热电势的大小，只与（　　　　）有关。

3. 热电偶的补偿导线法应用（　　　　）定律。

4. 将两只同型号的热电偶反向串联，使其冷端处于同一温度下，即可测量两点（　　　　）。

5. （　　　　）温标，在标准大气压下，冰的熔点为 0℃，水的沸点为 100℃，中间划分 100 等份，每等份为 1℃，符号为 t。

6. 热电势由两种导体的（　　　　）和单一导体的（　　　　）组成。

7. 热电阻温度计的最大优点是（　　　　），特别适宜于低温测量。它的缺点是不能测量（　　　　），因此使用受到限制。

8. 热电偶温度计是把温度的变化通过测温元件热电偶转换为（　　　　）的变化来测量温度的，而热电阻温度计则是把温度的变化通过测温元件热电阻转换为（　　　　）的变化来测量温度的。

9. 热力学中，三种基本的热交换形式有（　　　　）、（　　　　）、（　　　　）。

10. 热电偶可以连接测量仪表而不影响测量结果主要是利用了热电偶（　　　　）定律。

11. 不同补偿导线正极的绝缘层颜色一般为（　　　　），负极颜色都不相同。根据负极颜色就可以区分不同类型热电偶。

12. 非接触式仪表测温是通过（　　　　）来测量温度的，测温元件不需与被测介质接触，测温范围广，不受测温上限的限制，也不会破坏被测物体的温度场。

13. 压阻式温度传感器是利用导体或半导体材料的（　　　　）随温度变化而变化的原理来测量温度的，这种现象称为热电阻效应。

14. 光学高温计中，（　　　　）的结构和使用方法都优于光学高温计，所以应用广泛。

15. 光电高温计既可以在可见光，又可在（　　　　）波长下工作，有利于用辐射法测低温。

16. 比色温度计按照它的分光形式和信号的检测方法，可分为单通道式与（　　　　）两种，单通道比色温度计又分为（　　　　）和（　　　　）两种。

学习笔记

扫码看答案

练习题
参考答案

项目考核

温度检测仪表选型与维护项目考核表

主项目及配分	具体项目要求及配分		评分细则	配分	学生自评	小组评价	教师评价
素养 (20分)	纪律情况 (8分)	按时到岗,不早退	缺勤全扣,迟到、早退视程度扣1~4分	4分			
		积极思考回答问题	根据上课统计情况得分	3分			
		学习习惯养成	准备齐全学习用品	1分			
		不完成工作	此为扣分项,睡觉、玩手机、做与工作无关的事情酌情扣1~6分				
	6S (6分)	桌面、地面整洁	自己的工位桌面、地面整洁无杂物,得3分;不合格酌情扣分	3分			
		物品定置管理	按定置要求放置,得3分;不合格酌情扣分	3分			
	职业道德 (6分)	与他人合作	主动合作,得2分;被动合作,得1分	2分			
		帮助同学	能主动帮助同学,得2分;被动,得1分	2分			
		工作严谨、追求完美	对工作精益求精且效果明显,得2分;对工作认真,得1分;其余不得分	2分			
核心技术 (60分)	热电偶 (30分)	热电偶工作原理	能掌握热电偶原理,得10分;部分掌握,得6~8分;不掌握不得分	10分			
		热电偶校验	能正确进行热电偶检验,得10分;部分正确,得6~8分;不正确不得分	10分			
		热电偶选用	能根据被测温度的特点选择正确热电偶,得10分;部分选择正确,得6~8分;选择不正确不得分	10分			

续表

主项目及配分	具体项目要求及配分		评分细则	配分	学生自评	小组评价	教师评价
核心技术（60分）	热电阻（30分）	热电阻工作原理	能掌握热电阻原理，得10分；部分掌握，得6～8分；不掌握不得分	10分			
		热电阻校验	能正确进行热电阻检验，得10分；部分正确，得6～8分；不正确不得分	10分			
		热电阻选用	能根据被测温度的特点选择正确热电阻，得10分；部分选择正确，得6～8分；选择不正确不得分	10分			
项目完成情况（20分）	按时、保质保量完成（20分）	按时提交	按时提交，得6分；迟交酌情扣分；不交不得分	6分			
		书写整齐度	文字工整、字迹清楚，得3分；抄袭、敷衍了事酌情扣分	3分			
		内容完成程度	按完成情况得分	6分			
		回答准确率	视准确率情况得分	5分			
加分项（10分）	有独到的见解		视见解程度得1～10分	10分			
合计							
总评							
组长签字							
教师签字							

文化小窗

勇于实践探索——王大珩先生

　　王大珩为"两弹一星功勋奖章"获得者，中国科学院院士、中国工程院院士，中国光学事业奠基人，被誉为"中国光学之父"，高科技"863"计划的主要倡导者。王大珩主持制成了中国第一台激光器、第一台大型光测装备和许多国防光学工程仪器。

控制器调校与执行器检修

控制器（也称调节器）是控制系统的大脑和指挥中心。控制器一般有控制、显示、报警、偏差输入等功能。DDZ（电动单元组合）仪表、可编程控制器、嵌入式单片机系统等都可以充当过程控制系统的控制器。

在流体管道系统中，阀门是控制元件，其主要作用是隔离设备和管道系统、调节流量、防止回流、调节和泄压。阀门直接安装在现场，与介质接触，工作场合（图 6-1）经常是高温、高压、高腐蚀、高黏度、易燃易爆的环境，如果选用不当，不但会影响过程控制的品质，而且会造成泄漏，引起事故。

图 6-1　燃气管道工业现场

项目目标

专业能力	个人能力	社会能力
• 能复述执行器的定义及组成； • 能识别不同的阀门并说明它们的特点及应用场合； • 能够准确表达基本控制规律的定义； • 能够分析确定控制的工作方式； • 能够理解控制器的控制规律并能在调校时熟练运用； • 会看说明书了解智能控制器使用方法； • 会进行控制器参数整定； • 能够规范地使用、维护和保养各种执行器； • 能够规范地使用工具（钳工工具、万用表等），排除阀门故障； • 能够根据工作现场需求，选用合适的阀门； • 能够根据不同阀门特性，正确安装使用	• 独立分析工作任务并有效执行； • 具备独立获取知识和有用信息的能力； • 熟练整理工作文档； • 熟练使用维护工具； • 能够解决工作过程中出现的问题； • 培养工程思维，养成工作习惯	• 与他人进行有效沟通交流； • 独立展示和讲解工作计划与工作内容； • 根据现场工作情况，与各部门沟通，正确使用各类控制器、执行器； • 根据工作任务要求，养成环保意识、质量意识； • 根据工业需求，确定成本预算； • 保证生产的安全正常进行

引导题

1. 执行器是把（　　　　）的输出信号成比例地转换为（　　　　）或（　　　　），带动阀门、风门直接调节能量或物料等被调介质的输送量。

2. 执行器由（　　　　）和（　　　　）两部分组成。

（　　　　）：接收来自调节器的控制信号，把它转换为驱动调节机构的输出信号的装置。

（　　　　）：根据执行机构输出信号去改变能量或物料输送量的装置，通常指调节阀。它通过执行元件直接改变生产过程的参数，使生产过程满足预定的要求。

3. 执行器按所用驱动能源分为（　　　　）、（　　　　）和（　　　　）执行器三种。三种执行器的特点比较：

（　　　　）动作快，电源配备方便，适合信号远传，易燃易爆场合要使用特殊装置。

（　　　　）结构简单，价格低，维护方便，防火防爆，滞后大，不适合信号远传。

（　　　　）推力大，使用不多。

4. 按输出位移的形式，执行器有（　　　　）和（　　　　）两种。

5. 对于气动执行机构来说，主要包括（　　　　）和（　　　　）两种形式。

6. 电动执行机构根据其输出形式不同，可以分为（　　　　）、（　　　　）、（　　　　）。

7. 比例控制字母表示为（　　　　），积分控制字母表示为（　　　　），微分控制字母表示为（　　　　），PID控制表示（　　　　）。

8. 在生产过程常规控制系统中，应用的基本控制规律主要有（　　　　）、（　　　　）和（　　　　）。

9. 当控制器的输出变化量 Δu 与（　　　　）成比例时，就是积分控制规律。

10. 判断：积分控制器构成的积分控制系统是一个无差系统。（　　　　）

扫码看答案

引导题
参考答案

任务 6.1　检修气动调节阀

 基础知识

扫码看视频

执行器

6.1.1　执行器基础知识

（1）执行器

执行器是把调节器的输出信号成比例地转换为直线位移或角位移，带动阀门、风门直接调节能量或物料等被调介质的输送量。执行器由执行机构和调节机构两部分组成。执行器在过程控制系统中，接收调节器输出的控制信号，并转换成直线位移或角位移来改变调节机构的流通面积，以控制流入或流出被控过程的物料或能量，从而实现对过程参数的自动控制。

执行机构：接收来自调节器的控制信号，把它转换为驱动调节机构的输出信号（如角位移或直线位移输出）的装置。

调节机构：调节机构就是阀门，是一个局部阻力可以改变的节流元件，是根据执行机构输出信号去改变能量或物料输送量的装置，通常指调节阀，它通过执行元件直接改变生产过程的参数，使生产过程满足预定的要求。

执行器按所用驱动能源分为气动、电动和液压执行器三种。电动执行器的动作快，电源配备方便，适合信号远传，但在易燃易爆场合要使用特殊装置。气动执行器结构简单，价格低，维护方便，防火防爆，滞后大，不适合信号远传。液压执行器推力大，使用不多。

按输出位移的形式，执行器有转角型和直线型两种。

按动作规律，执行器可分为开关型、积分型和比例型三类。

按输入控制信号，执行器分为可以输入空气压力信号型、直流电流信号型、电接点通断信号型、脉冲信号型等几类。

（2）执行器执行机构的结构型式

执行机构包括气动、电动和液动三大类，而液动执行机构使用很少，因此执行机构的选择主要是指对气动执行机构和电动执行机构的选择。三种执行机构比较如下。

电动执行机构：电源配备方便，信号传输快、损失小，可远距离传输，但推力较小。

气动执行机构：结构简单，可靠，维护方便，防火防爆，但气源配备不方便。

液动执行机构：用液压传递动力，推力最大，但安装、维护麻烦，使用不多。

气动和电动执行机构各有特点，并且都包括几种不同的规格品种。选择时，可以根据能源、介质的工艺要求，调节机构的精度及经济效益等因素，结合执行机构的特点，综合考虑确定选择哪一种执行机构，如表 6-1 所示。

表 6-1　　电动执行机构与气动薄膜执行机构各项性能比较

序号	比较项目	电动执行机构	气动薄膜执行机构
1	可靠性	差(电器元件故障多)	高(简单、可靠)
2	驱动能源	简单、方便	另设气源装置
3	价格	高	低
4	推力	大	小
5	刚度	大	小
6	防火防爆	差(严加防护、设防爆装置)	好
7	工作环境温度范围	小($-10\sim+55$℃)	大($-40\sim+80$℃)

选择执行机构时，还必须考虑执行机构的输出力。不论是何种执行机构，总的选择原则是执行机构的输出力（力矩）必须大于调节阀的不平衡力（力矩）。对于气动执行机构来说，气动薄膜执行机构的输出力通常能满足调节阀的不平衡力要求，所以大多均选用它。但当所用调节阀的口径较大或压差较高时，执行机构要求有较大的输出力，此时就可考虑用活塞式执行机构，当然也仍可选用气动薄膜执行机构再配上阀门定位器。

气动执行机构由膜片、阀杆和弹簧等组成，是执行器的推动装置，如图 6-2 所示。它接收气动调节器或电/气转换器输出的气压信号，经膜片转换成推力并克服弹簧力后，使阀杆产生位移，带动阀芯动作。气动执行机构有正作用和反作用两种形式，竖直直立调节阀，当输入气压信号增加、阀杆向下移动时，称为正作用；当输入气压信号增加、阀杆向上移动时，称为反作用。在工业生产中口径较大的调节阀通常采用正作用方式。

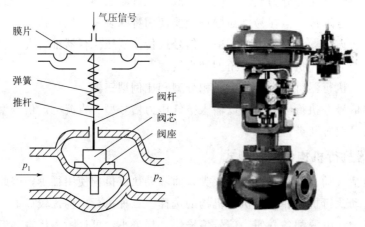

图 6-2　气动执行机构

（3）气动执行器安装方法及注意事项

为便于维护检修，气动执行器应安装在靠近地面或楼板的地方，气动执行器应安装在环境温度不高于 60℃和不低于-40℃的地方，并应远离振动较大的设备。

气动执行器应该是直立垂直安装于水平管道上。特殊情况下需要水平或倾斜安装时，除小口径阀外，一般应加支承。即使直立垂直安装，当阀的自重较大或有振动时，也应加支承。

阀门的公称通径与管道公称通径不同时，两者之间应加一段异径管。通过控制阀门的流体方向在阀体上有箭头标明，不能装反，在使用中，要对阀门经常维护和定期检修。

调节阀前后一般要各装一只切断阀，以便修理时拆下调节阀。考虑到调节阀发生故障或维修时，不能影响工艺生产的继续进行，一般应装旁路阀，如图 6-3 所示。

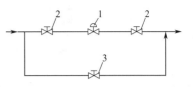

图 6-3　阀门在管道中的安装
1—调节阀；2—切断阀；3—旁路阀

阀门安装前，应对管路进行清洗，排去污物和焊渣。安装后还应再次对管路和阀门进行清洗，并检查阀门与管道连接处的密封性能。当初次通入介质时，应使阀门处于全开位置以免杂质卡住。

6.1.2　调节阀结构分类

扫码看视频

调节阀的结构形式

（1）调节阀的结构形式

根据不同的使用要求，调节阀的结构形式很多。

调节阀的选择主要依据是：

流体性质——如流体种类、黏度、毒性、腐蚀性、是否含悬浮颗粒等。

工艺条件——如温度、压力、流量、压差、泄漏量等。

过程控制要求——调节系统精度、可调比、噪声等。

应根据各种调节阀的特点，同时兼顾经济性，来选择满足工艺要求的调节阀。表 6-2 是几种调节阀特点、应用比较

表 6-2　几种调节阀特点、应用比较

序号	调节阀名称	图片	原理及主要特点	应用范围
1	直通单座阀		结构简单,泄漏量小,阀前后压差小	小口径、低压差场合
2	直通双座阀		有两个阀芯阀座,阀芯所受不平衡力很小,泄漏较大	适用于压差大的场合,不适用于高黏度和含悬浮颗粒或纤维的场合
3	隔膜阀		采用耐腐蚀材料作隔膜,将阀芯与流体隔开。阻力小,流通能力大,耐腐蚀,耐压差,耐高温差	适用于强腐蚀、高黏度或含有悬浮颗粒及纤维的流体。在允许压差范围内可作切断阀用;适用于对流量特性要求不严的场合

续表

序号	调节阀名称	图片	原理及主要特点	应用范围
4	高压角形阀		铸造成型的角形结构,为了延长使用寿命,适应高压差下流体的冲刷和气蚀,阀芯头部可采用硬质合金或可淬硬钢渗铬等,阀座则采用可淬硬钢渗铬。流路简单、对流体的阻力较小,介质对阀芯的不平衡力较大,必须选配定位器。流向一般是底进侧出	适用于现场管道要求直角连接,介质为高黏度、高压差、高静压、有气蚀、含有少量悬浮物和固体颗粒状的场合。其中超高压阀公称压力达3500MPa,价格贵,是化工过程控制高压聚合釜反应的关键执行器
5	球阀(O形,V形)		流路阻力小,流量系数大,密封好,可调范围大,价格较贵	适用于高黏度、含纤维、固体颗粒的场合。O形球阀一般作二位调节阀用;V形球阀作连续调节阀用
6	三通阀		有三个出入口与工艺管道连接。流通方式有合流型和分流型两种	适用于配比控制与旁路控制。流体的温差小于150℃
7	碟阀(翻板阀)		利用挡板的旋转改变流通面积来控制流量。结构简单、重量轻、流阻极小,但泄漏量大	适用于大口径、大流量、低压差的场合,也可以用于含少量纤维或悬浮颗粒状介质的控制
8	套筒阀(笼式阀)		可调比大、振动小、不平衡力小、结构简单、套筒互换性好,更换不同的套筒可得到不同的流量特性,阀内部件所受的汽蚀小、噪声小,是一种性能优良的阀	特别适用于要求低噪声及阀前后压差较大和液体出现闪蒸或空化的场合,不适用于含颗粒介质的场合
9	偏心旋转阀(凸轮挠曲阀)		流体阻力小,阀芯的回转中心不与旋转轴同心,可减小阀座磨损,延长使用寿命,具有优良的稳定性,流量大,可调范围广	特别适用于含有淤浆的工艺系统控制

(2) 调节阀的口径选择

确定调节阀尺寸的主要依据是流通能力,它定义为调节阀全开、阀前后压差为0.1MPa、流体密度为$1g/cm^3$时,每小时通过阀门的流体流量(m^3或kg)。流通能力C与调节阀的结构参数有确定的对应关系,可以确定调节阀尺寸。

流通能力与流体密度、阀前后压差和介质流量三者有定量关系,即

$$C = q_V \sqrt{\frac{r}{\Delta p}} \tag{6-1}$$

调节阀尺寸的确定过程为:根据通过调节阀的最大流量q_{max}、流体密度r,以及调节阀的前后压差Δp,按上式求得最大的流通能力C_{max},然后选取大于C_{max}的最低级别的C值,

再查表确定出公称直径 DN 的大小。

（3）调节阀作用方式的选择

扫码看视频
执行器的选择

在选择气动执行器时，必须考虑气动执行器的作用方式，如气开式（在有信号压力输入时阀开，无信号压力时阀关）或气关式（在有信号压力时阀关，无信号压力时阀开）。确定调节阀开关方式的原则是：当信号压力中断时，应保证工艺设备和生产的安全。如阀门在信号压力中断后处于打开位置，流体不中断最安全，则选用气关阀；如果阀门在信号压力中断后处于关闭位置，流体不通过最安全，则选用气开阀。调节阀作用方式如图 6-4 所示。

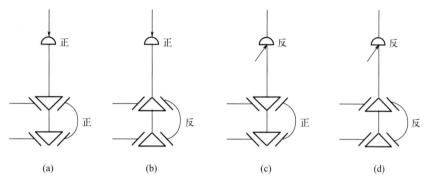

图 6-4 调节阀作用方式

例如，加热炉的燃料气或燃料油管路上的调节阀，应选用气开阀，当信号中断后，阀自动关闭，燃料被切断，以免炉温过高而发生事故；又例如锅炉进水管路上的调节阀，应选用气关阀，当信号压力中断后，阀自动打开，仍然向锅炉内送水，可避免锅炉烧坏。

① 气开、气关方式的选择　选气开式还是气关式，主要由生产工艺的要求决定。一般有从生产的安全出发、从保证产品质量考虑、从降低原料和动力的损耗考虑、从介质特点考虑四个方面。

② 执行机构正、反作用方式的选择（图 6-4）　执行机构与阀体部件的配用可查表 6-3。先选气开还是气关方式，再选执行机构。

表 6-3　执行机构与阀体部件的配用

序号	执行机构作用方式	阀体作用方式	执行器气开、气关方式
（a）	正	正	气关
（b）	正	反	气开
（c）	反	正	气开
（d）	反	反	气关

在一个自动控制系统中，应使调节器、调节阀、对象三个环节组合起来，能在控制系统中起负反馈作用。一般步骤，首先由操纵变量对被控变量的影响方向来确定对象的作用方向，然后由工艺安全条件来确定调节阀的气开、气关方式，最后由对象、调节阀、调节器三个环节组合后为负来确定调节器的正、反作用。现举例说明。

【例 6-1】 有一液位控制系统如图 6-5 所示,根据工艺要求调节阀选用气开式,调节器的正、反作用应该如何选择?

解: 先做两条规定:

① 气开调节阀为 +A,气关调节阀为 −A;

② 调节阀开大,被调参数上升为 +B,下降为 −B。

若 (±A)×(±B)=为正则调节器选反作用;

(±A)×(±B)=为负则调节器选正作用。

在图 6-5 中,阀为气开 +A,阀开大,液位下降 −B,则有:(+A)×(−B)为负,调节器选正作用。

【例 6-2】 图 6-6 中的液面调节回路,工艺要求故障情况下送出的气体中不允许带有液体。试选取调节阀气开、气关方式和调节器的正、反作用,再简单说明这一调节回路的工作过程。

解: 因工艺要求故障情况下送出的气体不允许带液体,故当气源压力为零时,调节阀应打开,所以调节阀是气关式。当液位上升时,要求调节阀开度增大,由于所选取的是气关调节阀,故要求调节器输出减少,调节器是反作用。

其工作过程如下:液位上升↑→液位变送器输出增大↑→调节器输出减小↓→调节阀开度增大↑→液体输出增大↑→液位下降↓。

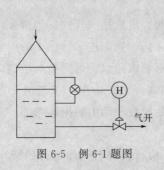

图 6-5 例 6-1 题图

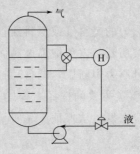

图 6-6 例 6-2 题图

6.1.3 调节阀流量特性

扫码看视频

调节阀的阀芯位移与流量之间的关系,对控制系统的调节品质有很大影响。调节阀的流量特性是指被调介质流过调节阀的相对流量与调节阀的相对开度(相对位移)之间的关系,即

阀门的特性

$$\frac{q}{q_{max}} = f\left(\frac{l}{l_{max}}\right) \tag{6-2}$$

式中 $\dfrac{q}{q_{max}}$——相对流量,即调节阀某一开度流量与全开时流量之比;

$\dfrac{l}{l_{max}}$——相对开度,即调节阀某一开度行程与全开时行程之比。

调节阀的流量特性与调节阀的结构和开度有关,还与阀前后的压差有关。根据压差情况,分为理想流量特性和工作流量特性。

（1）理想流量特性

在调节阀阀前后压差保持不变时得到的流量特性称为理想流量特性。它取决于阀芯的形状，不同的阀芯可得到不同的流量特性，它是调节阀的固有特性。调节阀阀芯形状如图6-7所示。

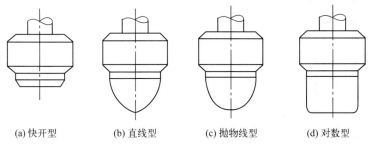

（a）快开型　　（b）直线型　　（c）抛物线型　　（d）对数型

图6-7　调节阀阀芯形状

常用的调节阀中有三种典型的固有流量特性。第一种是直线型，其流量与阀芯位移成直线关系；第二种是对数型，其阀芯位移与流量间成对数关系，由于这种阀的阀芯移动所引起的流量变化与该点原有流量成正比，即引起的流量变化的占比是相等的，也称为等百分比流量特性；第三种是快开型，这种阀在开度较小时，流量变化比较大，随着开度增大，流量很快达到最大值，所以叫快开特性，适用于迅速启闭的切断阀或双位控制系统。调节阀理想流量特性如图6-8所示。

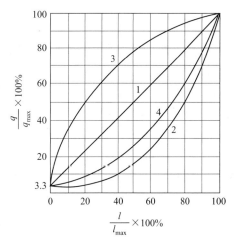

图6-8　调节阀理想流量特性

1—直线型；2—对数型；3—快开型；4—抛物线型

① 直线流量特性　控制阀的相对流量与相对开度成直线关系，即单位位移变化所引起的流量变化是常数。用数学式表示为

$$\frac{q}{q_{max}} = K \times \frac{l}{l_{max}} + C$$

$$\frac{d\left(\frac{q}{q_{max}}\right)}{d\left(\frac{l}{l_{max}}\right)} = K \qquad 积分后 \qquad \frac{q}{q_{max}} = \left(1 - \frac{1}{R}\right) \times \frac{l}{l_{max}} + \frac{1}{R} \qquad (6\text{-}3)$$

$$R = \frac{q_{max}}{q_{min}} = \frac{1}{C}$$

式(6-3)中，K、C 为系数；可调比 R 为调节阀所能控制的最大流量与最小流量的比值。其中 q_{min} 不是指调节阀全关时的泄漏量，而是指调节阀能平稳控制的最小流量，为最大流量的 $2\%\sim4\%$。一般调节阀的可调比 $R=30$。直线流量特性适于在较大开度下使用。

② 等百分比流量特性（对数流量特性）　单位相对行程变化所引起的相对流量变化与此点的相对流量成正比关系。用数学式表示为

$$\frac{d\left(\dfrac{q}{q_{max}}\right)}{d\left(\dfrac{l}{l_{max}}\right)}=K_1\times\frac{q}{q_{max}}=K_V \qquad 积分后 \qquad \frac{q}{q_{max}}=R^{\left(\frac{l}{l_{max}}-1\right)} \tag{6-4}$$

式中，K_1、K_V 均为系数。

等百分比流量特性在小流量时，控制作用平缓；在大流量时，控制作用灵敏有效，克服了直线流量特性的不足。

③ 快开流量特性　单位相对行程变化所引起的相对流量变化与此点的相对流量成反比关系。快开流量特性适用于要求快速开、闭的控制系统。用数学式表示为

$$\frac{d\left(\dfrac{q}{q_{max}}\right)}{d\left(\dfrac{l}{l_{max}}\right)}=K_2\times\left(\frac{q}{q_{max}}\right)^{-1} \qquad 积分后 \qquad \frac{q}{q_{max}}=\frac{1}{R}\times\left[(R^2-1)\frac{l}{l_{max}}+1\right]^{1/2} \tag{6-5}$$

式中，K_2 为系数。

（2）工作流量特性

调节阀在实际使用时，其前后压差是变化的，在各种具体的使用条件下，阀芯位移对流量的控制特性，称为工作流量特性。

在实际的工艺装置上，调节阀由于和其他阀门、设备、管道等串联或并联，使调节阀两端的压差随流量变化而变化，所以调节阀的工作流量特性不同于固有流量特性。

① 串联管道的工作流量特性　如图 6-9 所示为串联管道，串联管道使调节阀的流量特性发生畸变。直线阀变为快开阀，对数阀变为直线阀。并且调节阀的流量可调范围降低，最大流量减小，调节阀的放大系数减小，调节能力降低，S 值（阻力比）低于 0.3 时，调节阀能力基本丧失，如图 6-10 所示。

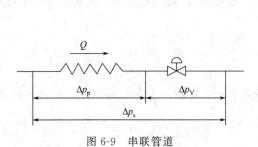

图 6-9　串联管道

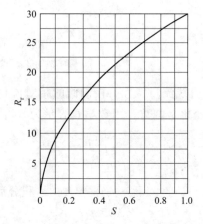

图 6-10　串联管道的实际可调比 R_r

② 并联管道的工作流量特性 如图 6-11 所示为并联管道，随着旁路阀逐渐打开，S 值逐渐减小，调节阀的可调范围也将大大降低，从而使调节阀的控制能力大大下降，影响控制效果。根据实际经验，S 值不能低于 0.8，如图 6-12 所示。

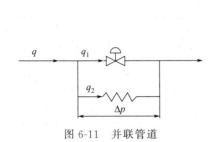

图 6-11 并联管道

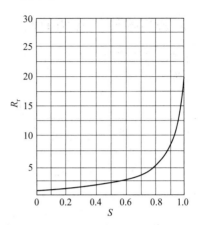

图 6-12 并联管道的实际可调比 R_r

(3) 调节阀的流量特性选择

① 分析被控过程特性 一个过程控制系统，在负荷变动的情况下，要使系统保持期望的控制品质，则必须要求系统总的放大系数在整个操作范围内保持不变。但在实际生产过程中，操作条件的改变、负荷的变化等原因都会造成调节对象特性改变，因此系统的放大系数要随着外部条件的变化而变化。适当地选择调节阀的特性，以阀的放大系数的变化来补偿调节对象放大系数的变化，可使调节系统总的放大系数保持不变或近似不变，从而达到较好的控制效果。

$$调节对象放大系数×调节阀放大系数＝常数$$

② 分析工艺管道配管情况 调节阀总是与管道、设备连在一起使用，管道阻力的存在必然会使阀的工作特性与理想特性不同。所以，应根据被控过程的特性选择合适的工作特性，再根据配管情况进一步选择。工艺配管状况参考表 6-4，工艺配管情况以阻力比 S 来表示：

$$S＝\frac{调节阀全开时阀前后压差}{系统总压差}$$

表 6-4 工艺配管状况参考表

配管状况 S	1～0.6		<0.6～0.3		<0.3
工作特性	直线	等百分比	直线	等百分比	不宜控制
理想特性	直线	等百分比	等百分比	等百分比	不宜控制

③ 分析负荷变化情况 直线特性调节阀在小开度时流量相对变化量大，过于灵敏，容易引起振荡，阀芯阀座容易损坏，在 S 值小、负荷变化幅度大的场合不宜采用。等百分比调节阀的放大系数可随阀芯位移的变化而变化，但它的相对流量变化量则是不变的，对负荷波动有较强的适应性，所以在负荷变化较大的场合，宜选用等百分比调节阀。

任务实施

6.1.4 拆装与检修气动调节阀

某设备气开式调节阀已全关，但泵出口流量还显示560kg/h。怀疑进料阀损坏，需要维修，任务工单如表6-5所示。

表6-5　阀门任务工单

部门	设备管理部	作业类型	正常维修	优先级	日常工作
负责人	张三	维修工	李四	成本	
设备	16001	对象描述	16LV调节阀	功能位置	LV-206
开工时间	2020.1.5	完成时间	2020.1.6	功能位置描述	
故障描述	气开式调节阀已全关,但泵出口流量还显示560kg/h				

根据任务工单，分析可能出现的问题，然后进行检查维修。具体工作过程如下，完善表6-6内容。

表6-6　阀门任务工单分析表

开工作申请单	（见附录附表1）	备注
工作准备	材料准备： 工具准备：	
工作分析	检查流量计,检查调节阀	
工作实施		
工作总结		
关工作申请单	完成人： 完成时间：	

任务 6.2 维护电动调节阀

 基础知识

6.2.1 电动执行机构组成和原理

电动执行机构根据配用的调节机构不同，其输出方式有直行程、角行程和多转式三种类型。如图 6-13 所示。

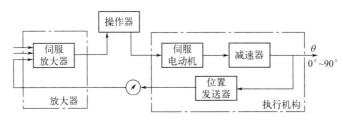

图 6-13 电动执行机构的组成框

来自调节器的输入信号作为伺服放大器的输入信号，它与位置反馈信号进行比较，其差值经放大后控制两相伺服电动机正转或反转，再经减速器减速后，改变输出轴即调节阀的开度（或挡板的角位移）。与此同时，输出轴的位移又经位置发送器转换成电流信号，作为阀位指示与反馈信号。当反馈信号与输入信号相等时，两相电动机停止转动，这时调节阀的开度就稳定在与调节器输出（即执行器的输入）信号成比例的位置上。

6.2.2 电/气转换器与阀门定位器组成和原理

扫码看视频

电气转换器和阀门定位器

（1）电/气转换器

电/气转换器是气动单元组合仪表的一个转换单元。为了使气动调节阀能够接收电动调节器的输出信号，必须把标准电流信号转换为标准气压信号。

电/气转换器作用是将电动单元组合仪表的标准统一信号（0～10mA DC 或 4～20mA DC）转换为气动单元组合仪表的标准统一信号（0.02～0.1MPa）。

工作原理：按力矩平衡原理工作，如图 6-14 所示。

（2）阀门定位器

阀门定位器是气动执行器的主要附件。利用负反馈原理来改善调节阀的定位精度和提高灵敏度，从而使调节阀能按调节器的控制信号实现准确定位。

气动调节阀中，阀杆的位移是由薄膜上气压推力与弹簧反作用力平衡确定的。为了防止阀杆处的泄漏，要压紧填料，使阀杆摩擦力增大，且个体差异较大，这会影响输入信号的执行精度。在调节阀上加装阀门定位器，引入阀杆位移负反馈。使阀杆能按输入信号精确地确

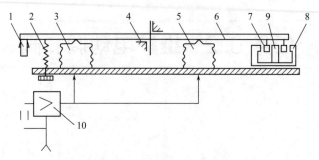

图 6-14　电/气转换器原理结构图

1—喷嘴挡板；2—调零弹簧；3—负反馈波纹管；4—十字弹簧；5—正反馈波纹管；

6—杠杆；7—测量线圈；8—磁钢；9—铁芯；10—放大器

定自己的开度。实际应用中，常把电/气转换器和阀门定位器结合成一体，组成电/气阀门定位器，如图 6-15 所示。

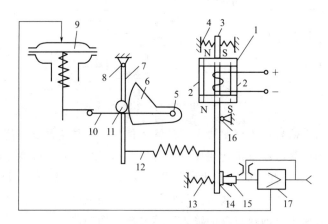

图 6-15　电/气阀门定位器

1—永久磁钢；2—导磁体；3—主杠杆（衔铁）；4—平衡弹簧；5—反馈凸轮支点；6—反馈凸轮；

7—副杠杆；8—副杠杆支点；9—薄膜执行机构；10—反馈杆；11—滚轮；12—反馈弹簧；13—调零弹簧；

14—挡板；15—喷嘴；16—主杠杆支点；17—放大器

阀门定位器的主要功能有实现准确定位、改善调节阀的动态特性、改变调节阀的流量特性、实现分程控制等，其外观图如图 6-16 所示。

（3）智能阀门定位器

智能阀门定位器是以微处理器技术为基础，采用数字化技术进行数据处理、决策生成和双向通信的智能过程控制仪表，如图 6-17 所示。智能阀门定位器按供电方式可分为单独供电和不单独供电；按是否隔爆可分为隔爆和不隔爆。

智能阀门定位器优点如下。

① 定位精度和可靠性高　机械可动部件少，输入信号和阀位反馈信号可直接进行数字比较，不易受环境影响，稳定性好，不存在机械误差造成的死区影响，具有更高的定位精度和可靠性。

图 6-16 阀门定位器外观图

图 6-17 智能阀门定位器

② 流量特性修改方便 智能阀门定位包括直线、等白分比、快开特性功能模块，可以通过按钮或上位机、手持式设定器进行数据设定。

③ 零点、量程调整简单 零点调整与量程调整互不干涉，调整过程简单快捷。

④ 具有诊断和检测功能 接收数字信号的智能阀门定位器，具有双向的通信能力，可以就地或远距离地利用上位机或手持式操作器进行阀门定位器的组态、调试和诊断。

6.2.3 电动执行器故障分析和排除

电动执行器具有取能方便、信号传输速度快、传输距离远、集中控制方便、灵敏度高、电调精度高、操作方便、安装接线简单等优点。但是电动执行器结构复杂，推力小，平均故障率高于气动执行器，适用于对防爆要求不高、缺少气源的地方。电动执行器的电机运转时会产生热量，如调整太频繁，易引起电机过热，会引发热保护，又会加大对减速机的磨损；另外，电动执行器运行较慢，从调节器输出信号，在适当的位置移动，使调节阀响应，所需时间较长。表 6-7 与表 6-8 所示分别为模拟电动调节阀、智能电动调节阀常见故障与处理方法。

表 6-7　模拟电动调节阀常见故障与处理方法

故障现象	故障分析	处理方法
电机不旋转	火线、零线接错	对调接线
	电机绕组短路或断开	检查或更换电机
	分相电容损坏	更换分相电容
	制动器失灵或弹簧片断裂	修复或更换损坏件
	减速器的机械部件卡死	清洗、加油或更换损坏件
电机热保护动作	周围环境温度过高	降低周围温度
	电机动作频率过高	降低动作频率或降低灵敏度
	电容击穿	更换电容器
电极振荡、发热	输入信号有干扰	排除干扰,或在输入端并联 $470\mu F/25V$ 电容
	灵敏度过高	调整电位器,降低灵敏度
无阀位反馈信号	差压变送器损坏,谐振电容损坏	更换设备并修理
	位置发送器元件或电路板有故障	查出故障元件,进行更换
	阀位反馈信号线接触不良或断路	查出问题,对症进行处理
阀位反馈信号过大、过小	电位器安装不良	检查或重新安装电位器
	零点和行程调整不当	调整零点和行程电位器
无输入信号,前置放大器不能调零,放大器有输出	电源变压器有问题,使输出电压不相等	重绕或更换电源变压器
	校正回路两臂不平衡	检查、更换电位器或二极管
有输入信号,伺服放大器无输出	放大器线路断开或焊点接触不良	接通线路或重新焊接
	触发级三极管、单结晶体管损坏	检查出故障元件,进行更换
	SCR(可控硅)损坏	
伺服放大器调不到零	调零装置或元件损坏	修理或更换
到限位后电机不停止	上、下限凸轮调整不当	重新调整限位凸轮
	限位开关故障	更换限位开关
输出轴振动	伺服放大器太灵敏	重新调整灵敏度
	机械部件的间隙过大	更换零部件以减少间隙
	制动失灵	修理或更换制动装置

续表

故障现象	故障分析	处理方法
减速机构不起作用	齿轮之间间隙过大	调整间隙或更换部件
	齿轮、蜗轮磨损太大或有损坏件	修理或更换
	零件损坏不能转动	修理或更换
手动操作费力	填料压盖上得太紧	拧松压盖
	阀门内部有问题	拆卸阀门进行检查

表 6-8 智能电动调节阀常见故障与处理方法

故障现象	故障分析	处理方法
执行机构不动作或只能进行短时间动作	电压不足、无电源或缺相	检查主电源
	行程、力矩设置不正确	检查设置
	电机温度保护动作	检查电机温度升高的原因并排除,检查保护开关是否误动作
	电机故障	进行更换或维修
	阀门操作力矩超出执行器最大输出力矩	检查配套的阀门是否正确
	执行机构达到终端位置仍旧向同一方向转动	检查执行机构运转方向是否正确
	超出温度指定范围	观察温度范围是否合乎要求
	电源线上的电压降过大	检查电源线的线径是否过小
不能进入调试状态	操作步骤不正确	按说明书进行正确的调试
	操作板故障	更换操作板
送电后跳闸	固态继电器或交流接触器故障	更换损坏的部件
	电源线破损碰壳或接地	检查电源的绕组及绝缘电阻
操作跳闸	空气开关配置容量太小	更换空气开关
	电机绕组短路或接地	检查电机的绕组及绝缘电阻
反馈信号波动	电位器或组合传感器故障	检查电位器后更换传感器
显示阀位与实际阀位不一致	静电导致内部程序紊乱	对执行机构断电后送电
	阀门上、下限位设定有偏差	重新设定开关限位
	计数器损坏	更换计数器
阀门关闭不严	限位开关设定有误	重新设定限位开关
	阀芯、阀座被腐蚀	更换阀芯或阀座
	阀芯内有杂物	清理阀门及清除杂物

⚙ 任务实施

6.2.4 测试电动调节阀

某电动调节阀停在某一位置不再动作，需要维修，任务工单如表6-9。

表 6-9 电动调节阀任务工单

部门	设备管理部	作业类型	正常维修	优先级	日常工作
负责人	张三	维修工	李四	成本	
设备	16002	对象描述	15V-02 电动调节阀	功能位置	
开工时间	2020.1.5	完成时间	2020.1.6	功能位置描述	
故障描述	电动调节阀不动作				

根据任务工单，分析可能出现的问题，然后进行检查维修。具体工作过程如下，完善表6-10内容。

表 6-10 电动调节阀任务工单分析表

开工作申请单	（见附录附表1）	备注
工作准备	材料准备： 工具准备：	
工作分析	怀疑机械故障	
工作实施		
工作总结		
关工作申请单	完成人： 完成时间：	

任务 6.3　检定与调校控制器

 基础知识

6.3.1　控制器功能

控制器的主要功能是接收变送器送来的测量信号 V_i，并将它与给定信号 V_s 进行比较得出偏差 e，对偏差 e 进行 PID 连续运算，通过改变 PID 参数，可改变控制器控制作用的强弱，通过输出口以 $4\sim20\mathrm{mA\ DC}$ 电流（或 $1\sim5\mathrm{V\ DC}$ 电压）传输给执行器。除此之外，控制器还具有测量信号、给定信号及输出信号的指示功能。

（1）偏差显示

控制器的输入电路接收测量信号和给定信号，两者相减后的偏差信号由偏差显示仪表显示其大小和正负。

（2）输出显示

控制器输出信号的大小由输出显示仪表显示，显示仪表习惯上也称阀位表。阀位表可以显示调节阀的开度，通过它还可以观察到控制系统受干扰影响后的调节过程。

（3）内、外给定的选择

当控制器用于定值控制时，给定信号常由控制器内部提供，称为内给定；而在随动控制系统中，控制器的给定信号往往来自控制器的外部，称为外给定。内、外给定信号由内、外给定开关进行选择或由软件实现。

（4）正、反作用的选择

工程上，通常将输出随反馈输入的增大而增大的控制器称为正作用控制器；而将输出随反馈输入的增大而减小的控制器称为反作用控制器。

（5）手动切换操作

在控制系统投入运行时，往往先进行手动操作改变控制器的输出，待系统基本稳定后再切换到自动运行状态；当自动控制时的工况不正常或控制器失灵时，必须切换到手动状态以防止系统失控。通过控制器的手动/自动双向切换开关，可以对控制器进行手动/自动切换，而在切换过程中，又希望切换操作不会给控制系统带来扰动，即要求无扰动切换。

（6）其他功能

如抗积分饱和、输出限幅、输入越限报警、偏差报警、软手动抗漂移、停电对策等，所有这些附加功能都是为了进一步提高控制器的控制性能。

6.3.2　基本控制规律

对偏差 e 进行比例、积分和微分的综合运算，使控制器产生一个能使偏

扫码看视频

控制器控制规律

差为零或很小值的控制信号 $u(t)$。t 为输入。

所谓控制器的控制规律就是指控制器的输入偏差 $e(t)$ 与 $u(t)$ 输出的关系，即

$$u(t) = f[e(t)]$$

在生产过程常规控制系统中，应用的基本控制规律主要有比例控制、积分控制和微分控制。

(1) 比例控制规律

比例控制（P）规律可以用下列数学式来表示：

$$\Delta u = K_\mathrm{p} e$$

式中，Δu 为比例控制器输出变化量；e 为比例控制器的输入偏差；K_p 为比例控制器的比例增益或比例放大系数。

由上式可以看出，比例控制器的输出变化量与输入偏差成正比，在时间上是没有延滞的，比例控制器的输出是与输入一一对应，如图 6-18 所示。当输入为一阶跃信号时，比例控制器的输入输出特性如图 6-19 所示。

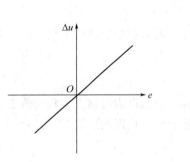

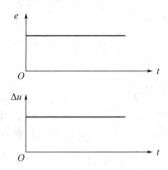

图 6-18　比例控制规律　　　　图 6-19　比例控制器的输入输出特性

比例放大系数 K_p 是可调的。所以比例控制器实际上是一个放大系数可调的放大器。K_p 越大，在同样的偏差输入时，比例控制器的输出越大，因此比例控制作用越强；反之，K_p 值越小，表示比例控制作用越弱。

(2) 比例度

比例放大系数 K_p 值的大小，可以反映比例作用的强弱。对于使用在不同情况下的比例控制器，由于比例控制器的输入与输出是不同的物理量，因而 K_p 的量纲是不同的。这样，就不能直接根据 K_p 数值的大小来判断比例控制器比例作用的强弱。工业生产上所用的比例控制器，一般都用比例度（或称比例范围）δ 来表示比例作用的强弱。

比例度是比例控制器输入的相对变化量与相应的输出相对变化量之比的百分率。用数学式可表示为

$$\delta = \frac{\dfrac{e}{z_{\max} - z_{\min}}}{\dfrac{\Delta u}{u_{\max} - u_{\min}}} \times 100\%$$

式中，$z_{\max} - z_{\min}$ 为比例控制器输入的变化范围，即测量仪表的量程；$u_{\max} - u_{\min}$ 为比例控制器输出的变化范围。

比例控制器的比例度 δ 的大小与输入输出关系如图 6-20，从图中可以看出，比例度越小，输出变化全范围时所需的输入变化区间也就越小；反之亦然。

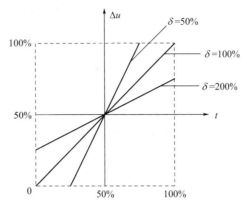

图 6-20　比例度与输入输出的关系

比例度 δ 与比例放大系数 K_P 的关系为

$$\delta = \frac{K}{K_P} \times 100\%$$

式中，$K = \dfrac{u_{\max} - u_{\min}}{z_{\max} - z_{\min}}$。

由于 K 为常数，因此比例控制器的比例度 δ 与比例放大系数 K_P 成反比关系。比例度 δ 越小，则放大系数 K_P 越大，比例控制作用越强；反之，当比例度 δ 越大时，表示比例控制作用越弱。

在单元组合仪表中，比例控制器的输入信号是由变送器输出的，而比例控制器和变送器的输出信号都是统一的标准信号，因此常数 $K=1$。所以在单元组合仪表中，δ 与 K_P 互为倒数关系，即

$$\delta = \frac{1}{K_P} \times 100\%$$

（3）积分控制规律

当控制器的输出变化量 Δu 与输入偏差 e 的积分成比例时，就是积分控制（I）规律。其数学表达式为

$$\Delta u = K_I \int_0^t e \, \mathrm{d}t$$

式中，K_I 为积分比例系数。

积分控制作用的特性可以用阶跃输入下的输出来说明。当积分控制器的输入偏差是一幅值为 A 的阶跃信号时，写为

$$\Delta u = K_I \int_0^t e \, \mathrm{d}t = K_I A t$$

由上式可以画出在阶跃输入作用下的输出变化曲线。由图 6-21 可看出：当积分控制器的输入是一常数 A 时，输出是一直线，其斜率为 $K_I A$，K_I 的大小与积分速度有关。从图 6-21 中还可以看出，只要偏差存在，积分控制器的输出就随着时间不断增大（或减小）。

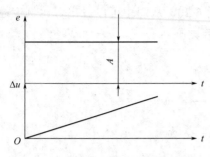

图 6-21　阶跃输入作用下的输出变化

从图 6-21 可以看出，积分控制器输出的变化速度与偏差成正比。这就说明了积分控制规律的特点是：只要偏差存在，控制器的输出就会变化，执行器就会动作，系统就不可能稳定。只有当偏差消除（即 $e = 0$）时，输出信号不再变化，执行器停止动作，系统才可能稳定下来。积分控制作用达到稳定时，偏差等于零，这是它的一个显著特点，也是它的一个主要优点。因此积分控制器构成的积分控制系统是一个无差系统，也可以改写为

$$\Delta u = \frac{1}{T_{\mathrm{I}}}\int_0^t e\,\mathrm{d}t$$

式中，T_{I} 为积分时间。

（4）微分控制规律

具有微分控制（D）规律的控制器，其输出 Δu 与偏差 e 的关系可用下式表示：

$$\Delta u = T_{\mathrm{D}}\,\frac{\mathrm{d}e}{\mathrm{d}t}$$

式中，T_{D} 为微分时间。

可以看出，微分控制作用的输出大小与偏差变化的速度成正比。对于一个固定不变的偏差，不管这个偏差有多大，微分作用的输出总是零，这是微分作用的特点。

如果控制器的输入是一阶跃信号，微分控制器的输出如图 6-22(b) 所示，在输入变化的瞬间，输出趋于无穷。在此以后，由于输入不再变化，输出立即降到零。这种控制作用称为理想微分控制作用。

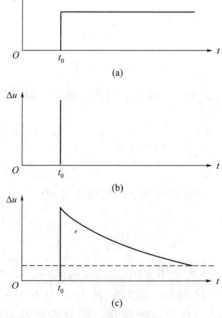

图 6-22　微分控制器特性

微分控制器的输出与输入信号的变化速度有关系，变化速度越快，微分控制器的输出就越大；如果输入信号恒定不变，则微分控制器就没有输出，因此微分控制器不能用来消除静态偏差。而且当偏差的变化速度很慢时，输入信号即使经过时间的积累达到很大的值，微分控制器的作用也不明显。所以这种理想微分控制作用一般不能单独使用，也很难实现。

图 6-22(c) 是实际的近似微分控制作用。在阶跃输入发生时刻，输出 Δu 突然上升到一个较大的有限数值（一般为输入幅值的 5 倍或更大），然后呈指数曲线衰减至某个数值（一般等于输入幅值）并保持不变。

(5) 比例积分控制规律

比例积分控制（PI）规律是比例与积分两种控制规律的结合，其数学表达式为

$$\Delta u = K_{\mathrm{P}}\left(e + \frac{1}{T_{\mathrm{I}}}\int_0^t e\,\mathrm{d}t\right)$$

当输入偏差是一幅值为 A 的阶跃变化时，比例积分控制器的输出是比例和积分两部分之和，其特性如图 6-23 所示。由图 6-23 可以看出，Δu 的变化开始是一阶跃变化，其值为 $K_{\mathrm{P}}A$（比例作用），然后随时间逐渐上升（积分作用）。比例作用是即时的、快速的，而积分作用是缓慢的、渐变的。

由于比例积分控制规律是在比例控制的基础上加上积分控制，所以既具有比例控制作用及时、快速的特点，又具有积分控制能消除余差的性能，因此是生产上常用的控制规律。

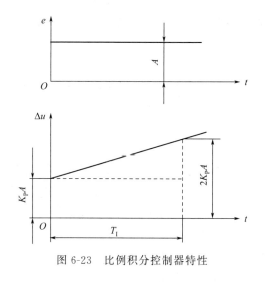

图 6-23 比例积分控制器特性

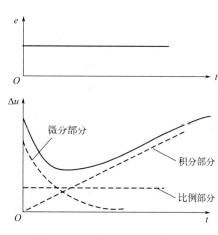

图 6-24 PID 控制器的输出特性

(6) 比例积分微分控制规律

比例积分微分控制（PID）规律的输入输出关系可用下列公式表示

$$\Delta u = \Delta u_{\mathrm{P}} + \Delta u_{\mathrm{I}} + \Delta u_{\mathrm{D}} = K_{\mathrm{P}}\left(e + \frac{1}{T_{\mathrm{I}}}\int e\,\mathrm{d}t + T_{\mathrm{D}}\frac{\mathrm{d}e}{\mathrm{d}t}\right)$$

由上式可见，PID 控制作用的输出分别是比例、积分和微分三种控制作用输出的叠加。当输入偏差 e 为一幅值为 A 的阶跃信号时，实际 PID 控制器的输出特性如图 6-24 所示。

图 6-24 中显示，实际 PID 控制器在阶跃信号输入下，开始时，微分作用的输出变化最

大，使总的输出大幅度地变化，产生强烈的超前控制作用，这种控制作用可看成为"预调"。然后微分作用逐渐消失，积分作用的输出逐渐占主导地位，只要余差存在，积分输出就不断增加，这种控制作用可看成为"细调"，一直到余差完全消失，积分作用才有可能停止。在PID控制器的输出中，比例作用的输出是自始至终与偏差相对应的，它一直是一种最基本的控制作用。在实际PID控制器中，微分环节和积分环节都具有饱和特性。

PID控制器可以调整的参数是 K_P、T_I、T_D。适当选取这三个参数的数值，可以获得较好的控制质量。

由于PID控制规律综合了比例、积分、微分三种控制规律的优点，具有较好的控制性能，因而应用范围更广，在温度和成分控制系统中得到更为广泛的应用。

需要说明的是，对于一台实际的PID控制器，K_P、T_I、T_D 的参数均可以调整。如果把微分时间调到零，就成为一台比例积分控制器；如果把积分时间放大到最大，就成为一台比例微分控制器；如果把微分时间调到零，同时把积分时间放到最大，就成为一台纯比例控制器了。

比例作用是依据偏差大小来动作的，在系统中起着稳定被调参数的作用。比例调节规律适用于负荷变化较小、纯滞后不太大而工艺要求不高又允许有余差的调节系统。

积分作用是依据偏差是否存在来动作的，在系统中起着消除余差的作用。

比例积分调节规律适用于对象调节通道时间常数较小、系统负荷变化较大、纯滞后不大而被调参数不允许与给定值有偏差的调节系统。

微分作用是依据偏差变化速度来动作的，在系统中起着超前调节的作用。

比例积分微分调节规律适用于容量滞后较大、纯滞后不太大、不允许有余差的对象。

6.3.3 控制器参数整定方法

如果控制方案已经确定，则过程控制各通道的静态和动态特性就已确定，系统的控制质量就取决于控制器各个参数值的设置。控制器的参数整定，就是确定最佳过渡过程中控制器的比例度 δ、积分时间 T_I、微分时间 T_D 的具体数值。所谓最佳过渡过程，就是在某种质量指标下，系统达到的最佳调整状态。

控制器参数整定的方法很多，概括起来可分为两大类：一是理论计算整定法，二是工程整定法。前者主要依据系统的数学模型，采用控制理论中的根轨迹法、频率特性法等，经过理论计算确定控制器的数值。这种方法不仅计算烦琐，而且过分依赖数学模型，所得的数据未必可直接使用，还必须通过实际进行调整和修改。因此，理论计算整定法虽然有理论指导意义，但工程实际中较少采用。工程整定法主要依靠工程经验，直接在过程控制的实验中进行，且方法简单，易于掌握，相当实用，从而在工程实际中被广泛采用。工程整定法主要有临界比例度法、衰减曲线法、经验凑试法等。

(1) 临界比例度法

临界比例度法是一种闭环整定方法。由于该方法直接在闭环系统中进行，不需测试过程的动态特性，因此方法简单，使用方便，获得了广泛的应用。具体步骤如下：

a. 先将控制器的积分时间 T_I 置于最大（$T_I=\infty$），微分时间 T_D 置零（$T_D=0$），比例度 δ 置为较大的数值，使系统投入闭环运行。

b. 待系统运行稳定后，对设定值施加一个阶跃扰动，并减小 δ，直到系统出现如图

6-25 所示的等幅振荡，即临界振荡过程。记录此时的 δ_K（临界比例度）和等幅振荡周期 T_K。

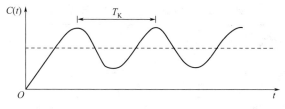

图 6-25　系统的临界振荡

根据记录的 δ_K 和 T_K，按表 6-11 给出的经验公式计算出控制器的 δ、T_I 及 T_D 的参数。

表 6-11　采用临界比例度法的整定参数

调节规律	δ	T_I	T_D
P	$2\delta_K$		
PI	$2.2\delta_K$	$0.85T_K$	
PID	$1.7\delta_K$	$0.5T_K$	$0.125T_K$

需要指出的是，采用这种方法整定控制器的参数时会受到一定的限制，如有些过程控制系统不允许进行反复振荡实验，像锅炉给水系统和燃烧控制系统等，就不能应用此法。再如某些时间常数较大的单容过程，采用比例调节时根本不可能出现等幅振荡，也不能应用此法。

（2）衰减曲线法

衰减曲线法与临界比例度法相类似，所不同的是无须出现等幅振荡过程，具体方法如下：

先设置控制器积分时间 $T_I = \infty$，微分时间 $T_D = 0$，比例度 δ 置于较大的值。将系统投入运行，待系统工作稳定后，对设定值做阶跃扰动，然后观察系统的响应。若响应振荡衰减太快，就减小比例度；反之，则增大比例度。如此反复，直到出现如图 6-26（a）所示的衰减比为 4:1 的振荡过程时，或者如图 6-26 中（b）所示的衰减比为 10:1 振荡过程时，记录此时的 δ_S（衰减曲线法的临界比例度）值以及 T_S 的值 [如图 6-26（a）中所示]，或者 T_r 的值 [如图 6-26（b）所示]。按表 6-12 中所给的经验公式计算 δ、T_I 及 T_D 的参数。

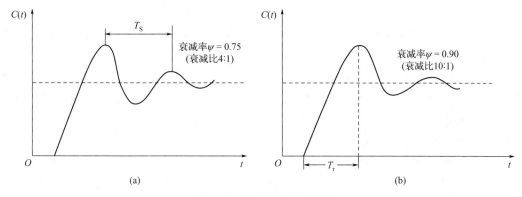

图 6-26　系统衰减振荡曲线

图 6-26 中，T_S 为衰减振荡周期，T_r 为响应上升时间。衰减曲线对多数过程都适用，该方法的缺点是较难确定 4∶1 的衰减程度，从而较难得到准确的 δ、T_I 及 T_D 的值。

表 6-12　衰减曲线法整定参数计算公式

衰减率	调节规律	δ	T_I	T_D
0.75	P	δ_S		
	PI	$1.2\delta_S$	$0.5T_S$	
	PID	$0.8\delta_S$	$0.3T_S$	$0.1T_S$
0.90	P	δ_S		
	PI	$1.2\delta_S$	$2T_r$	
	PID	$0.8\delta_S$	$1.2T_r$	$0.4T_r$

（3）经验凑试法

经验凑试法是应用最广泛的一种方法。它是根据经验和控制过程的曲线变化，直接在控制系统中逐步反复地凑试，最后得到控制器的合适参数。整定时应采取先比例，后积分，再微分的步骤，表 6-13 所列的参数提供了基本的凑试范围。

表 6-13　经验整定法 PID 参数选择表

控制系统	比例度 $\delta/\%$	比例增益 K_P	积分时间 T_I/min	微分时间 T_D/min
温度	20～60	1.6～5	3～10	0.5～3
压力	30～70	1.4～3.5	0.4～3	
流量	40～100	1～2.5	0.1～1	
液位	20～80	12.5～5		

经验法参数整定步骤如下：

a. 根据系统各个控制回路的参数，按照表 6-13 把 PID 参数设定在凑试范围内。

b. 看曲线调参数，整定前将相关参数，测量值（PV）、设定值（SV）、输出值（MV）的实时曲线放在同一趋势画面中，以方便查看趋势变化，利于判断 PID 参数整定的好坏。

c. 通过趋势图观察被控参数值、给定值、阀位输出等来观察判断 PID 参数的整定效果。

d. 整定时测量值偏离设定值较大且波动大，要等工况稳定后再进行整定。应根据测量设定值、阀位输出等曲线，来判断 PID 参数是否合适。被控参数在设定值曲线上下波动、呈发散状，阀位输出曲线波动大等，说明 K_P 值过小，这时应加大 K_P。被控参数为收敛状，但恢复较慢，或者阀位曲线为锯齿状，说明 T_I 值过小，这时应加大 T_I。流量曲线变化很快，温度曲线变化很慢，说明 T_D 值过小，应加大 T_D。

e. 某些液位、压力参数整定时，有时 PID 参数不合适，或者调节阀口径过大过小，可能会出现调节阀全关、全开状态；因此，在进行整定时，应对控制回路的输出阀位上、下限进行限制，使调节阀不出现全关或全开状态。

任务实施

6.3.4 操作和使用控制器

(1) 控制器参数整定

根据给定的单回路控制系统，合理使用控制器的控制规律，确定控制器参数。例：传输管道压力单回路控制系统，干扰为来自水泵的不稳定压力，试确定使用哪种控制规律，并确定所有参数。

(2) 操作和使用控制器

查阅不同厂家智能控制器使用手册，分析记录控制器常用参数。本书以上海万迅818智能控制器为例，常见控制器面板（图6-27）说明如下：

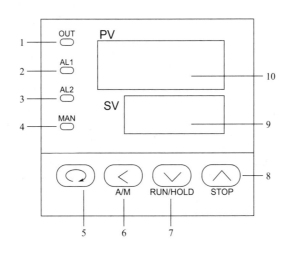

图 6-27 智能控制器面板

1—输出指示灯；2—报警1指示灯；3—报警2指示灯；4—手动调节指示灯；

5—显示转换（兼参数设置进入）；6—数据移位（兼手动/自动切换及程序设置进入）；

7—数据减少键（兼程序运行/暂停操作）；8—数据增加键（兼程序停止操作）；

9—给定值显示窗；10—测量值显示窗

(3) 智能控制器的校验及参数设置

① 接线端子说明

1、2端为1~5V电压输入端；

2、3端为0.2~1V电压输入端；

2、3、4端为热敏电阻输入端；

5、7端为4~20mA电流输出端；

9、10端为220V电源输入端；

扫码看视频

调节器参数
的设置

17、18 端为温度变送输出端。

② 使用注意事项

a. 接线时注意电源的种类、极性，严防接错电源。

b. 通电前应请指导老师确认无误后方可通电。

c. 动手调校前，应搞清控制器各部件的作用，凡实验中未设计的可调元件一律不得擅自调整。

d. 控制器在调校前应预热 15min。

e. 实验前先准备好实验记录数据表，并预习数据处理的各项误差计算公式。

③ 操作步骤

a. 准备工作：熟悉控制器的型号、外形、正面板布置，观察各可调部件的位置。

b. 一般检查：仪表通电后观察自动/手动能否切换，观察控制器的内/外给定是否随信号的输入变化而变化。改变到手动状态，使控制器的输出分别为 0%、25%、50%、75%、100%时，观察此时输出的电流是否是 4mA、8mA、12mA、16mA、20mA。

c. 控制器面板指示仪表的校验：控制器的主输入分别输入电压为 1V、2V、3V、4V、5V，观察 PV 输出显示是否成线性增加。

d. 闭环跟踪特性校验（静态误差校验）：给定一个 SV 值和适当的 PID 参数，观察检测值到达目标值的时间和静态误差。

e. 根据要求进行控制器参数的设置进行系统整定，使系统稳定。

f. 根据工作情况完成表 6-14。

表 6-14　控制器面板指示仪表检验记录

项目	被校仪表刻度值		0%	25%	50%	75%	100%
测量指示仪表	标准测量值 $V_{标}$/V						
	实际测量值 $V_{读}$ /V	正行程					
		反行程					
	实测引用误差 /%	正行程					
		反行程					
	$(V_{证}-V_{返})$/V						
	实测基本误差%			被校表允许基本误差%			

练习题

1. 三种能源的执行机构比较。

（　　　　）：电源配备方便，信号传输快、损失小，可远距离传输；但推力较小。

（　　　　）：结构简单、可靠、维护方便、防火防爆，但气源配备不方便。

（　　　　）：用液压传递动力，推力最大；但安装、维护麻烦，使用不多。

2. 比较电动执行机构与气动薄膜执行机构各项性能，完成表 6-15。

表 6-15　执行机构性能比较

序号	比较项目	电动执行机构	气动薄膜执行机构
1	可靠性		
2	驱动能源		
3	价格		
4	推力		
5	刚度		
6	防火防爆性		
7	工作环境温度范围		

3. 阀门的结构型式很多，请在图 6-28 直通单座阀和直通双座阀的结构图上标出阀门的组成部分：上阀盖、阀体、下阀盖、阀芯与阀杆组成的阀芯部件、阀座、填料、压板等。

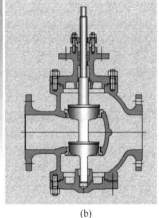

(a)　　　　　　　　　　　　(b)

图 6-28　阀门结构

4. 电动执行器把来自控制仪表的（　　　　　　）电信号，转换成与输入信号相对应的（　　　　　），以推动各种类型的（　　　　　），从而达到连续控制生产工艺过程中的（　　　　　），或简单地开启和关闭阀门以控制流体的通断，达到自动控制生产过程的目的。

5. 电动执行器的优点是什么？

6. 电动执行器的缺点是什么？

7. 在单闭环控制系统中，控制器是将（　　　　　）传送过来的信息与（　　　　　）比较后得到（　　　　　），根据（　　　　　）按一定的控制规律进行运算，将输出的（　　　　　）作用于（　　　　　）上，进而改变（　　　　　），使（　　　　　）符合生产要求。

8. 画出单闭环控制系统通用框图，指出控制器的位置，并分析第 7 题填写是否正确。

9. 控制器的控制规律就是指控制器的（　　　　）与（　　　　）的关系。

10. 在同样的偏差输入时，控制器的输出愈大，其比例控制作用（　　　　）。

11. 工程上，控制器的输出随反馈输入的增大而增大时，称为（　　　　）控制器；控制器的输出随反馈输入的增大而减小时，称为（　　　　）控制器。

12. 当比例度 δ 越大时，表示比例控制作用（　　　　）。

13. 对于一台实际的 PID 控制器，K_P、T_I、T_D 的参数均可以调整。如果把微分时间调到零，就成为一台（　　　　）控制器。

14. 比例控制器实际上是一个（　　　　）放大器。（填：放大系数可调/放大系数不可调）

15. 控制器输入的相对变化量与相应的输出相对变化量之比的百分率是（　　　　）。

A. 比例度　　　B. 比例系数　　　　　C. 比例放大系数

16. 积分控制器输出的变化速度与偏差成（　　　　）。

A. 正比　　　B. 反比　　　　　C. 不确定

17. 积分控制作用达到稳定时，偏差（　　　　）。

A. 不是零　　　　　B. 等于零　　　C. 有一定数值　　　D. 不确定

18. 微分控制作用的输出大小与（　　　　）成正比。

A. 偏差变化大小　　B. 偏差是否存在　　C. 偏差变化的速度　D. 偏差的大小

19. 对于一台实际的 PID 控制器，如果把（　　　　）放大到最大，就成为一台比例微分控制器。

A. 积分时间　　　　B. 微分时间　　　C. 比例系数

20. 判断：积分控制规律的特点是只要偏差存在，控制器的输出就会变化，执行器就要动作，系统就不可能稳定。（　　　　）

学习笔记

扫码看答案

练习题参考答案

项目考核

控制器调校与执行器检修项目考核表

主项目及配分	具体项目要求及配分		评分细则	配分	学生自评	小组评价	教师评价
素养 (20分)	纪律情况 (6分)	按时到岗,不早退	缺勤全扣,迟到、早退视程度扣1~3分	3分			
		积极回答问题	根据上课回答问题情况得分	2分			
		学习习惯养成	准备齐全学习用品得1分	1分			
		不完成工作	此为扣分项,睡觉、玩手机、做与工作无关的事情酌情扣1~6分				
	6S (3分)	桌面、地面整洁	自己的工位桌面、地面整洁无杂物,得2分;不合格的酌情扣分	2分			
		物品定置管理	按定置要求放置,得1分;不合格不得分	1分			
	职业道德 (6分)	与他人合作	主动合作,得2分;被动合作,得1分	2分			
		帮助同学	能主动帮助同学,得2分;被动,得1分	2分			
		工作严谨、追求完美	对工作精益求精效果明显,得2分;对工作认真,得1分;其余不得分	2分			
	价值素养 (5分)	工程意识	能够建立工程意识,得2分	2分			
		整体观念	在工作中能够做到服从集体且具有全局意识,得3分	3分			
核心技术 (50分)	调节阀和控制器的专业知识 (50分)	调节阀的流量特性	能熟练掌握调节阀流量特性,得10分;部分掌握,得4~7分;不掌握不得分	10分			
		阀门定位器	会排除阀门定位器故障,得5分;部分排除,得2~3分;不会排除不得分	5分			
		会选用合适的气动调节阀	熟练掌握各种气动调节阀特性,得10分;部分掌握,得4~8分;不掌握不得分	10分			
		控制器的控制原理	能熟练掌握常用控制原理,得10分;部分掌握,得4~7分;不掌握不得分	10分			
		控制器操作	能熟练设置控制器参数,得10分;部分熟练,得4~8分;不会设置不得分	10分			
		控制器参数整定	能根据压力(流量、液位)控制系统正确快速进行控制器参数整定,得5分;能部分整定,得1~3分;不会整定不得分	5分			

续表

主项目及 配分	具体项目要求及配分		评分细则	配分	学生 自评	小组 评价	教师 评价
项目完成情况 （30分）	按时、保质保量完成 （30分）	按时提交	按时提交，得8分；迟交酌情扣分；不交不得分	8分			
		书写整齐度	文字工整、字迹清楚，得6分；抄袭、敷衍了事酌情扣分	6分			
		内容完成程度	按完成情况得分	10分			
		回答准确率	视准确率情况得分	6分			
加分项（10分）	有独到的见解		视见解程度得分	10分			
合计							
总评							
组长签字							
教师签字							

文化小窗

责任担当——打破外国技术封锁的大国工匠李刚

中铁工程装备集团盾构公司技术管理部副部长，大国工匠李刚，毕业于20世纪80年代，是我国国内最顶尖的盾构机电气高级技师。当国外封锁传感器进口时，李刚团队自主研发的液位传感器，解决了淤泥堵塞和气密性的问题。

单回路控制系统装调

单回路控制系统又称简单控制系统，是指由一个被控过程、一个检测变送器、一个控制器和一个执行器所组成，对一个被控变量进行控制的单回路负反馈闭环控制系统，如图1-1。这种系统能密切监视和控制被控对象输出变量的变化，抗干扰能力强，能有效地克服对象特性变化的影响，有一定的自适应能力，因而控制品质较高，是应用最广、研究最多的控制系统。

单回路控制系统的结构比较简单，所需的自动化装置数量少，投资低，易于调整和投运，操纵维护也比较方便，能满足一般工业生产过程的控制要求，因此在工业生产中应用十分广泛，尤其适用于被控过程的纯滞后和惯性小、负荷和扰动变化比较平缓，或者控制质量要求不太高的场合。

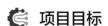 项目目标

专业能力	个人能力	社会能力
• 能描述单回路控制系统组成特点； • 能阐述单回路控制系统的被控变量、操纵变量选择方法； • 能说明并选择单回路控制系统的控制器的控制规律和正反作用； • 能分析流体设备、罐类设备、精馏塔等被控对象的控制系统； • 能够掌握单回路控制系统投运和整定方法； • 能完成单回路控制系统的设计、选型； • 能够正确连接管路、电路，并正确操作监控系统； • 能够根据过渡过程曲线的特点，对系统品质做正确的评价； • 能够用经验凑试法等工程整定方法整定系统参数； • 能够判断压力、流量、液位、温度单回路控制系统常见故障，并维修	• 能独立分析工作任务并有效执行； • 准确表达工程中遇到的问题，并分析； • 愿意进行知识的拓展和运用； • 严格执行工艺标准、流程、保证工作质量； • 查阅参考资料，制定工作流程计划，熟练整理工作文档； • 能够解决工作过程中出现的问题； • 完成工作成果汇总记录，写出问题分析报告； • 提出合理化工作建议	• 在系统选型调试中能够与他人进行有效沟通交流； • 服从安排，与小组成员讨论工作计划； • 协调成员、伙伴间的工作分工； • 展示和讲解单回路控制系统工作计划与工作内容； • 在工作中养成环保意识、质量意识； • 估算单回路控制系统维护成本，进行效益核算； • 完成任务时充分考虑安全因素与保护措施

任务 7.1　运行调试压力控制系统

压力控制系统是指以气体或液体管道或容器中的压力作为被控制量的反馈控制系统，在许多生产过程中，保持恒定的压力或一定的真空度是正常生产的必要条件。很多化学反应需要在恒压下进行，为保持流量不变也常需要控制主压力源的压力恒定。压力控制系统的结构是闭环的，由压力传感器、压力控制器和被控对象组成。压力控制是每个企业过程控制都要涉及的最基本控制。

基础知识

7.1.1　单回路控制系统的变量选择

（1）被控变量的选择

在生产过程中希望借助自动控制保持恒定值（或按一定规律变化）的变量称为被控变量。被控变量的选择十分重要，它关系到系统能否达到稳定操作、增加产量、提高质量、改善劳动条件、保证安全等目的，关系到控制方案的成败。根据被控变量与生产过程的关系，可分为直接变量与间接变量。要正确地选择被控变量，必须了解工艺过程和工艺特点对控制的要求，一般要遵循下列原则：

a. 选择对产品的产量和质量、安全生产、经济运行和环境保护具有决定性作用的，可直接测量的工艺参数为被控变量。

b. 当不能用直接参数作为被控变量时，应该选择一个与直接参数有单值函数关系的间接参数作为被控变量。

c. 被控变量应能被测量出来，并具有足够大的灵敏度。

d. 选择被控变量时，必须考虑工艺合理性和所用仪表的性能。

e. 被控变量应是独立可控的。

（2）操纵变量的选择

在自动控制系统中，把用来克服干扰对被控变量的影响、实现控制作用的变量称为操纵变量。最常见的操纵变量是介质的流量。此外，也有以转速、电压等作为操纵变量的。

当被控变量选定以后，接下来应对工艺进行分析，找出有哪些因素会影响被控变量。一般来说，影响被控变量的外部输入往往有若干个而不是一个，在这些输入中，有些是可控的，有些是不可控的。原则上，是在诸多影响被控变量的输入中选择一个对被控变量影响显著而且可控性良好的输入作为操纵变量，而其他未被选中的所有输入则视为系统的干扰。

操纵变量的选择原则主要有以下几条：

a. 操纵变量应是可控的，即工艺上允许调节的变量。

b. 操纵变量一般应比其他干扰对被控变量的影响更加灵敏。为此，应合理选择操纵变量，使控制通道的放大系数适当大、时间常数适当小（但不宜过小，否则易引起振荡）、纯滞后时间尽量小。为使其他干扰对被控变量的影响减小,应使干扰通道的放大系数尽可能小、时间常数尽可能大。

c. 在选择操纵变量时,除了从自动化角度考虑外,还要考虑工艺的合理性与生产的经济性。一般来说,不宜选择生产负荷作为操纵变量,因为生产负荷直接关系到产品的产量,是不宜经常波动的。另外,从经济性考虑,应尽可能地降低物料与能量的消耗。

7.1.2　单回路控制系统对象特性的作用

单回路控制系统中,被控对象特性对操纵变量等有一定影响。

(1) 对象静态特性的影响

在选择操纵变量构成自动控制系统时,一般希望控制通道的放大系数 K 要大些,这是因为 K 的大小表征了操纵变量对被控变量的影响程度。K 越大,表示控制作用对被控变量影响越显著,使控制作用更有效。所以从控制的有效性来考虑,K 越大越好。当然有时 K 过大,会过于灵敏,使控制系统不稳定,这也是要引起注意的。

另一方面,对象干扰通道的放大系数 K_f 越小越好。K_f 小,表示干扰对被控变量的影响不大,过渡过程的超调量不大,故确定控制系统时,也要考虑干扰通道的静态特性。

(2) 对象动态特性的影响

① 控制通道时间常数的影响　控制通道的时间常数不能过大,否则会使操纵变量的校正作用迟缓、超调量大、过渡时间长。要求控制通道的时间常数 T 小一些,使之反应灵敏、控制及时,从而获得良好的控制质量。

② 控制通道纯滞后的影响　控制通道的物料输送或能量传递都需要一定的时间,这样形成的纯滞后对控制质量是有影响的。

③ 干扰通道时间常数的影响　干扰通道的时间常数 T_f 越大,表示干扰对被控变量的影响越缓慢,这是有利于控制的。所以,在确定控制方案时,应设法使干扰被控变量的通道长些,即干扰通道时间常数要大一些。

④ 干扰通道纯滞后的影响　如果干扰通道存在纯滞后时间 τ_f,即干扰对被控变量的影响推迟了 τ_f,则控制作用也推迟了 τ_f,使整个过渡过程曲线推迟了 τ_f。

7.1.3　控制器控制规律的选择

目前,工业上常用的控制器主要应用三种控制规律:比例控制规律、比例积分控制规律和比例积分微分控制规律。选择哪种控制规律主要是根据广义对象的特性和工艺的要求来决定的。

(1) 比例控制器

比例控制器是具有比例控制规律的控制器,它的输出 p 与输入偏差 e 之间的关系为

$$p = K_P e \qquad (7-1)$$

比例控制器的可调参数是比例放大系数 K_P 或比例度 δ,对于单元组合仪表来说,它们的关系为

$$\delta = \frac{1}{K_P} \times 100\% \qquad (7-2)$$

比例控制器的特点是:控制器的输出与偏差成比例,即控制阀门位置与偏差之间具有一

一对应关系。当负荷变化时，比例控制器克服干扰能力强、控制及时、过渡时间短。在常用控制规律中，比例作用是最基本的控制规律，不加比例作用的控制规律是很少采用的。但是，纯比例控制系统在过渡过程终了时存在余差。负荷变化越大，余差就越大。

比例控制器适用于控制通道滞后较小、负荷变化不大、工艺上没有提出无余差要求的系统，例如中间贮槽的液位、精馏塔塔斧液位以及不太重要的蒸汽压力控制系统等。

（2）比例积分控制器

比例积分控制器是具有比例积分控制规律的控制器。它的输出 p 与输入偏差 e 的关系为

$$p = K_P \left(e + \frac{1}{T_I} \int e \, \mathrm{d}t \right) \tag{7-3}$$

比例积分控制器的可调参数是比例放大系数 K_P（或比例度 δ）和积分时间 T_I。

比例积分控制器的特点是：由于在比例作用的基础上加上了积分作用，而积分作用的输出与偏差的积分成比例，只要偏差存在，控制器的输出就会不断变化，直至消除偏差为止，所以采用比例积分控制器，在过渡过程结束时是无余差的。这是它的显著优点。但是，加上积分作用，会使稳定性降低，虽然在加积分作用的同时，可以通过加大比例度，使稳定性基本保持不变，但超调量和振荡周期都相应增大，过渡过程的时间也加长。

比例积分控制器是适用范围广泛的控制器。它适用于控制通道滞后较小、负荷变化不大、工艺参数不允许有余差的系统。例如流量、压力和要求严格的液位控制系统，常采用比例积分控制器。

（3）比例积分微分控制器

比例积分微分控制器是具有比例积分微分控制规律的控制器，常称为三作用控制器。三作用控制器，其输出 p 与输入偏差 e 之间具有下列关系

$$p = K_P \left(e + \frac{1}{T_I} \int e \, \mathrm{d}t + T_D \frac{\mathrm{d}e}{\mathrm{d}t} \right) \tag{7-4}$$

比例积分微分控制器的可调参数有三个，即比例放大系数 K_P（或比例度 δ）、积分时间 T_I 和微分时间 T_D。

比例积分微分控制器的特点是：微分作用使控制器的输出与输入偏差的变化速度成比例，它对克服对象的滞后有明显的效果。在比例作用的基础上加上微分作用能提高稳定性，再加上积分作用可以消除余差。所以，适当调节三个参数，可使控制系统获得较高的控制质量。

比例积分微分控制器适用于容量滞后较大、负荷变化大、控制质量要求较高的系统，应用最普遍的是温度控制系统与成分控制系统。对于滞后很小或噪声严重的系统，应避免引入微分作用，否则会由于被控系统的快速变化引起控制作用的大幅度变化，严重时会导致控制系统不稳定。

（4）控制器正、反作用的确定

在控制系统中，不仅是控制器，还有被控对象、测量元件及变送器和执行器都有各自的作用方向。它们如果组合不当，使总的作用方向构成正反馈，则控制系统不但不能起控制作用，反而会破坏生产过程的稳定。所以在系统投运前必须注意检查各环节的作用方向，其目的是通过改变控制器的正、反作用，以保证整个控制系统是一个具有负反馈的闭环系统。

所谓作用方向，就是指输入变化后，输出的变化方向。当某个环节的输入增加时，其输出也增加，则称该环节为正作用方向；反之，环节的输入增加时，输出减少的称反作用方向。

对于测量元件及变送器，其作用方向一般都是"正"的，因为当被控变量增加时，其输出量一般也是增加的，所以在考虑整个控制系统的作用方向时，可不考虑测量元件及变送器的作用方向（因为它总是"正"的），只需要考虑控制器、执行器和被控对象三个环节的作用方向，使它们组合后能起到负反馈的作用。

对于执行器，它的作用方向取决于是气开阀还是气关阀。当控制器输出信号增加时，气开阀的开度增加，因而流过阀的流体流量也增加，故气开阀是正作用方向。反之，当气关阀接收的信号增加时，流过阀的流体流量反而减少，所以是反作用方向。执行器的气开或气关形式主要应从工艺安全角度来确定。

对于被控对象的作用方向，则随具体对象的不同而各不相同。当操纵变量增加时，被控变量也增加的对象属于正作用方向的。反之，被控变量随操纵变量的增加而降低的对象属于反作用方向的。

由于控制器的输出取决于被控变量的测量值与给定值之差，所以被控变量的测量值与给定值变化时，对输出的作用方向是相反的。对于控制器的作用方向是这样规定的：当给定值不变，被控变量测量值增加时，控制器的输出也增加，称为正作用方向，或者当测量值不变，给定值减小时，控制器的输出增加也称为正作用方向。反之，如果测量值增加（或给定值减小）时，控制器的输出减小则称为反作用方向。

在一个安装好的控制系统中，对象的作用方向可以由工艺机理确定，执行器的作用方向可以由工艺安全条件确定，而控制器的作用方向要根据对象及执行器的作用方向来确定，以使整个控制系统构成负反馈的闭环系统。

7.1.4 单回路控制系统的投运和整定

扫码看视频

单回路控制系统

（1）单回路控制系统的投运

控制系统的投运是指当系统设计、安装完毕，或者经过停车检修之后，使控制系统投入使用的过程。

准备工作：熟悉生产工艺过程，熟悉控制方案，全面检查过程检测控制仪表，进行仪表联调试验。

系统投运：首先运行检测系统，其次手动遥控调节阀，最后投运控制器（手动→自动）。

（2）单回路控制系统的整定

系统整定是指选择调节器的比例度 δ、积分时间 T_I 和微分时间 T_D 的具体数值。系统整定的实质，就是通过改变控制参数使调节器特性和被控过程特性配合好，来改善系统的动态和静态特性，求得最佳的控制效果。

调节器参数的整定方法如下。

① 理论计算整定法 理论计算整定法有根轨迹法、频率特性法等，这类整定方法要求已知过程的数学模型。其计算烦琐，工作量很大，而且最后得到的数据一般精度不高，所以目前在工程上较少采用。

② 工程整定方法 工程整定方法有动态特性参数法、临界比例度法、衰减曲线法、现场实验整定法等，直接在过程控制系统中进行。其方法简单，计算简便，而且容易掌握，所得参数虽然不一定为最佳，但是实用，能解决一般性问题，所以在工程上得到了广泛应用。

③ 计算机仿真寻优整定法 采用最优积分准则来求调节器的整定参数的最优值的方法。

任务实施

7.1.5 安装调试恒压供水控制系统

安装调试恒压供水控制系统，完成表 7-1。

表 7-1 任务实施表 1

任务描述
运用实训室设备，模拟管道压力控制系统，安装调试压力单回路控制系统。

引导问题
1. 管道压力单回路控制系统由（　　　　　　　　　）组成。 2. 工业常见的压力传感器有（　　　　　　　　　）等。 3. 在压力控制系统中，变频器的开关打到（　　　　　　）状态，水泵就开始工作，泄压时开关打到（　　　　　）状态。 4. 压力控制系统被控参数是（　　　　　），控制参数是（　　　　　）。 5. 控制器的基本控制规律有（　　　　　）、（　　　　　　）、（　　　　　）。 6. 压力单回路控制系统一般采用（　　　　　）规律。

任务要求
1. 设计压力单回路控制系统，选择压力传感器、控制器、调节阀。 2. 完成压力控制系统的框图绘制、接线图绘制。 3. 校验差压变送器。 4. 组装压力单回路控制系统。 5. 设置变频器参数。 6. 用调节器进行 PID 参数的自整定和自动控制的投运，并记录。 7. 应用工程整定方法整定单回路控制系统的 PID 参数，让系统稳定，与自整定参数比较。 8. 完成压力控制系统安装调试报告。

工作计划
以小组为单位，讨论、研究、制定完成上述任务的工作计划，并填写表 1。

表 1　计划表

工作任务	使用的器件、工具	辅助设备	工时	执行人

工作准备
1. 画出压力单回路控制系统框图、流程图。 2. 画出仪表接线图。 3. 根据图纸选用实验设备，并连接系统。写出选用仪表的类型、名称、型号。 4. 打开差压变送器的两头的盖子，观察并画出变送器接线图，明确两个可调电位器作用。

。

续表

工作过程

1. 根据图纸,安装压力控制系统,记录安装过程中的要点。

2. 手动设置调节阀开度,画出控制阀门开度的接线图。

3. 在确定线路无误后,通电。记录通电顺序过程。

4. 校验差压变送器。通电后观察差压变送器零点,必要时调节 ZERO 电位器,使之与控制器的零点对应。

5. 计算整定参数,并记录。在调节器上设置参数。设定过渡过程的衰减比为 4∶1,整定参数值可按表 2 进行计算。

表 2 阶跃反应曲线整定参数表

调节规律	整定参数		
	δ	T_I	T_D
P	δ_S		
PI	$1.2\delta_S$	$0.5T_S$	
PID	$0.8\delta_S$	$0.3T_S$	$0.1T_S$

6. 使用组态软件,监控压力曲线变化,使系统稳定,调节整定参数。

7. 根据计算所得的 PID 参数值设置调节器,将系统投入闭环运行。加入扰动信号观察各被测量的变化,直至过渡过程曲线符合要求为止。

8. 改变阀门开度,给系统一个干扰,观察控制器 PV 值的变化,使之在规定要求下稳定,画出压力的变化曲线,并记录调节器参数。

9. 待系统稳定后,给定值加阶跃信号(增大原 SV 的 20%),观察其压力的变化曲线,并记录在表 3 中。

表 3 阶跃响应曲线数据处理记录表

测量情况	压力特性测试的参数		
	K	T	τ_f
阶跃 1			
阶跃 2			
平均值			

完成检查

1. 记录任务完成的过程中出现的问题、原因及解决办法。

2. 记录压力控制系统从通电到稳定的时间。

3. 电路接线、管路接线、操作规范性检查。

工作评价

1. 以小组为单位,给出每位同学工作任务的完成情况评价意见及改进建议,并评分。

2. 以小组为单位进行任务完成情况汇报。

3. 指导教师最后给出总体评价。

完成任务的体会:

任务 7.2 运行调试流量控制系统

流量是工业生产中一个重要参数。工业生产过程中，很多原料、半成品、成品都是以流体状态出现的。流体的流量就成为决定产品成分和质量的关键，也是生产成本核算和合理使用能源的重要依据。因此流量的测量和控制是生产过程自动化的重要环节。

🧠 基础知识

7.2.1 流体输送设备的控制

在石油、化工等生产过程中，各个生产装置之间都以输送物料或能量的管道将其连接在一起，物料在各装置中进行化学反应及其他物理、化学过程，按预定的工艺设计要求，生产出所需的产品。因工艺的需要，常需将流体由低处送至高处，由低压设备送到高压设备，或克服管道阻力由某一车间水平地送往其他车间。为了达到这些目的，必须对流体做功，以提高流体的能量，完成输送的任务。输送的物料流和能量流统称为流体。流体通常有液体和气体之分，有时固体物料也通过流态化在管道中输送。用于输送流体和提高流体压力的机械设备统称为流体输送设备，其中输送液体和提高其压力的机械称为泵，而输送气体并提高其压力的机械称为风机或压缩机。

流体输送设备的基本任务是输送流体和提高流体的压力。在连续性化工生产过程中，除了某些特殊情况，如泵的启停、压缩机的程序控制和信号联锁外，对流体输送设备的控制，多数是属于流量或压力的控制，如定值控制、比值控制及以流量作为副变量的串级控制等。此外，还有为保护输送设备不致损坏的一些保护性控制方案，如离心式压缩机的防喘振控制方案。

7.2.2 泵的常规控制

离心泵是应用十分广泛的流体输送设备，在石油天然气、石化、化工、钢铁、电力、食品饮料、制药及水处理等行业广泛使用。其基本任务是输送流体和提高流体的压力，它的压力是由旋转翼轮作用于液体的离心力而产生的。转速越高，则离心力越大，压力也越高。在连续性工业生产过程中，除了对泵的启停控制和工艺过程、生产安全要求的信号联锁控制外，主要是对泵的流量和压力控制。离心泵流量控制的目的是要将泵的排出流量恒定于某一给定的数值上，或者按照一定的规律变化以适应生产工艺流程要求。例如在化工生产中，进入化学反应器的原料量需要维持恒定，精馏塔的进料量或回流量需要维持恒定，制冷空调行业中循环水的流量要与负荷变化相适应等。

(1) 离心泵的主要部件

离心泵基本是由六部分组成的，分别是叶轮、泵体、泵轴、轴承、密封环、填料函。如图 7-1 所示为离心泵的基本构造。

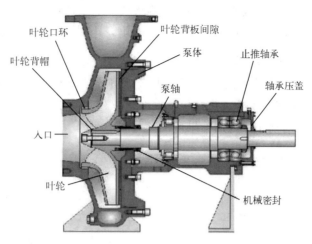

图 7-1 离心泵的基本构造

a. 叶轮是离心泵的核心部分，转速高、出力大，叶轮上的叶片又起到主要作用，叶轮在装配前要通过静平衡试验，叶轮上的内外表面要求光滑，以减少与水流的摩擦损耗。

b. 泵体也称泵壳，它是水泵的主体。起到支承固定的作用，并与安装轴承的托架相连接。

c. 泵轴的作用是借联轴器和电动机相连接，将电动机的转矩传给叶轮，是传递机械的主要部件。

d. 轴承是套在泵轴上支承泵轴的构件。

e. 密封环又称减漏环。叶轮进口与泵壳间的间隙过大会造成泵内高压区的水经此间隙流向低压区，影响泵的出水量，降低效率，间隙过小会造成叶轮与泵壳摩擦产生磨损。为了增加回流阻力减少内漏，延缓泵壳与叶轮的使用寿命，在泵壳内缘和叶轮外缘结合处装有密封环，密封的间隙保持在 0.25～1.10mm 为宜。

f. 填料函主要由填料、水封环、填料筒、填料压盖、水封管组成。填料函的作用主要是封闭泵壳与泵轴之间的间隙，不让泵内的水流到外面来，也不让外面的空气进入泵内。

（2）离心泵的过流部件

离心泵的过流部件有吸入室、叶轮、压出室三个部分。叶轮是泵的核心，也是过流部件的核心。泵通过叶轮对液体的做功，使其能量增加。叶轮按液体流出的方向分为三类。

离心式叶轮：液体是沿着与轴线垂直的方向流出叶轮。

混流式叶轮：液体是沿着轴线倾斜的方向流出叶轮。

轴流式叶轮：液体流动的方向与轴线平行的。

叶轮按吸入的方式分为两类：单吸叶轮（叶轮从一侧吸入液体）、双吸叶轮（叶轮从两侧吸入液体）。

叶轮按盖板形式分为三类：封闭式叶轮、敞开式叶轮、半开式叶轮。

（3）离心泵的工作原理

离心泵是利用叶轮旋转而使水产生的离心力来工作的。离心泵在启动前，必须使泵壳和吸水管内充满水，然后启动电机，使泵轴带动叶轮和水做高速旋转运动，水在离心力的作用下，被甩向叶轮外缘，经蜗形泵壳的流道流入泵的压水管路。叶轮中心处，由于水在离心力的作用下被甩出后形成真空，吸水池中的水便在大气压力的作用下被压进泵壳内，叶轮通过不停地转动，使得水在叶轮的作用下不断流入与流出，达到了输送水的目的。

（4）离心泵的流量控制方法

① 控制泵的出口阀门开度　通过控制泵出口阀门开度来控制流量的方法，如图 7-2 所示，FC 为出口流量控制器。当干扰作用使被控变量（流量）发生变化，偏离给定值时，控制器发出控制信号，阀门动作，控制结果使流量回到给定值。

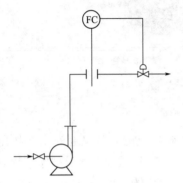

图 7-2　改变泵出口阻力控制流量

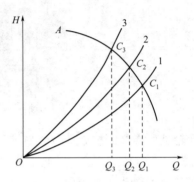

图 7-3　泵的流量特性曲线

改变出口阀门的开度就是改变管路上的阻力，为什么阻力的变化就能引起流量的变化呢？这得从离心泵本身的特性加以解释。

在一定转速下，离心泵的排出流量 Q 与泵产生的压力 H 有一定的对应关系，如图 7-3 曲线 A 所示。在不同流量下，泵所能提供的压力是不同的，曲线 A 称为泵的流量特性曲线。泵提供的压力又必须与管路上的阻力相平衡才能进行操作。克服管路阻力所需压力大小随流量的增加而增加，如图 7-3 曲线 1 所示。曲线 1 称为管路特性曲线，曲线 A 与曲线 1 的交点 C_1 即为进行操作的工作点。此时泵所产生的压力正好用来克服管路的阻力，C_1 点对应的流量 Q_1 即为泵的实际出口流量。

当控制阀开度发生变化时，由于转速是恒定的，所以泵的特性没有变化，即图 7-3 中的曲线 A 没有变化。但管路上的阻力却发生了变化，即管路特性曲线不再是曲线 1，随着控制阀的开度变小，可能变为曲线 2 或曲线 3 了。工作点就由 C_1 移向 C_2 或 C_3，出口流量也由 Q_1 改变为 Q_2 或 Q_3，如图 7-3 所示。以上就是通过控制泵的出口阀开度来改变排出流量的基本原理。

此时，要注意控制阀应该安装在泵的出口管线上，而不应该安装在泵的吸入管线上（特殊情况除外），这是因为控制阀在正常工作时，需要有一定的压降，而泵的吸入高度是有限的。控制出口阀门开度的方案简单可行，是应用最为广泛的方案。但是，此方案总的机械效率较低，特别是控制阀开度较小时，阀上压降较大，对于大功率泵，损耗的功率相当大，因此是不经济的。

② 控制泵的转速　当泵的转速改变时，泵的流量特性曲线会发生改变。图 7-4 中曲线 1、2、3 表示转速分别为 n_1、n_2、n_3 时的流量特性，且有 $n_1 > n_2 > n_3$。在同样的流量情况下，泵的转速提高会使压力 H 增加。在一定的管路特性曲线 B 的情况下，减小泵的转速，会使工作点由 C_1 移向 C_2 或 C_3，流量相应也由 Q_1 减少到 Q_2 或 Q_3。

　　如图 7-5 所示，改变转速控制流量方案，从能量消耗的角度来衡量最为经济，机械效率较高，但调速机构一般较复杂，所以多用在蒸汽透平驱动离心泵的场合，此时仅需控制蒸汽量即可控制转速。

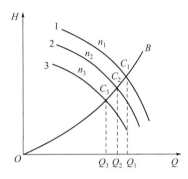

图 7-4　泵的流量特性曲线

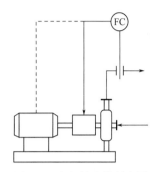

图 7-5　改变转速控制流量

　　③ 控制泵的出口旁路　如图 7-6 所示，将泵的部分排出量重新送到吸入管路，用改变旁路阀开度的方法来控制泵的实际排出量。

　　控制阀装在旁路上，由于压差大，流量小，所以控制阀的尺寸可以选得比装在出口管道上的小得多。但是这种方案不经济，因为旁路阀消耗一部分高压液体能量，使总的机械效率降低，故很少采用。

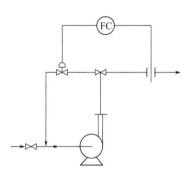

（5）泵的压力控制

　　泵是绝大多数工业场合的必备设备，其正确运作对于

图 7-6　改变旁路阀控制流量

过程控制至关重要。如果泵的进口压力或出口压力不在设计的约束范围内，则可能发生严重的设备损坏。故障泵会导致不必要的维护停机时间，甚至生产的紧急停运。

　　压力变送器可以监控泵的进口压力和出口压力，如果压力超过或低于正常运行条件，压力变送器的连续输出会触发报警。通过监控压力，工厂人员可以使用收集的数据更好地确定和判断泵性能的变化。在泵吸入时，如发现有压力损失，说明过程介质未达到泵的吸入口。如果泵吸入时能监测到压力，而泵排出口有压力损失，表明泵已经发生故障。如果任一压力变送器监测到压力损失，则表明泵的相应侧缺少过程介质；压力增加表明泵或过程介质存在问题。

7.2.3　压缩机的常规控制

　　压缩机和泵同为输送流体的机械，其区别在于压缩机是提高气体的压力。气体是可以压缩的，所以要考虑压力对密度的影响。

　　压缩机的种类很多，按其作用原理不同可分为离心式和往复式两大类；按进、出口压力高低的差别，可分为真空泵、鼓风机、压缩机等类型。在制定控制方案时必须考虑各自的特点。

　　压缩机的控制方案与泵的控制方案有很多相似之处，被控变量同样是流量或压力，控制手段大体上可分为三类。

（1）直接控制流量

对于低压的离心式鼓风机，一般可在其出口直接用控制阀控制流量。由于管径较大，执行器可采用蝶阀。其余情况下，为了防止出口压力过高，通常在入口端控制流量。因为气体的可压缩性，所以这种方案对于往复式压缩机也是适用的。在控制阀关小时，会在压缩机入口端引起负压，这就意味着，吸入同样容积的气体，其质量流量减少了。流量降低到额定值的50%～70%时，负压严重，压缩机效率大幅降低。这种情况下可采用分程控制方案，如图7-7所示。出口流量控制器（FC）操纵两个控制阀。吸入阀（阀1）只能关小到一定开度，如果需要的流量更小，则应打开旁路阀（阀2），以避免入口端负压严重，两只阀的特性见图7-8。

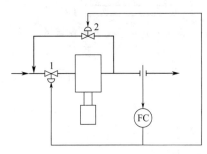

图 7-7　分程控制方案

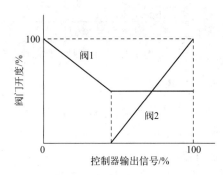

图 7-8　分程控制阀的特性

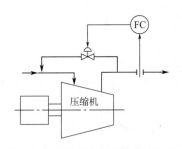

图 7-9　控制压缩机旁路流量方案

为了减少阻力损失，对大型压缩机，往往不用控制吸入阀的方法，而用调整导向叶片角度的方法。

（2）控制旁路流量

控制旁路流量方案和泵的控制方案相同，见图7-9。对于压缩比很高的多段压缩机，从出口直接沿旁路回到入口时，控制阀前后压差太大，功率损耗太大。为了解决这个问题，可以在中间某段安装控制阀，使其回到入口端，用一个控制阀可满足一定工作范围的需要。

（3）调节转速

压缩机的流量控制可以通过调节原动机的转速来达到，这种方案效率最高，节能最好，问题在于调速机构一般比较复杂，没有前两种方法简便。

往复式压缩机主要用于流量小、压缩比较高的场合。自20世纪60年代以来，随着石油化工向大型化发展，离心式压缩机也迅速地向着高压、高速、大容量和高度自动化方向发展。与往复式压缩机相比较，它具有如下优点：

a. 体积小，重量轻，流量大；

b. 运行率高，易损件少，维修简单；

c. 供气均匀，运转平稳，气量控制的变化范围广；

d. 压缩机的润滑油不会污染被输送的气体；

e. 有较好的经济性能。

离心式压缩机虽然有很多优点，但受其本身结构特性制约，也有一些固有的缺点，例如喘振大、轴向推力大等，而且在生产过程中，它常常是处于大功率、高速运转中，又是单机运行，因而确保它的安全运行是极为重要的。通常一台大型离心式压缩机需要设立以下自控系统。

① 气量控制系统　即用排量或出口压力控制，也就是负荷控制系统。控制方式与离心泵的控制类似，如直接节流法、改变转速和改变旁路回流量等。在使用时，需结合实际工况，正确选择。

② 防喘振控制系统　喘振现象是由离心式压缩机结构特性所引起的，而且对压缩机的正常运行危害极大。为此，必须专门设置防喘振控制系统，确保压缩机的安全运行。

③ 压缩机的油路控制系统　离心式压缩机的运行系统中需用密封油、润滑油及控制油等，这些油的油压、油温控制须设有联锁报警控制系统。

④ 压缩机主轴的轴向推力、轴向位移及振动的指示与联锁保护系统。

7.2.4　长输管线的控制

近几十年来，随着天然气和石油用量的增加，出现了数十千米乃至几千千米长的输气、输油管线，称之为长输管线，这从而也带来了长输管线的控制问题。长输管线流体输送过程中，通常每隔50~70km要设置一个增压站，用泵或压缩机对原油或天然气加压，克服管线压力的损失。

在长输管线的控制中，由于传输距离长，首要考虑的是集中控制的要求。随着通信和网络技术的不断进步，数据采集与监控（SCADA）系统得到了广泛的应用。SCADA系统能完成对全线监控、调度、管理的任务。操作人员在调度控制中心通过SCADA系统可实现对管线的监控和运行管理，沿线各个站场达到无人操作的水平。SCADA系统的主要任务是通过对各站PLC（可编程逻辑控制器）系统进行数据采集及控制，来对管线系统工艺过程的压力、温度、流量、密度、设备运行状况等信息进行监控和管理。

SCADA可采用集散控制的方式，通常有三级控制方式。

第一级：调度中心遥控。接收调度中心调度人员远程控制管线系统运行工况和设备命令，自动完成有关控制操作。

第二级：站控。各输油站操作人员可以在控制台上监视和控制本站的系统运行工况和输油设备，自动或半自动地完成有关控制操作。

第三级：就地操作。根据就地安装的显示仪表，在现场操作按钮，可以控制泵站的有关设备，并禁止调度中心遥控和站控功能。

长输管线中用于输送流体的主要设备还是泵和压缩机，因此基本控制方案与前面所述的并无多大区别，只是原动机有所不同。由于长输管线负荷波动较大，要求原动机能适应高峰功率的特性。在工艺上要求充分发挥管线的输送能力，需要原动机能与大流量情况下常用的增压设备相匹配。燃气轮机以其较好的性能，可以作为长输管线流体输送的首选原动机。燃气轮机具有体积小、重量轻、结构紧凑、启动快、造价较低的特点，而且能直接从输送液体中获得燃料，可做到少用水或不用水，并能无电源启动。

任务实施

扫码看答案

引导问题
参考答案

7.2.5 安装调试离心泵流量控制系统

安装调试离心泵流量控制系统,完成表 7-2。

表 7-2 任务实施表 2

任务描述
运用实训室设备,模拟流量控制系统,安装调试流量单回路控制系统。

引导问题
1. 差压流量计又称( ),它是以测量流体流经( )所产生的净压差来显示流量大小的一种流量计。 2. 安装孔板时,应确定好孔板节流元件方向与管道介质方向相符,孔板反装会造成流量指示( )。 3. 电磁流量计是根据( )定律制成的一种测量导电液体体积流量的仪表。由( )和( )两大部分组成。 4. 涡街流量计根据( )原理制成的。 5. 转子流量计又称( ),是基于浮子位置测量的一种变面积流量的仪表。 6. 常用节流装置是( ),其次是喷嘴,文丘里管应用得要少一些。

任务要求
1. 设计流量单回路控制系统,选择流量传感器、控制器、调节阀、变频器。 2. 完成流量控制系统的框图绘制、接线图绘制。 3. 设置变频器参数、调节器参数,并使压力回路处于恒压状态。 4. 安装流量控制系统。 5. 用调节器进行 PID 参数的自整定和自动控制的投运,并记录。 6. 应用临界比例度法、阶跃反应曲线法等方法整定离心泵出口流量控制系统的 PID 参数。 7. 调试流量单回路控制系统。 8. 完成流量单回路控制系统安装调试报告。

工作计划
以小组为单位,讨论、研究、制定完成上述任务的工作计划,并填写表 1。

表 1 计划表

工作任务	使用的器件、工具	辅助设备	工时	执行人

工作准备
1. 画出流量控制系统框图、流量控制系统流程图、仪表接线图。 2. 根据图纸选用实验设备,并连接系统。写出选用仪表的类型、名称、型号。 3. 写出变频器、调节器的设定参数。

续表

工作过程

1. 根据图纸,安装流量单回路控制系统,记录安装过程。

2. 在确定线路无误后,通电。

3. 计算整定参数值。设定过渡过程的衰减比为 4∶1,按表2计算整定参数值。

表2 阶跃反应曲线整定参数表

控制规则	控制器参数		
	δ	T_I	T_D
P	δ_S		
PI	$1.2\delta_S$	$0.5T_S$	
PID	$0.8\delta_S$	$0.3T_S$	$0.1T_S$

4. 将计算所得的 PID 参数值置于控制器中,记录下实际控制器参数设置情况。

5. 使用组态软件,监控流量曲线变化。使泵在恒压供水状态下工作,观察计算机流量曲线的变化。

6. 系统稳定后,给定值加阶跃信号,观察流量的变化曲线。

7. 等系统稳定后,给系统加个干扰信号,即改变泵的出口压力,观察流量的变化曲线,并记录。

8. 曲线的分析处理:对实验的记录曲线分别进行分析和处理,处理结果记录于表3。

表3 特性测试表

测量情况	特性测试的参数		
	K	T	τ_f
阶跃1			
阶跃2			
平均值			

完成检查

1. 记录任务完成的过程中出现的问题、原因及解决办法。

2. 记录流量控制系统从通电到流量稳定的时间。

3. 电路接线、管路接线、操作规范性检查。

4. 问题:设想如何产生流量扰动,还须加入其他什么设备,用什么方法?

工作评价

1. 以小组为单位,给出每位同学工作任务的完成情况评价意见及改进建议,并评分。

2. 以小组为单位进行任务完成情况汇报。

3. 指导教师最后给出总体评价。

完成任务的体会:

任务 7.3 运行调试液位控制系统

企业生产过程中，常需对一些设备和容器内的液位进行测量和控制，其主要目的是通过液位测量来确定容器里的原料、半成品或产品的数量，以保证连续供料或进行经济核算，或者通过液位测量了解它是否在规定的范围内，以使生产正常进行，保证操作安全。图 7-10 为石化工业现场图。

图 7-10　石化工业现场

🧠 基础知识

7.3.1　液位控制简介

液位的检测与控制在现代工业生产自动化中具有重要的地位。通过液位的测量，可以准确获知容器内储存原料、半成品或成品的数量（指体积或质量）；根据液位的高低，连续监视或控制容器内流入与流出物料的平衡情况，使液位保持在工艺要求的范围内，或对它的上下限位置进行报警。因此，一般液位测量与控制有两个目的：一是对液位测量的绝对值要求非常准确，用来确定容器内或储存库中的原料、辅料、半成品或成品的数量，此处的液位仪表仅仅是以检测为目的；二是对液位测量的相对值要求非常准确，要能快速、准确反映出某一特定水准面上的物料相对变化，用以连续控制生产过程，这里的液位仪表，兼有检测与控制作用。在液位检测与控制中应用更多。

(1) 电厂设备中的液位控制

① 锅炉汽包水位控制　锅炉是电厂和化工厂里常见的生产蒸汽的设备。它的控制任务是根据生产负荷的需要，供应一定压力或温度的蒸汽，保证汽轮机发电机组的运行，同时要使锅炉在安全、经济的条件下运行。

为了保证锅炉的正常运行，需要维持锅炉液位为正常标准值。锅炉液位过低，易干烧锅而发生严重事故；锅炉液位过高，则易使蒸汽带水并有溢出危险。因此，必须通过控制器严格控制锅炉液位的高低，以保证锅炉正常安全地运行。锅炉汽包水位控制中，被控变量是汽包水位，操纵变量是给水流量。它主要是保持汽包内部的物料平衡，使给水量适应锅炉的蒸汽量，维持汽包中水位在工艺允许范围内，这是保证锅炉、汽轮机安全运行的必要条件，是锅炉正常运行的重要指标。

② 冷却器水位控制　冷却器作为火电厂的重要设备之一，其在启动和运行中，若出现振动过大、排气带水以及给水含氧量超标等问题，都会降低设备经济性。因此，冷却器的水箱水位要维持在一定范围内，避免进补水量过大或不均匀。水位稳定，是保证除氧设备及水泵安全运行的重要条件。

图 7-11 是冷却器水位控制图，LT 表示液位变送器，LC 表示液位控制器。在启动初期，要缓慢控制进入冷却器内的加热汽源，加强对进汽管道的疏水，防止水箱满水、负荷过大等造成除氧设备出现振动现象。除此之外，冷却器在运行中，水位不能过低，也不能过高，若水位过低，除氧器的容积会减小；水位过高，易造成除氧器满水、汽轮机汽封带水等。

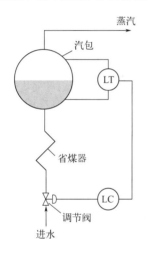

图 7-11　冷却器水位控制

(2) 石化行业液位控制

在现代石油化工和煤化工生产过程中，污水排放和治理成为环保体系的重要环节，为了降低污水排放量，减少企业成本，准确可靠地测量污水液位，实现自动化控制，污水池液位检测技术在化工企业中显得越来越重要。如图 7-12 所示，对储罐的液位控制，液位的测量方式很多，针对不同的测量原理，有静压式、恒浮力式、变浮力式、超声波式、雷达式等几种常用液位计。雷达液位计是采用电磁波技术进行测量的液位检测仪表，它作为一种非接触式的液位仪表，广泛应用于化工行业中，尤其是污水液位检测系统中。

(3) 污水处理行业水位控制

污水均质罐用于对不同时段进的水质进行均质，对水量进行调节，是影响污水处理效果的一个重要设备。保持罐内一定的水量，是搞好污水处理的前提。因此，均质罐液位的准确测量，对污水处理的正常运行尤为重要。均质罐液位原采用吹气法进行测量，但引压管时常堵塞、凝线，给仪表运行、维护带来诸多困难。可采用雷达液位计，对均质罐的液位进行监测，实现罐区液位的连续精确的测量控制，如图 7-13 所示。

图 7-12   储罐液位控制

图 7-13   水塔液位控制

7.3.2   精馏塔的自动控制

精馏是将挥发度不同的组分所组成的混合物，在精馏塔中同时多次地进行部分气化和部分冷凝，使其分离成几乎纯态组分的过程。利用自动化技术，如对精馏塔控制得好，不但能提高产品质量和回收率，还有利于环境保护和节约能源。因而，精馏塔操作的自动控制极为重要。

(1) 精馏原理

精馏是在石油、化工等众多生产过程中广泛应用的一种传质过程。通过精馏过程，使混合物料中的各组分分离，分别达到规定的纯度。分离的机理是利用混合物中各组分的挥发度不同（沸点不同），也就是在同一温度下，各组分的蒸汽分压不同这一性质，使液相中的轻组分（低沸物）和气相中的重组分（高沸物）互相转移，从而实现分离。

精馏过程的主要设备有：精馏塔、再沸器、冷凝器、回流罐和输送设备等，如图 7-14 所示。精馏塔以进料板为界，上部为精馏段，下部为提馏段。一定温度和压力的料液进入精馏塔后，轻组分在精馏段逐渐浓缩，离开塔顶后全部冷凝进入回流罐，一部分作为塔顶产品（也叫馏出液），另一部分被送入塔内作为回流液。回流液的目的是补充塔板上的轻组分，使塔板上的液体组成保持稳定，保证精馏操作连续稳定地进行。而重组分在提馏段中浓缩后，一部分作为塔釜产品（也叫残液），另一部分则经再沸器加热后送回塔中，为精馏操作提供一定量连续上升的蒸汽气流。

(2) 精馏塔分类

精馏塔从结构上分，有板式塔和填料塔两大类。而板式塔根据塔结构不同，又有泡罩塔、浮阀塔、筛板塔、穿流板塔、浮喷塔、浮舌塔等。各种板式塔的改进是为了提高设备的生产能力、简化结构、降低造价，同时提高分离效率。填料塔是另一类传质设备，它的主要特点是结构简单、易用耐蚀材料制作、阻力小等，一般适用于直径小的精馏塔。

在实际生产过程中，精馏操作可分为间歇精馏和连续精馏两种。对石油化工等大型生产过程，主要是采用连续精馏。

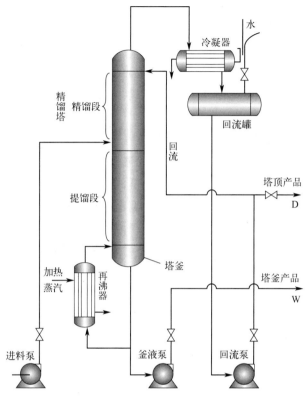

图 7-14　精馏塔工作原理

精馏塔是一个多输入多输出的多变量过程，内在机理较复杂，动态响应迟缓，变量之间相互关联，不同的精馏塔工艺结构差别很大，而工艺对控制提出的要求又较高，所以确定精馏塔的控制方案是一个极为重要的课题。而且从能耗的角度看，精馏塔是三传一反典型单元操作中能耗最大的设备，因此，精馏塔的节能控制也是十分重要的。

(3) 精馏塔的控制要求

精馏塔的主要干扰因素为进料状态，即进料流量、进料组分、进料温度或热焓。此外，冷却剂与加热剂的压力和温度及环境温度等因素，也会影响精馏塔的平衡操作。所以，在精馏塔的整体方案确定时，如果工艺允许，能把精馏塔进料量、进料温度或热焓加以定值控制，对精馏塔的操作平稳是极为有利的。

精馏塔的控制目标是：在保证产品质量合格的前提下，使精馏塔的总收益（利润）最大或总成本最小。具体对一个精馏塔来说，需从四个方面考虑设置必要的控制系统。

① 产品质量控制　塔顶或塔底产品之一合乎规定的纯度，另一端产品维持在规定的范围内。在某些特定情况下也要求塔顶和塔底产品均保证一定的纯度要求。所谓产品的纯度，就二元精馏来说，其质量指标是指塔顶产品中轻组分（或重组分）含量和塔底产品中重组分（或轻组分）含量。对多元精馏而言，则以关键组分的含量来表示。关键组分是指对产品质量影响较大的组分。塔顶产品的关键组分是易挥发的，称为轻关键组分；塔底产品是不易挥发的关键组分，称为重关键组分。

② 物料平衡控制　物料平衡是保证进出物料的平衡，即塔顶、塔底排出量应和进料量

相平衡，维持塔的正常平稳操作，以及上下工序的协调工作。若物料平衡被破坏，则塔内续存量发生变化，反映为冷凝液罐（回流罐）和塔釜液位发生波动。物料平衡的控制是以冷凝液罐（回流罐）与塔釜液位保持在一定范围内（介于规定的上、下限之间）为目标的。

③ 能量平衡控制　能量平衡即带入塔内的能量总和等于带出塔外的能量总和。能量平衡所体现的参数是温度和压力。精馏塔的输入、输出能量保持平衡，使塔内的操作温度和压力维持稳定。

④ 约束条件控制　为保证精馏塔的正常、安全操作，必须使某些操作参数限制在约束条件之内。常用的精馏塔限制条件为液泛限、漏液限、压力限及临界温差限等。所谓液泛限，也称气相速度限，即塔内气相速度过高时，雾沫夹带十分严重，实际上液相将从下面塔板倒流到上面塔板，产生液泛，破坏正常操作。漏液限也称最小气相速度限，当气相速度小于某一值时，将产生塔板漏液，板效率下降。防止液泛和漏液，可以通过塔压降或压差来监视气相速度。压力限是指塔的操作压力的限制，一般是最大操作压力限，即塔操作压力不能过大，否则会影响塔内的气液平衡，严重越限甚至会影响安全生产。临界温差限主要是指再沸器两侧间的温差，当这一温差低于临界温差时，传热系数急剧下降，传热量也随之下降，不能保证塔的正常传热的需要。

（4）精馏塔液位控制

塔的作用是在同一个设备中进行质量和热量的交换，是石油化工装置非常重要的设备。塔的型式有板式塔（泡罩塔、浮阀塔、栅板塔等）、填料塔（高效填料、常规填料、散装填料、规整填料等）、空塔。塔由筒体和内件组成。精馏塔由精馏段和提馏段组成，进料口以上是精馏段，进料口以下是提馏段。精馏塔的控制方案主要从塔压、釜温、顶温、塔釜液面四个方面。

精馏操作中塔釜液面的控制调节方法：塔釜液面的稳定是保证精馏塔平稳操作的重要条件之一。只有塔釜液面稳定时，才能保证塔釜传热稳定及由此决定的塔釜温度，塔内上升蒸汽流量、塔釜液组成等的稳定，从而确保精馏塔的正常生产。塔釜液面的调节，多半是用釜液的排出量来控制的。塔釜液面增高，排出量增大，塔釜液面降低，排出量减少。也有用加热釜的加热剂量来控制塔釜液面的，塔釜液面增高，加热剂量加大。

7.3.3　液位控制系统的常见被控对象

在工业生产中，"对象"泛指工业生产设备或装置。常见的对象有电动机、精馏塔、各类热交换器、塔釜、贮槽、反应器、各种类型的泵等。物位检测与控制中的液位检测与控制应用更常见，在液位检测与控制系统中，锅炉汽包和贮槽是最为常见的对象。为了能使生产过程平稳运行，作为自动控制人员，除了要充分了解和熟悉生产工艺过程外，更重要的是要熟知所控制生产设备的特性。

（1）被控对象

所谓对象特性，是指对象在输入信号作用下，其输出信号（一般指被控变量）随时间变化的规律。这里的输入信号，一是人为施加的控制作用，二是各种扰动作用。

对于被控对象，需要了解两个基本概念。一是对象的负荷，二是对象的自衡。所谓对象的负荷（也称生产能力），是指生产过程处于稳定状态时，单位时间内流入或流出对象的物料或能量，如图 7-15 中的物料流量、锅炉的产汽量等。负荷变化的大小、快慢和次数，常常被视作系统的扰动。显然，稳定的负荷有利于自动控制。

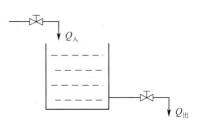

图 7-15　贮槽有自衡对象示意图

对象，分为有自衡对象和无自衡对象。如果对象的负荷改变后，无须外加任何控制作用，被控变量能自行趋于一个新的稳定值，这样的对象就称为有自衡对象。如图 7-15 所示的对象就属于有自衡对象，假如流入量 $Q_入$ 突然增加，而流出量 $Q_出$ 不变，由于 $Q_入 > Q_出$，液位会上升。此时，在贮槽的底部，静压力就会增加。尽管流出阀的开度没有改变，流出量 $Q_出$ 也会随着底部静压的增加而增加，当 $Q_出$ 增加到等于 $Q_入$ 时，贮槽的液位又重新稳定下来。但是，同样是如图 7-15 所示的贮槽，如果底部流出量是通过一台泵抽出，由于泵的排出量基本不变，在流入量突然增加时，若不加控制作用，对象就不能自行达到新的平衡，这样的对象就称为无自衡对象。显而易见，有自衡对象比无自衡对象要容易控制。

（2）贮槽

贮槽是工业生产中常用的设备，贮槽中的液位检测与控制在工业生产中也是常见的，例如合成氨生产中液氨贮槽的液位检测与控制。因为储槽结构简单、容易实现，所以经常被用作分析、研究对象特性的实验设备。图 7-15 中，液位为被控变量（通过控制作用，使之能满足生产要求的工艺变量），即被控对象的输出信号。它的操纵变量（被自动控制系统用来施加控制作用的变量）可以是流入量 $Q_入$，也可以是流出量 $Q_出$。若控制 $Q_入$，则 $Q_出$ 的变化就是扰动作用，反之亦然。

（3）锅炉汽包

锅炉是工业生产中常见的、必不可少的动力设备之一。在工业生产中的蒸馏、干燥、蒸发、换热、化学反应等过程所需的热源要靠锅炉产生的蒸汽提供，如电厂里的汽轮发电机，是靠锅炉产生的一定温度和压力的过热蒸汽来推动的。锅炉产生蒸汽的压力和温度是否稳定、锅炉运行是否安全，直接影响到生产能否正常地进行，更关系到人员和设备的安全与否。随着工业生产规模的不断扩大、生产过程的不断强化、生产设备的不断革新，作为动力源和热源的锅炉，开始向大容量、多参数、高效率的方向发展。另外，锅炉应用范围也不断扩大，为此，出现了各种大型、中型、小型的锅炉，产生的热汽也有高压、中压、低压之分。锅炉汽包液位自动控制如图 7-16 所示。以锅炉汽包中的液位为被控变量，给水量为操纵变量，使给水量适应蒸汽量，维持汽包液位的稳定。维持汽包液位在给定范围内是保证锅炉生产、汽轮机安全运行的必要条件，是锅炉正常运行的主要标志之一。

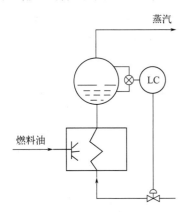

图 7-16　锅炉汽包液位自动控制示意图

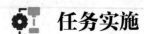

任务实施

扫码看答案

引导问题
参考答案

7.3.4 安装调试液位控制系统

安装调试液位控制系统,完成表 7-3。

表 7-3 任务实施表 3

任务描述
运用实训室设备,模拟水位控制系统,安装调试液位单回路单容控制系统。

引导问题
1. 液位单回路控制系统由( )、( )、( )、( )组成。 2. 工业常见的液位传感器有( )、( )、( )等。 3. 压力液位变送器通过( )原理测量压力。 4. 压力变送器的零点迁移,需要调整( ),零点迁移的目的是( ),但是( )不变。 5. 液位控制系统被控参数是( ),控制参数是( )。 6. 控制器的基本控制规律有( )、( )、( )。

任务要求
1. 设计液位单回路控制系统,选择液位传感器、控制器、调节阀。 2. 完成液位控制系统的框图绘制、接线图绘制。 3. 校验液位变送器。 4. 安装液位单回路控制系统。 5. 用调节器进行 PID 参数的自整定和自动控制的投运,并记录。 6. 应用临界比例度法、阶跃反应曲线法等方法整定单回路控制系统的 PID 参数。 7. 调试液位单回路控制系统。 8. 完成液位控制系统安装调试报告。

工作计划
以小组为单位,讨论、研究、制定完成上述任务的工作计划,并填写表 1。

表 1 计划表

工作任务	使用的器件、工具	辅助设备	工时	执行人

工作准备
1. 画出液位单回路控制系统框图。 2. 画出单容液位控制系统流程图。 3. 画出仪表接线图。 4. 根据图纸选用实验设备,并连接系统。写出选用仪表的类型、名称、型号。 5. 打开与水箱相连的液位变送器的两头的盖子,里面分别有 SPAN 和 ZERO 两个可调电位器 (图 7-17),记录他们的作用。

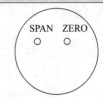

图 7-17 可调电位器

续表

工作过程

1. 根据图纸,安装液位控制系统,记录安装过程。

2. 在确定线路无误后通电。记录通电顺序。

3. 校验液位变送器:

① 运行水泵给水箱注入水至 10mm 然后静止不动,调节 ZERO 电位器,使控制器的显示值为"10"。

② 运行水泵给水箱注满水(水箱高度 250mm),然后等液面静止不动,调节 SPAN 电位器使控制器显示数值与液位高度相等。

③ 重复步骤①②使传感器达到精确测量值。

④ 调整完毕后,通过手动控制变频器给管道加压,分别加到液位变送器量程的 0%、20%、30%、40%、50%,观察智能控制器上的显示是不是与水箱实际液位一一对应。

⑤ 写出调试过程,解决出现的问题;整理实验数据,计算被校仪表的各项误差,确定精度等级,完成仪表校验记录单。

4. 计算整定参数值。设定过渡过程的衰减比为 4:1,按表 2 进行计算,整定参数值。

表 2 阶跃反应曲线整定参数表

控制规则	控制器参数		
	δ	T_1	T_D
P	δ_S		
PI	$1.2\delta_S$	$0.5T_S$	
PID	$0.8\delta_S$	$0.3T_S$	$0.1T_S$

5. 记录控制器参数设置。

6. 使用组态软件,监控液位曲线变化。

7. 使水泵在恒压供水状态下工作,观察控制器 PV 值的变化,画出液位的变化曲线。

8. 待系统稳定后,给定值加阶跃信号(增大原 SV 的 20%),观察其液位的变化曲线,并记录。

9. 再等系统稳定后,给系统加个干扰信号(突然增大水箱的排水量,然后再恢复到正常排水状态),观察液位变化曲线,并记录。

10. 曲线的分析处理:对实验的记录曲线分别进行分析和处理,处理结果记录于表 3。

表 3 阶跃响应曲线数据处理记录表

测量情况	液位 1			液位 2		
	K_1	T_1	τ_{f1}	K_2	T_2	τ_{f2}
阶跃 1						
阶跃 2						
平均值						

11. 调试系统时,管道压力上不去怎么操作?

12. 调试系统时,过渡过程曲线波动很大,如何调试 PID 参数?

完成检查

1. 记录任务完成的过程中出现的问题、原因及解决办法。

2. 记录液位控制系统从通电到液位稳定的时间。

3. 电路接线、管路接线、操作规范性检查。

工作评价

1. 以小组为单位,给出每位同学工作任务的完成情况评价意见及改进建议,并评分。

2. 以小组为单位进行任务完成情况汇报。

3. 指导教师最后给出总体评价。

完成任务的体会:

任务 7.4 运行调试温度控制系统

众所周知，温度在化学工艺、电力、钢铁淬炼、食物加工等工业制造和日常生活中，是常见也是极其重要的指标参数之一。温度对任何物理变化和化学反应过程都会产生一定的影响。因此，对温度的检测和控制会带来大有可观的用途和意义。而温度控制系统的处理流程烦琐无常，容易带来难料的影响，所以需要对系统要求更为卓越的控制理念和控制手段。因此，温度控制是当前实现生产自动化的最重要任务之一。

🧠 基础知识

7.4.1 化学反应器概述

化学反应器是过程工业中最重要的设备之一，通常是整个生产过程的核心。在大多数装置中，化学反应器是过程工业的起点，它的生产率决定了负荷的大小。

化学反应器的种类很多。根据反应物料的聚集状态可分为均相反应器和非均相反应器两大类，均相是指反应器内所有物料处于一种状态；按反应器的进出料形式可以分为间歇式、半间歇式和连续式；从传热情况不同，可分为绝热式反应器和非绝热式反应器，绝热式反应器与外界不进行热量交换；从结构上可以分为釜式、管式、固定床、流化床、鼓泡床等多种形式，分别运用于不同的化学反应，过程特性和控制要求也各不相同。

在化学反应器中进行着化学反应，它常伴有强烈的热效应，有吸热也有放热。对于吸热效应的对象，如果因外扰动使化学反应器内温度升高，则随之反应速度将加快，吸热效应加强，使化学反应器内温度回降。所以吸热效应的反应过程，对于温度的变化，对象本身具有负反馈性质，其开环特性是稳定的，与通常具有自衡的对象有相似的特性。但对于具有放热效应的对象，情况则完全相反。同样因外扰动使反应器内温度升高，随着反应速度的加快，释放的热量也迅速增多，最终导致温度不断上升。因此，对于这种具有正反馈性质的放热反应器，在外扰动的作用下，温度的变化将向两个极端方向发展。对于这样的放热反应过程，如果没有适当的换热措施，将是一个开环不稳定的对象。

7.4.2 化学反应器的控制

(1) 化学反应器的控制要求

化学反应器的种类很多，控制上难易差别很大。对于反应速度快、热效应强的化学反应器控制难度相对较大。对于化学反应器的控制要求及被控变量的选择，一般从质量指标、物料和能量平衡、约束条件等三方面考虑。

① 质量指标 化学反应器的质量指标一般指反应的转化率或反应生成物的规定浓度。转化率是直接质量指标，显然，转化率应当是被控变量。如果不能直接测量转化率，可选取

几个与其相关的工艺变量，经运算后，取中间量控制转化率。因为化学反应过程总伴随有热效应，因此温度是最能表征质量的间接控制指标。

一些反应过程也用出料浓度作为被控变量。例如，焙烧硫铁矿或尾砂的反应可取出口气体中的 SO_2 含量作为被控变量。但因成分分析仪表价格昂贵、维护困难等原因，通常采用温度作为间接质量指标，必要时可辅以压力和流量等控制系统，即可满足化学反应器正常操作的控制要求。

以温度、压力等工艺变量作为间接控制指标，有时并不能保证质量稳定。在扰动作用下，当反应转化率或反应生成物组分与温度、压力等工艺变量之间不成单值函数关系时，需要根据工况变化去改变温度控制系统中的设定值。在有催化剂的化学反应器中，由于催化剂的活性变化，温度设定值也要随之改变。

② 物料和能量平衡   在化学反应器运行过程中必须保持物料和能量的平衡。为了使化学反应器的操作正常、反应转化率高，需要保持进入化学反应器各种物料量恒定，或使物料的配比符合要求。为此，对进入化学反应器的物料常采用流量的定值控制或比值控制。此外，在部分物料循环的反应过程中，为保持原料的浓度和物料的平衡，需另设辅助控制系统，如合成氨生产过程中的惰性气体自动排放系统等。

反应过程伴有热效应。要保持化学反应器的热量平衡，应使进入化学反应器的热量与流出的热量及反应热之间相互平衡。能量平衡控制对化学反应器来说至关重要，它决定化学反应器的安全生产，也间接保证化学反应器的产品质量达到工艺规定的要求。因此，应设置相应的热量平衡控制系统。例如，及时移走反应热，以使反应向正方向进行等。而一些反应过程，在反应初期要加热反应，反应进行后要移热，为此，应设置加热和移热的分程控制系统等。

③ 约束条件   与其他单元操作设备相比，化学反应器操作的安全性具有更重要的意义，这样就构成了化学反应器控制中的一系列约束条件。例如，为防止化学反应器的工艺变量进入危险区或出现不正常工况，应该配置一些报警、联锁装置或自动选择性控制系统。

（2）化学反应器的基本控制方案

化学反应器在结构、物料流程、反应机理和传热、传质情况等方面各有差异，所以自控的难易程度相差很大，自控方案的差别也很大。影响化学反应的扰动主要来自外部，因此，控制外围是化学反应器控制的基本控制策略。

① 反应物流量的控制   为保证进入化学反应器的物料的恒定，可采用反应物料流量的定值控制，同时，控制生成物流量，使由反应物带入化学反应器的热量和由生成物带走的热量也能够平衡。反应转化率较低、反应热较小的绝热反应器或反应温度较高、反应放热较大的化学反应器，采用这种控制策略有利于控制反应的平稳进行。

② 流量的比值控制   多个反应物料之间的配比恒定是保证反应向正方向进行所必需的，因此，不仅要在静态时需保持相应的比值关系，在动态时也要保证相应的比值关系，有时，需要根据反应的转化率或温度等指标及时调整相应的比值。为此，可采用单闭环、双闭环比值控制系统，有时也可采用变比值控制系统。

③ 化学反应器冷却剂量或加热剂量的控制   当反应物的流量稳定后，由反应物带入化学反应器的热量就基本恒定，如能够控制放热反应器的冷却剂量或吸热反应器的加热剂量，

就能够使反应过程的热量平衡，使副反应减少，及时地移热或加热，有利于反应向正方向进行。因此，可采用对冷却剂量或加热剂量进行定值控制或将反应物流量作为前馈信号组成的前馈-反馈控制系统。

④ 化学反应器的质量指标的控制　对化学反应器的控制，主要被控变量是反应的转化率或反应生成物的浓度等直接质量指标，当直接质量指标较难获得时，可采用间接质量指标。例如，将温度或带压力补偿的温度等作为间接质量指标，操纵变量可以采用进料量、冷却剂量或加热剂量，也可以采用进料温度等进行外围控制。

(3) 一个间歇式反应器的控制方案

大型化工生产过程所使用的聚合反应釜容量相当庞大，反应的放热量也很大，而传热效果往往又很不理想，控制其反应温度的平稳已经成为过程控制中的一个难题。实践经验证明，这类化学反应器的开环响应特性往往是不稳定的，假如在运行过程中不及时有效地移去反应热，则化学反应器内部的正反馈将使反应器内的温度不断上升，以至于达到无法控制的地步。

从理论上说，增加化学反应器的传热面积或加快传热速率，使移走热量的速率大于反应热生成的速率，就能提高反应器操作的稳定性。但是，由于设计上与工艺上的困难，对于大型聚合反应釜是难以实现这些要求的，因此，只能在设计控制方案时对控制系统的实施提出更高的要求，来满足聚合反应釜工艺操作的质量指标和安全运行要求。

聚丙烯腈反应器的内温控制方案，如图 7-18 所示。由丙烯腈聚合成聚丙烯腈的聚合反应要在引发剂的作用下进行，引发剂等物料连续地加入聚合釜内，丙烯腈通过计量槽同时加入，当反应达到稳定状态时，将制成的聚合物加入分离器中，以除去未反应的单体物料。

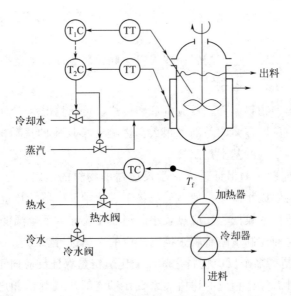

图 7-18　间歇式反应器控制方案 1

在聚合釜中发生的聚合反应有以下三个主要特点：

a. 在反应开始前，反应物必须升温至指定的最低温度；

b. 该反应是放热反应；

c. 反应速度随温度的升高而增加。

为了使反应发生，必须要在反应开始前先把热量提供给反应物。但是，一旦反应发生，又必须将热量及时从反应釜中移走，以维持一个稳定的操作温度。此外，单体转化为聚合物的转化率取决于反应温度、反应时间即反应物在化学反应器中的停留时间。因此，首先需要对化学反应器实行定量加料，来维持一定的停留时间；其次需要对化学反应器内的温度进行有效的控制。

在图 7-19 所示的控制方案中，包括两个主要控制回路。

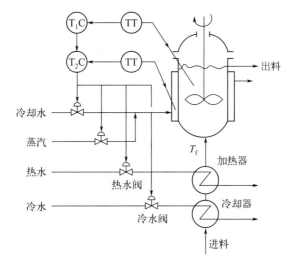

图 7-19 间歇式反应器控制方案 2

反应釜内温度与夹套温度的串级分程控制：采用以反应釜内温度为主被控变量、夹套温度为副被控变量组成的串级控制系统，并通过控制进夹套的蒸汽阀和冷却水阀分程控制，以实现给反应釜供热或除热的操作。

反应物料入口温度的分程控制：通过控制反应釜入口换热器的热水阀和冷水阀以稳定物料带入反应釜的热量。反应釜的内温控制亦可采用反应釜内温度与夹套温度的串级分程控制，同时控制化学反应器入口换热器热水阀和冷水阀及进夹套的冷却水阀和蒸汽阀，通过给反应釜供热或除热的操作，分别控制进料过程和反应过程的物料温度，使其能符合工艺的要求。

此外，为克服反应釜因容量大、热效应强、传热效果不理想而造成的滞后特性，也可选取反应釜内温度为主被控变量、釜内压力为副被控变量组成的串级控制系统，以提高对温度的控制精度。

(4) 一个连续反应器的控制方案

化学反应器控制方案的设计，除了考虑温度、转化率等质量指标的核心问题之外，还必须考虑化学反应器的其他问题，如安全操作、开（停）车等以使化学反应器的控制方案比较完善。下面以一个连续反应器为例来说明其全局控制方案，见图 7-20。

在图 7-20 中物料 A 与物料 B 进行合成反应，生成的反应热从夹套中通过循环水除去，反应的放热量与反应物流量成正比。A 进料量大于 B 进料量，反应速度很快，而且反应完成的时间比停留的时间短。反应的转化率、收率及副产品的分布取决于物料 A 与物料 B 的

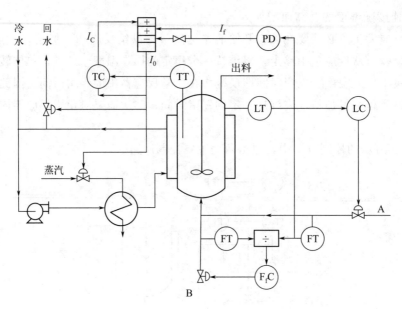

图 7-20　连续反应器控制方案

流量之比，物料平衡是根据化学反应器的液位改变进料量而达到的。工艺对自动控制设计提出的要求如下：

　　a. 平稳操作，转化率、收率、产品分布均要确保恒定；

　　b. 安全操作，而且要尽可能减少硬性停车；

　　c. 保证较大的生产能力。

　　化学反应器温度的前馈-反馈控制系统：当进料流量变化较大时，应引入进料流量作为前馈信号，组成前馈-反馈控制系统。图 7-20 中采用以化学反应器温度、质量指标为被控变量，以物料 A 的进料量为前馈输入信号构成的单回路前馈-反馈控制系统。在前馈控制回路中选用 PD 控制器作为前馈的动态补偿器。此外，由于温度控制器采用积分外反馈 I_0 来防止积分饱和，因此，前馈控制器输出采用直流分量滤波。由于这些反应在反应初期要加热升温，反应过程正常运行时，要根据反应温度加热或除热，故采用分程控制，通过控制回水和蒸汽流量来调节反应温度。

　　化学反应器进料的比值控制系统：化学反应器进料的比值控制系统与一般的比值控制系统完全相同。但是，在控制物料 B 的流量时，工艺上提出了以下限制条件：

　　a. 化学反应器温度低于结霜温度时，不能进料；

　　b. 若测量出的比值过大，不能进料；

　　c. 物料 A 的流量达到下限以下时，不能进料；

　　d. 化学反应器液位达到下限以下时，不能进料；

　　e. 化学反应器温度过高时，不能进料。

　　显然，应用选择性控制系统可以实现这五个工艺约束条件，具体实施方案有多种。但是，它们的动作原理均属于当工况达到上述限制条件时，由选择性控制器取代正常工况下的比值控制器的输出，从而切断 B 的进料。

　　化学反应器的液位及出料控制系统：如图 7-20 所示的控制方案，是通过调节物料 A 的流量来达到对化学反应器液位的控制要求的，除了图示的控制系统之外，还需要考虑对物料 A 流量的两个附加要求：

a. 进料速度要与冷却能力配合，不能太快；

b. 开车时，如果化学反应器的温度低于下限值，则不能进料，同时也要求液位低于下限值时不能关闭进料阀。

此外，化学反应器的出料主要是由反应物的质量和后续工序来决定的。设计产品出料控制系统的原则如下：

a. 化学反应器的液位低于量程的 25% 时应当停止出料；

b. 开车时的出料质量与反应温度有关，故须等反应温度达到工艺指标时才能出料，反之，如果反应温度低于正常值时应停止出料。

据此，同样可以设置一套相应的选择性控制系统来满足出料的工艺操作要求。在实际应用时，一个连续反应器还需配置一套比较完善的开停车程序控制系统，与上述控制系统相结合，以达到较高的生产过程自动化水平。

7.4.3　罐类设备温度控制

罐类设备温度控制简而言之就是让物料升温或降温以符合预期温度的过程控制，罐类设备中物料的温度调节通常有几种方式：①将加热或冷却介质直接与物料接触；②通过罐体的夹套传热；③使用换热器。在温度调节过程中，温控仪根据温度传感器反馈的温度信号，控制加热或冷却介质的通入时间和强度来实现对罐内物料温度的控制，以满足工艺的要求。通常由罐类设备结构、工艺条件和投资来决定采用哪一种温度控制方案。现介绍几种常见的罐类设备温度控制方案。

（1）罐体夹套通入加热或冷却介质的温度控制系统

该系统设计的原理为间壁式换热，其特点是冷热流体被一固体壁隔开，通过固体壁进行传热。该设计中，蒸汽和冷媒直接通入夹套，因为与罐内物料的温度不同，所以会通过罐壁发生热量传递，使物料的温度升高或降低。系统利用通入蒸汽或冷媒的持续时间和强度大小来实现对罐类物料的温度控制。罐体夹套通入加热或冷却介质的温度控制系统普遍适用于溶液配制罐和物料储存罐，以及一些反应罐的温度控制。

① 冷媒不回吹的温度控制系统　冷媒不回吹的温度控制系统见图 7-21，当物料不需要温度控制时，夹套内不通入蒸汽或冷媒。当罐内物料需要升温或维持高温时，蒸汽从夹套的上部界面通入，接触到温度较低的罐壁时，蒸汽放热并凝成液体，在重力作用下沿壁面流下同时热量通过罐壁传递给罐内物料，使其升温或维持高温。温度控制结束时，停止蒸汽的通入，从夹套上部通入压缩空气对夹套内剩余的蒸汽和冷凝水进行吹扫，待吹扫干净后关闭压缩空气。当罐内物料需要降温或维持低温时，冷媒从夹套的下部界面加入，接触到温度较高的罐壁时，冷媒通过热传递吸收热量，并随着冷媒的不断通入和排出而使物料降温。降温结束时，停止冷媒的通入，从夹套上部通入压缩空气将夹套内剩余的冷媒吹扫进排污管道，待吹扫干净后关闭压缩空气。夹套管路中需要设置安全阀，防止夹套的压力过大造成安全事故。罐内需要设置温度传感器，监控物料的实时温度。夹套冷凝水排放处需要设置疏水阀，

确保冷凝水的顺利排尽。出于对温度控制的精确性考虑，需要使用温控器控制夹套内蒸汽或冷媒的通入时间和强度，并根据物料的实时温度及时做出反馈调节。冷媒不回吹的温度控制系统在制药行业中广泛使用，冷却介质为水的溶液配制罐和物料储存罐，以及一些反应罐的温度控制。

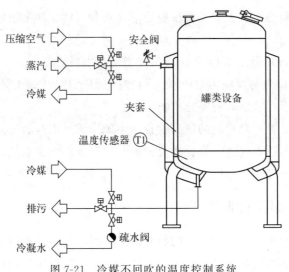

图 7-21　冷媒不回吹的温度控制系统

　　② 冷媒回吹的温度控制系统　当出于对节约运行成本或减少污染物的考虑，需要尽量多地重复利用冷媒时，热交换后残留在夹套中的冷媒就不进行直接排放，而是通过回吹管道全部回收。冷媒回吹的温度控制系统如图 7-22，该方案在合适的位置增加了冷媒回吹管道。物料升降温和维持温度的过程控制与冷媒不回吹的温度控制系统一样。当温度控制结束时，停止冷媒的通入，从夹套上部通入压缩空气进行吹扫，将夹套内剩余的冷媒吹入回吹管道进行回收。制药生产中，当罐类设备的冷却介质不采用水，而采用乙二醇等溶液时，可以采用此设计方案。

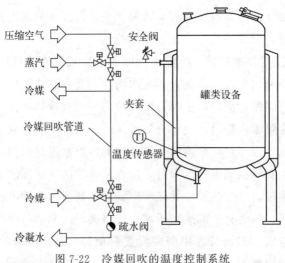

图 7-22　冷媒回吹的温度控制系统

（2）加热或冷却介质直接通入罐内的温度控制系统

加热或冷却介质直接通入罐内的温度控制系统的原理为混合式换热，其特点是冷热流体在罐内以直接混合的形式进行热交换。该设计中，蒸汽和冷媒通入罐内，直接与物料混合进行热量传递，使物料升降温或维持温度。相比较夹套温度控制方式，该设计传热系数和换热面积都得到较大的增加，具有传热速率高、设备简单等优点。系统控制通入蒸汽或冷媒的持续时间和强度大小，来实现对罐内物料的温度控制。但该系统的加热或冷却介质因为直接接触物料，所以需要进行风险评估，以确保它们对物料的适用性无不良影响。

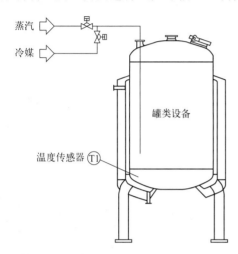

图 7-23 加热或冷却介质直接通入罐内的温度控制系统

加热或冷却介质直接通入罐内的温度控制系统，如图 7-23，当物料不需要温度控制时，罐内不通入蒸汽或冷媒。当罐内物料需要升温或维持高温时，蒸汽从蒸汽界面通入，接触到温度较低的物料时，蒸汽放热并凝成液体，使物料升温或维持高温，同时冷凝水停留在罐内与物料混合。加热结束时，停止蒸汽的通入。当罐内物料需要降温或维持低温时，冷媒从冷媒界面加入，接触到温度较高的物料时，冷媒吸收热量使物料降温或维持低温，同时冷媒停留在罐内与物料混合。降温结束时，停止冷媒的通入。由于蒸汽的冷凝水和冷媒在加入后都会停留在罐内，因此采用此方式进行温度控制时，需要考虑达到预期温度控制效果时蒸汽和冷媒的添加量。该系统可用于对控制精度要求不高且对温度不敏感的物料的温度控制，以及一些废弃物灭活的处理罐的温度控制。例如重组蛋白药物原液车间中含菌废液的灭活罐，可以采用此温度控制系统。

（3）通过控温回路进行夹套间接控温的温度控制系统

通过控温回路进行夹套间接控温的温度控制系统原理为间壁式换热，该温度控制系统需要配置一个控温回路，由夹套、管道、泵、换热器、温控器和温度传感器等组成。控温回路中充满载热体，在泵的推动下不断循环，流经夹套时通过罐壁与物料进行热交换，对罐内物料进行温度升降或维持控制。载热体可以为水，也可以为导热油等。系统通过换热器对载热体进行温度调节，并通过夹套的间壁式换热来实现对罐内物料的温度控制。系统需要设置阀门用于载热体的更换和补充，也需要设置膨胀罐或膨胀槽以维持回路中载热体压力的稳定。

通过控温回路进行夹套间接控温的温度控制系统如图 7-24，当物料不需要温度控制时，控温回路可以不运行，或不控温运行。当罐内物料需要升温或维持高温时，控温回路中的载热体被加热，然后携带热量经过夹套，通过罐壁传递给罐内物料，使物料升温或维持高温。当罐内物料需要降温或维持低温时，控温回路中的载热体被冷却，然后低温状态流经夹套，通过罐壁带走罐内物料的热量，使物料降温或维持低温。温度控制结束时，停止控温回路中泵的运行或载热体的温度控制，从而停止对物料的温度控制。如果有需要，也可以在回路上设置压缩空气接入口，对整个回路或夹套部分进行吹扫。罐内物料的温度是通过夹套中的载热体进行温度控制的，而载热体是由控温回路中换热器来控制，需要经过两次间壁式换热，所以换热效率不高，但此系统可以实现较高的温度控制精度。该系统由于控温回路不与物料直接接触，在组件选型上不需要满足设计要求，建造成本较低。通过控温回路进行夹套间接控温的温度控制系统一般用于温度精度要求较高且需要长时间控温，并且物料不适合剧烈搅动的制药生产工序，例如血液制品生产中的巴氏灭活罐或 S/D（有机溶剂/去污剂）灭活罐，可以采用此温度控制系统。

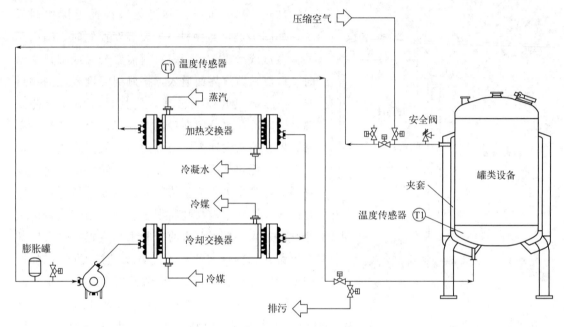

图 7-24　夹套间接控温的温度控制系统

（4）通过控温回路进行罐内直接控温的温度控制系统

通过控温回路进行罐内直接控温的温度控制系统原理为间壁式换热，该温度控制系统由一个控温回路与罐类设备组成循环系统，控温回路由管道、泵、换热器、仪表等组成。物料储存在罐类设备中，通过泵在控温回路中不断循环，在流经换热器时被加热或冷却，然后流回罐内与其他物料混合，罐内的温度仪表反馈调节换热器的蒸汽或冷媒的通入时间和强度，实现对物料的温度控制。

通过控温回路进行罐内直接控温的温度控制系统如图 7-25，当物料不需要温度控制时，控温回路可以不运行，或不控温运行。当罐内物料需要进行温度控制时，开启回路中的泵，使物料在罐类设备和控温回路中循环，物料在流经换热器时被加热或冷却，然后回到罐与其他物料混合后再次进入回路，通过不断循环来使物料进行温度调节或维持在合适的温度。此设计方案中，罐内物料的温度是通过换热器直接进行加热或冷却，过程中仅需要一次间壁式换热，所以换热效率较高，而且此系统也可以实现较高的温度控制精度。在该设计中，物料需要在控温回路中循环，所以该系统中接触物料的部分均需要满足 GMP（良好生产规范）的相关要求，不得对药品质量产生任何不利影响，因此会造成建造和维护成本的增加。通过控温回路进行罐内直接控温的温度控制系统适用于能够集中储存，需要同时供应多个使用点、对温度要求较高且耐受剧烈搅动的物料系统，如制药用水分配系统和血液制品生产中的低温乙醇系统的温度控制，可采用此温度控制系统。

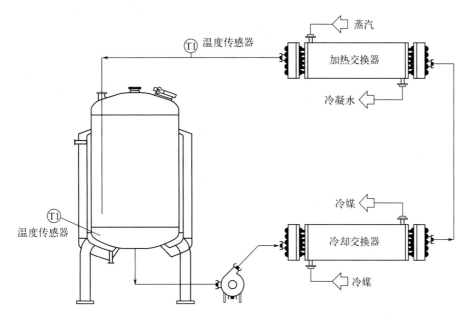

图 7-25　通过控温回路进行罐内直接控温的温度控制系统

（5）典型应用案例分析

不同生产工艺对物料的温度控制要求不同，设计者要根据不同工况选择不同的设计方案。以上提到的几种设计方案是基本的设计方案，实际应用中，除了可以单独使用某种设计方案外，还可以对某种设计方案进行简化，或者几种设计方案变化组合使用。以下介绍几种典型的应用方案。

① 溶液储存罐　常规溶液储存罐，通常只需要冷却功能，且温度不高于规定温度即可，工况下，可以简化加热或冷却介质直接通入夹套的温度控制系统，只保留其冷却功能即可，具体可见图 7-26。

② 生物废弃物灭活罐　生物废弃物灭活罐可以结合加热或冷却介质直接通入罐内的温度控制系统和加热或冷却介质直接通入夹套的温度控制系统的特点，设计成蒸汽通入罐内混合加热，而冷媒通入夹套进行间壁式冷却，这样既增加了废弃物灭活的处理速率，又增加了每批废弃物处理的处理量，具体可见图 7-27。

③ 工艺较为复杂的罐类设备　对一些工艺较为复杂的罐类设备，如发酵罐，在培养基对温度不敏感的前提下，可以采用组合使用加热或冷却介质直接通入夹套的温度控制系统和通过控温回路进行夹套间接控温的温度控制系统，具体可见图 7-28。在控温回路上加入蒸汽和冷媒的接入口，在培养基灭菌时采用加热或冷却介质直接通入夹套的温度控制系统，提高换热的效率，缩短工序时间。而在发酵培养时，采用通过控温回路进行夹套间接控温的温度控制系统，确保培养温度的稳定和精确，使生产严格按照确定的工艺进行。

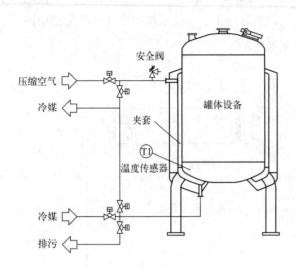

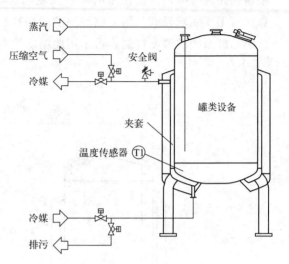

图 7-26　只需要冷却功能的溶液储存
罐温度控制设计

图 7-27　直接加热和间接冷却的生物
废弃物灭活罐温度

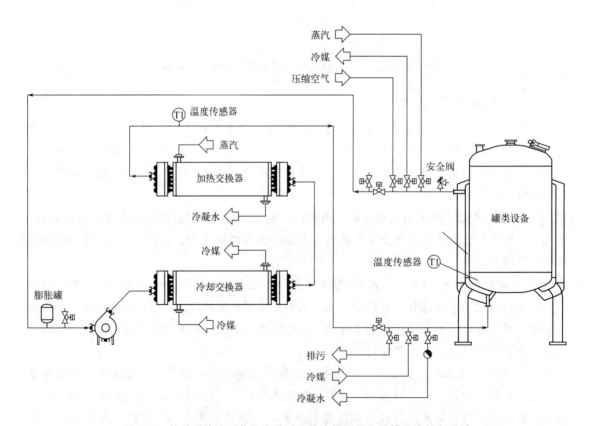

图 7-28　培养基快速灭菌和发酵过程精确控温的发酵罐温度控制设计

任务实施

扫码看答案

引导问题
参考答案

7.4.4　安装调试加热炉温度控制系统

安装调试加热炉温度控制系统，完成表 7-4。

表 7-4　任务实施表 4

任务描述

运用实训室设备，模拟温度控制系统，安装调试温度单回路控制系统。

引导问题

1. 工业常见的温度传感器有（　　　　）、（　　　　）、（　　　　）、（　　　　）等。
2. 温度控制系统中，中间容器中水的作用是（　　　　）。
3. 温度控制系统中的变送器除了温度变送器外，一般还要用到（　　　　）和（　　　　）。

任务要求

1. 设计温度单回路控制系统，选择温度传感器、控制器、调节阀。
2. 完成温度单回路控制系统的框图绘制、接线图绘制。
3. 校验温度变送器。
4. 安装温度单回路控制系统。
5. 用调节器进行 PID 参数的自整定和自动控制的投运，并记录。
6. 应用临界比例度法、阶跃反应曲线法等方法整定温度控制系统的 PID 参数。
7. 调试温度单回路控制系统。
8. 完成温度单回路控制系统安装调试报告。

工作计划

以小组为单位，讨论、研究、制定完成上述任务的工作计划，并填写表 1。

表 1　计划表

工作任务	使用的器件、工具	辅助设备	工时	执行人

工作准备

1. 画出温度单闭环控制系统框图。
2. 画出单回路温度控制系统流程图。
3. 画出仪表接线图。
4. 根据图纸选用实验设备，并连接系统。写出选用仪表的类型、名称、型号。
5. 检验所使用的温度传感器及相应的其他选用的仪表。

工作过程

1. 根据图纸,安装温度控制系统,记录安装过程。

2. 在确定线路无误后,通电。

3. 接通总电源,手动控制输出控制主调节阀开度,将加热圆筒内注满水。画出加热筒内外筒连接示意图,加热前需要注意的问题。

4. 计算整定参数值。设定过渡过程的衰减比为 4:1,按表 2 进行计算,整定参数值。

表 2 阶跃反应曲线整定参数表

控制规则	控制器参数		
	δ	T_I	T_D
P	δ_S		
PI	$1.2\delta_S$	$0.5T_S$	
PID	$0.8\delta_S$	$0.3T_S$	$0.1T_S$

5. 记录控制器参数设置。

6. 打开加温电源,观察组态软件上温度曲线的变化。

7. 待系统稳定后,给调节器加阶跃信号,观察其温度的变化曲线,并记录。

8. 曲线的分析处理:对实验的记录曲线分别进行分析和处理,处理结果记录于表 3。

表 3 阶跃响应曲线数据处理记录表

测量情况	特性测试的参数		
	K	T	τ_f
阶跃 1			
阶跃 2			
平均值			

9. 调试系统时,过渡过程曲线波动很大,如何调试 PID 参数?

完成检查

1. 记录任务完成的过程中出现的问题、原因及解决办法。

2. 记录温度控制系统从通电到温度稳定的时间。

3. 电路接线、管路接线、操作规范性检查。

工作评价

1. 以小组为单位,给出每位同学工作任务的完成情况评价意见及改进建议,并评分。

2. 以小组为单位进行任务完成情况汇报。

3. 指导教师最后给出总体评价。

完成任务的体会:

项目考核

单回路控制系统装调项目考核表

主项目及配分	具体项目要求及配分		评分细则	配分	学生自评	小组评价	教师评价
素养（20分）	纪律情况（6分）	按时到岗，不早退	缺勤全扣，迟到、早退视程度扣1~3分	3分			
		积极思考回答问题	根据上课统计情况得分	2分			
		学习习惯养成	准备齐全学习用品	1分			
		不完成工作	此为扣分项，睡觉、玩手机、做与工作无关的事情酌情扣1~6分				
	6S（3分）	桌面、地面整洁	自己的工位桌面、地面整洁无杂物，得2分；不合格酌情扣分	2分			
		物品定置管理	按定置要求放置，得1分；不合格不得分	1分			
	职业道德（6分）	与他人合作	主动合作，得2分；被动合作，得1分	2分			
		帮助同学	能主动帮助同学，得2分；被动，得1分	2分			
		工作严谨、追求完美	对工作精益求精且效果明显，得2分；工作认真，得1分；其余不得分	2分			
	价值素养（5分）	安全意识，规范意识	在工作中具有安全意识且按流程操作	2分			
		团结协作，顽强拼搏	能够勤学苦练，跟组员合作完成任务，工作团结协作	3分			
核心技术（60分）	仪表识图（10分）	控制系统工艺图、流程图	能全部看懂图纸，得10分；部分看懂，得6~8分；看不懂不得分	10分			
	控制系统仪表（20分）	温度传感器的选用	能全部掌握，得12分；部分掌握，得2~10分；不掌握不得分	12分			
		传感器、控制器使用、校验	合理正确使用传感器、控制器，得8分；部分正确，得3~5分；不正确不得分	8分			

续表

主项目及配分	具体项目要求及配分		评分细则	配分	学生自评	小组评价	教师评价
核心技术(60分)	单回路控制系统(30分)	控制系统组成部件的功能、作用	能说清单回路控制系统组成,得5分;部分描述清楚,得2~4分;描述不清楚不得分	5分			
		控制系统性能指标	完全明白控制系统指标,得5分;部分明白,得1~4分;不明白不得分	5分			
		单回路控制系统原理	能描述清楚液位单回路控制系统,得5分;部分描述清楚,得1~4分;描述不清楚不得分	5分			
		PID控制规律	清楚PID调节规律,得5分;部分清楚,得1~4分;不清楚不得分	5分			
		参数整定方法	清楚PID调节整定方法,得4分;部分清楚,得1~3分;不清楚不得分	4分			
		系统调试方法	能进行系统调试,得6分;部分会调试,得1~5分;不会调试不得分	6分			
项目完成情况(20分)	按时、保质保量完成(20分)	按时提交	按时提交,得6分;迟交酌情扣分;不交不得分	6分			
		书写整齐度	文字工整、字迹清楚,得3分;抄袭、敷衍了事酌情扣分	3分			
		内容完成程度	按完成情况得分	6分			
		回答准确率	视准确率情况得分	5分			
加分项(10分)	有独到的见解		视见解程度得分	10分			
合计							
总评							
组长签字							
教师签字							

文化小窗

安全意识——锅炉安全警示

要遵守《中华人民共和国安全生产法》,加强安全生产工作,防止和减少生产安全事故,保障人民群众生命和财产安全,促进经济、社会持续健康发展。例如锅炉在运行时,不仅要承受一定的温度压力,而且要遭受介质的侵蚀和飞灰的磨损,具有爆炸的危险,要严格按照规范进行安装维护、操作检修。

复杂控制系统装调

 项目目标

专业能力	个人能力	社会能力
• 能复述复杂控制系统的概念、特点; • 能描述串级控制、比值控制原理特点; • 能分析串级控制系统、比值控制系统的工作过程; • 能表述 DCS 原理及组成; • 能读懂复杂控制系统流程图并说明工作过程; • 能够正确连接管路、电路,并正确操作监控系统; • 能够根据要求正确计算比例系数; • 能够根据过渡过程曲线的特点,对系统品质作评价; • 能够选择合适仪表,调试串级控制系统、比值控制系统; • 能够规范地使用、维护和保养各类 DCS 元器件; • 能够根据系统特点,对 DCS 组态	• 形成任务独立分析和独立执行能力; • 愿意进行知识的拓展和运用; • 严格执行工艺标准、流程、保证工作质量; • 充分考虑安全因素与保护措施; • 能够解决工作过程中出现的问题; • 查阅参考资料,制定工作流程计划; • 完成工作成果汇总记录,写出问题分析报告	• 分析复杂项目,与团队合作,做好沟通交流,获取信息; • 协调成员、伙伴间的工作分工; • 讲解、展示工作计划与内容以及工作成果; • 完成工作任务需要的选型、检测与交换工作等; • 完成任务时充分考虑安全因素与保护措施; • 在工作过程中时刻保持工程意识,遵守职业道德

任务 8.1 运行调试温度-流量串级控制系统

串级控制系统是在简单控制系统的基础上发展起来的,当被控过程的滞后较大,干扰比较剧烈、频繁时,采用简单控制系统控制品质较差,满足不了工艺控制精度要求,在这种情况下可考虑采用串级控制系统。串级控制系统是由其结构上的特征而得名的。串级控制系统采用两套检测变送器和两个调节器,主、副两个控制器串接工作,前一个调节器的输出作为后一个调节器的设定,后一个调节器的输出送往调节阀,也就是主控制器的输出作为副控制器的给定值,副控制器的输出去操纵控制阀,以实现对变量的定值控制。

基础知识

8.1.1 串级控制系统概述

(1) 复杂控制系统分类

单回路控制系统结构简单，系统使用的过程控制仪表较少，系统成本较低，能够解决多数简单被控过程的控制要求，在实际生产过程中得到了广泛应用。目前的控制系统中80%的控制系统都是单回路控制系统。对于一些生产过程比较复杂，生产工艺比较烦琐的情况，简单过程控制系统就无法满足生产过程的控制需要。

有一些工业过程，它们存在如下特点：

a. 输入/输出变量在两个及以上，且相互存在耦合。

b. 过程的某些特征参数，如放大倍数、时间常数、纯滞后时间等，随时间不断变化。

c. 过程的干扰量与输出量无法测量或难以测量。

d. 过程的参数模型难以得到，只能获得非参数模型，如阶跃响应曲线或脉冲响应曲线等。

e. 过程的响应曲线也难以得到，只能根据经验得到一系列"如果……则……"的控制规则等。

上述过程均具有不同程度的复杂性，所以将它们统称为复杂过程，它们的控制系统称为复杂控制系统。

根据复杂控制系统的控制目的的不同，可以将复杂控制系统大体上分成以下两类。

一类控制系统是以提高响应曲线性能指标为目标，提高控制系统的控制质量，改善系统过渡过程的品质。这类系统的发展依托于控制原理的最新成果。随着控制理论的发展，出现了各种新型的控制系统，如串级控制系统是在双闭环控制理论发展后产生的，前馈控制系统是在前馈控制理论出现后问世的。

另一类控制系统是按照满足特定生产工艺要求而开发出的控制系统。这类系统的出现和发展主要得益于对各种工艺操作分析的新理念而往往不依赖于控制理论的发展。在控制原理教科书中一般找不到这类控制系统的理论依据，如比值控制系统、分程控制系统、选择性控制系统等。

(2) 串级控制系统的原理及组成

下面以工业生产过程中的加热炉系统为例介绍串级控制系统的原理和结构。

图 8-1 所示是工业生产过程中常用的加热炉示意图。冷物料通过加热炉的加热成为温度符合生产要求的热物料。一般来讲，热物料的温度要求为某一个确定值，因此常选物料出口温度为被控变量。在加热炉中影响被控变量的因素（系统输入量）较多，主要有燃料的热值及其变化、流量、压力，物料的入口温度、流

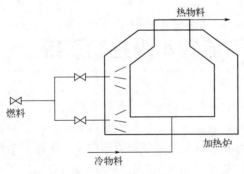

热物料

燃料

冷物料

加热炉

图 8-1 加热炉示意图

量、比热容、压力，此外还有加热炉本身的一些因素，如烟囱挡板的位置改变等，一般选取燃料量为操纵变量。

图 8-2(a) 和图 8-2(b) 分别是两个简单控制方案。图 8-2(a) 方案是以物料出口温度为被控变量、燃料流量为操纵变量的简单控制系统，系统中的全部扰动均在回路中，理论上讲，对所有的扰动系统的温度调节器都能实现控制，但是由于系统的控制通道的时间常数和容量滞后较大，控制作用不及时，对要求较高的控制系统不能满足控制要求。

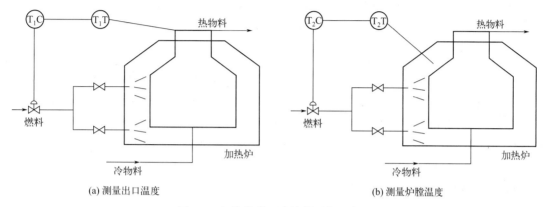

(a) 测量出口温度   (b) 测量炉膛温度

图 8-2 加热炉单回路控制系统示意图

图 8-2(b) 方案是以炉膛温度为被控变量、燃料流量为操纵变量的单回路控制系统。这个方案的优点是对炉膛温度进行控制后，有效地克服了图 8-2(a) 方案中系统中存在较大的时间常数和较大滞后的问题，但是物料的出口温度变成了间接操纵变量。系统对进入加热炉的物料流量、温度等因素变化引起的物料出口温度无法控制。

由此可见，以上两种简单控制系统在实现控制要求方面都存在局限性，无法满足较高控制指标工艺过程的要求。特别是对于时间常数较大或容量滞后较大的系统，控制作用不及时，系统克服扰动的能力不够，很难满足工艺要求。

综合上述分析不难想到应用两种方案的优点，即选取物料出口温度作为主被控变量，炉膛温度为副被控变量，物料出口温度作为炉膛温度调节器的给定值的串级控制方案，图 8-3 为系统示意图，图 8-4 为系统框图，可见串级控制系统存在两个闭环，系统将燃料的热值及其变化、流量、压力等扰动量和加热炉本身的一些因素如烟囱挡板的位置改变等扰动量包含在副回路中，通过副回路的调节，可以减小这些扰动对主被控变量的影响。

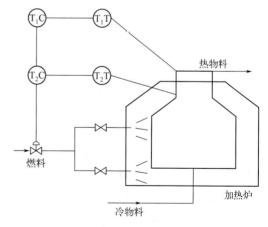

a. 燃料流量、压力、热值等的变化 f_2 和加热炉本身的一些因素如烟囱挡板的位置改变 f_3——包括在副回路中的二次扰动。

图 8-3 加热炉控制系统示意图

扰动 f_2 和 f_3 变化后先影响到炉膛温度（副被控变量），于是副调节器起到控制作用，可通过反馈向副调节器发出校正信号，控制调节阀（即控制阀）的开度，改变燃料量，克服对炉膛温度的影响。如果扰动量不大，经过副回路的控制将不会对出口物料温度产生影响；

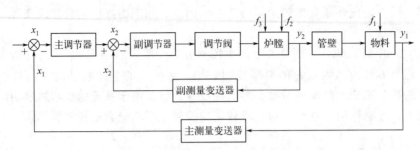

图 8-4　加热炉串级控制系统框图

如果扰动量过大，经过副回路的校正，可以减小对出口物料的影响，经过主回路的进一步调节，也能使出口温度调回设定值，减轻主回路的负担，提高控制系统的性能指标。

b. 物料的入口温度、流量、比热容、压力等 f_1——包括在主回路中的一次扰动。

扰动量 f_1 使物料出口温度变化时，主回路产生校正作用，由于副回路的存在加快了校正速度，提高了系统的性能指标。一次扰动和二次扰动同时存在，多个扰动同时出现时，在主、副调节器的同时作用下，加快了调节阀动作速度，加强了控制作用。

(3) 串级控制系统应用范围

串级控制系统的主回路是一个定值控制系统，副回路是随动控制系统，可以把两个回路的工作描述为：副回路对被控变量起到粗调作用，而主回路对被控变量起到细调作用。

单回路中控制器参数是在一定负荷即一定的工作点下，按一定的质量指标要求整定得到的，即一定控制器参数只能适应一定的负荷。如对象具有非线性，随着负荷变化，工作点会移动，对象特性会变，原来整定的参数就不能适应了，控制质量会下降。但在串级系统中，主回路为定值控制，副回路为随动控制，主控制器在负荷条件变化时仍保证控制系统具有较好的控制质量。

串级控制系统的控制质量优于单回路，但所用仪表多，整定麻烦，主要用于以下场合。

① 用于克服对象纯滞后　在离控制阀较近，纯滞后较小的地方选择一个副被控变量，把干扰纳入副回路中。这样就可以在干扰作用影响主被控变量之前，及时在副被控变量上得到反映，由副控制器及时采取措施来克服二次干扰。由于副回路通道短，滞后小，控制作用及时，因而超调量减小，过渡过程周期缩短，控制质量提高。

② 用于克服对象的容量滞后　温度或质量参数作被控对象，容量滞后比较大。如采用串级控制，可以选择一个滞后较小的辅助变量组成副回路，使等效副对象的时间常数减小，以提高响应速度，缩短控制时间。在副回路中要力求多包含一些干扰，充分发挥副回路作用。

③ 用于克服变化剧烈和幅值大的干扰　因串级系统对二次干扰具有很强的克服能力。将变化剧烈和幅值大的干扰包含在副回路中，并将副控制器的放大系数整定得比较大，就会使系统抗干扰能力大大提高，从而把干扰对主被控变量的影响降到最低。

④ 用于克服对象的非线性。

8.1.2　串级控制系统设计与调试

(1) 主、副回路的设计

串级控制系统的主回路是定值控制，与设计单回路控制系统的设计类似，

扫码看视频

串级控制的应用

设计过程可以按照简单控制系统设计原则进行。这里主要解决串级控制系统中两个回路的协调工作问题。主要包括如何选取副被控变量、确定主、副回路的原则等问题。

由于副回路是随动系统，对包含在其中的二次扰动具有很强的抑制能力和自适应能力，二次扰动通过主、副回路的调节对主被控量的影响很小，因此在选择副回路时应尽可能把被控过程中变化剧烈、频繁、幅度大的主要扰动包括在副回路中，此外要尽可能包含较多的扰动。

a. 在设计中要将主要扰动包含在副回路中。

b. 将更多的扰动包含在副回路中。

c. 副被控过程的滞后不能太大，以保持副回路的快速响应特性。

d. 要将被控变量具有明显非线性或时变特性的一部分归于副被控量中。

在需要以流量实现精确跟踪时，可选流量为副被控变量。在这里要注意 b 项和 c 项存在明显的矛盾，将更多的扰动包含在副回路中有可能导致副回路的滞后过大，这就会影响到副回路的快速控制作用的发挥，因此，在实际系统的设计中要综合兼顾 b 项和 c 项。

(2) 主、副回路的匹配

主、副回路中包含的扰动数量、时间常数的匹配设计中，使用的二次回路应尽可能包含较多的扰动，同时也要注意主、副回路扰动数量的匹配问题。副回路中如果包括的扰动越多，其通道就越长，时间常数就越大，副回路控制作用就不明显了，其快速控制的效果就会降低。如果所有的扰动都包含在副回路中，主调节器也就失去了控制作用。原则上，在设计中要保证主、副回路扰动数量、时间常数之比值为 3～10。比值过高，即副回路的时间常数较主回路的时间常数小得多，副回路反应灵敏，控制作用快，但副回路中包含的扰动数量过少，对于改善系统的控制性能不利；比值过低，副回路的时间常数接近主回路的时间常数，甚至大于主回路的时间常数，副回路虽然对改善被控过程的动态特性有益，但是副回路的控制作用缺乏快速性，不能及时有效地克服扰动对被控量的影响。严重时会出现主、副回路"共振"现象，系统不能正常工作。

主、副调节器的控制规律的匹配、选择在串级控制系统中尤为重要，主、副调节器的作用是不同的。主调节器是定值控制，副调节器是随动控制。系统对两个回路的要求有所不同。主回路一般要求无差，主调节器的控制规律应选取 PI 或 PID 控制规律；副回路要求其控制的快速性，可以有余差，一般情况选取 P 控制规律而不引入 I 或 D 控制。如果引入 I 控制，会延长控制过程，减弱副回路的快速控制作用；也没有必要引入 D 控制，因为副回路采用 P 控制已经起到了快速控制作用，引入 D 控制会使调节阀的动作过大，不利于整个系统的控制。

主、副调节器正反作用方式的确定原则是，过程控制系统正常工作必须保证采用的反馈是负反馈。串级控制系统有两个回路，主、副调节器作用方式的确定原则是要保证两个回路均为负反馈。确定过程是首先判定为保证内环是负反馈，副调节器应选用哪种作用方式，然后再确定主调节器的作用方式。以图 8-3 所示物料出口温度与炉膛温度串级控制系统为例，说明主、副调节器正反作用方式的确定。

① 副调节器作用方式的确定　首先确定调节阀，出于对生产工艺安全考虑，燃料调节阀应选用气开式，这样保证当系统出现故障使调节阀损坏时调节阀处于全关状态，防止燃料进入加热炉，确保设备安全，调节阀的放大系数 $K_V>0$。然后确定副被控过程的放大系数

K_{o2}，当调节阀开度增大时，燃料量增大，炉膛温度上升，所以 $K_{o2}>0$。最后确定副调节器，为保证副回路是负反馈，各环节放大系数（即增益）乘积必须为正，所以副调节器放大系数 $K_2>0$，副调节器作用方式为反作用方式。

② 主调节器作用方式的确定　炉膛温度升高，物料出口温度也升高，主被控过程放大系数 $K_{o1}>0$，为保证主回路为负反馈，各环节放大系数乘积必须为正，所以副调节器的放大系数 $K_1>0$，主调节器作用方式为反作用方式。

(3) 系统运行与调试

串级控制系统与单回路控制系统的投运要求一样，必须保证无扰动切换，系统运行步骤如下：

a. 将主、副控制器切换开关均置于手动位置，副回路处于外给定（主控制器始终为内给定）；

b. 用副控制器操纵调节阀，使生产处于要求的工况（主控制变量接近设定值，工况稳定）；

c. 用主控制器控制，使副控制器的偏差为零；最后，将副控制器切换到"自动"位置；

d. 如果在主控制器切换到"自动"之前，主被控变量的偏差接近零，可以略微修正主被控变量的设定值，使得其偏差为零，将主控制器运行方式切换到"自动"位置，然后逐渐改变使其恢复到设定值。

串级控制系统的整定都是先整定副回路，后整定主回路，主要有两步整定法和一步整定法两种。

两步整定法：在系统投运并稳定运行后，将主调节器设置为 P 控制方式，比例度设置为 100%，按照 4:1 的衰减比整定副回路，找出相应的副调节器的比例度和振荡周期；然后在副调节器比例度为上述数值情况整定主回路，使主被控变量过渡过程衰减比为 4:1，得到主调节器的比例度，最后按照简单控制系统整定时介绍的衰减曲线法的经验公式得到两个调节器的参数。

一步整定法：采用一步整定法的依据是，在串级控制系统中，副回路的被控变量的要求不高，可以在一定范围内变化，在整定副回路参数时，利用经验数据确定副回路调节器比例度后不再进行调整，只要针对主回路按照两步整定法中主回路参数整定介绍的方法进行整定即可。副回路的参数整定可以参考表 8-1 列出的经验数据进行。

表 8-1　经验法整定参数

控制系统	参数		
	比例度/%	积分时间/min	微分时间/min
温度	20~60	3~10	0.5~3
流量	40~100	0.1~1	—
压力	30~70	0.4~3	—
液位	20~80	—	—

(4) 串级控制系统工业应用举例

① 用于克服被控过程较大的容量滞后　在过程控制系统中，被控过程的容量滞后较大，特别是一些被控量是温度等参数时，控制要求较高，采用单回路控制系统往往不能满足生产

工艺的要求。利用串级控制系统存在二次回路可改善过程动态特性，提高系统工作频率，合理构造二次回路，减小容量滞后对过程的影响，加快响应速度。在构造二次回路时，应该选择一个滞后较小的副回路，保证副回路快速动作。

例如图 8-3 所示的某加热炉，主回路的时间常数为 15min，扰动因素多，为提高控制质量，选择时间常数和滞后较小的炉膛温度作为副被控量，物料出口温度为主被控量的串级控制系统可以有效地提高控制质量。

② 用于克服被控过程的纯滞后　被控过程中存在纯滞后会严重影响控制系统的动态特性，使控制系统不能满足生产工艺的要求。使用串级控制系统，在距离调节阀较近、纯滞后较小的位置构成副回路，把主要扰动包含在副回路中，提高副回路对系统的控制能力，可以减小纯滞后对主被控量的影响，改善控制系统的控制质量。

网前箱温度控制系统是造纸业常用的温度过程控制系统，如图 8-5 所示。纸浆从储槽送至混合器，在混合器中加热到 72℃ 左右，经过立筛、圆筛过滤除去杂质后送到网前箱，再去铜网脱水。从纸张的质量考虑，网前箱的温度要保持在 61℃ 左右，偏差不能超过 1℃。

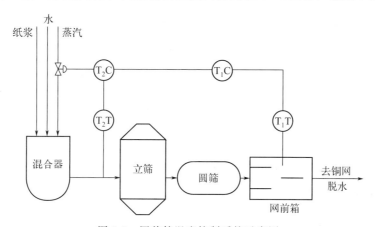

图 8-5　网前箱温度控制系统示意图

若某造纸厂的网前箱温度控制系统采用单回路控制系统，由于从混合器到网前箱的滞后纯时间为 90s，当纸浆质量流量为 35kg/min 时，温度最大偏差为 8.5℃，过渡过程时间为 450s，控制质量很差，不能满足生产工艺要求。若采用温度串级控制系统，以距调节阀较近处混合器温度为副被控量，以网前箱出口温度为主被控量构成温度串级控制系统，这样就把纸浆流量波动（扰动）包含在副回路中。当流量出现波动时，实验表明，温度的最大偏差不超过 1℃，过渡过程时间为 20s，满足工艺要求。

③ 用于抑制变化剧烈幅度较大的扰动　串级控制系统的副回路对于回路内的扰动具有很强的抑制能力。只要在设计时把变化剧烈幅度大的扰动包含在副回路中，即可以大大削弱其对主被控量的影响。

如图 8-6 所示的精馏塔温度串级控制系统，塔釜温度是保证混合物分离出产品成分的关键参数，因此要对塔釜温度进行控制。生产工艺要求塔釜温度偏差控制在 1.5℃ 范围内。在生产过程中，蒸汽压力变化频繁，幅度较大，严重情况下变化可达 40%。如果采用单回路控制系统，塔釜温度最大偏差为 10℃，无法满足工艺要求。

若以蒸汽流量为副被控量，塔釜温度为主被控量，把扰动蒸汽流量包含在副回路中，利用副回路具有的强大抑制能力，就可以大大减小蒸汽压力变化对主被控量塔釜温度的影响。

实际系统中，塔釜温度的最大偏差在 1.5℃ 以内，满足生产工艺要求。

④ 用于克服被控过程的非线性　在过程控制中，一般的被控过程都存在着一定的非线性，这会导致当负载变化时整个系统的特性发生变化，影响控制系统的动态特性。单回路系统往往不能满足生产工艺的要求，由于串级控制系统的副回路是随动控制系统，具有一定的自适应性，在一定程度上可以补偿非线性对系统动态特性的影响。

如图 8-7 所示为乙酸乙炔合成反应器示意图。在生产过程中，温度是保证合成气质量的重要参数，工艺对温度的要求较高。从图 8-7 中可以看到，在系统中包含两个换热器和一个合成反应器，具有一定的非线性特性，这就导致了整个系统的特性在运行过程中会出现变化。如果采用以合成反应器温度为被控量，乙酸和乙炔混合气流量为控制量，由于系统存在非线性，无法保证系统的控制指标。采用合成反应器温度为主被控变量、换热器出口温度为副被控变量组成串级控制系统，把随负荷变化引起的非线性过程包含在副回路中，由于串级控制系统对负荷变化具有一定的自适应性能力，减小了对被控量的影响，提高了系统控制质量。

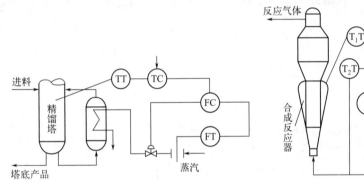

图 8-6　精馏塔温度串级控制系统示意图

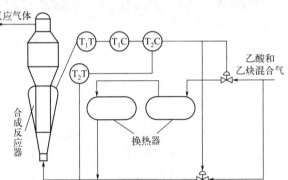

图 8-7　乙酸乙炔合成反应器示意图

8.1.3　传热设备概述

在工业生产过程中，经常需要根据工艺的要求，对物料进行加热或冷却来维持稳定的温度。因此，传热过程是工业生产过程中重要的组成部分。要保证工艺过程正常、安全运行必须对传热设备进行有效的控制。

(1) 传热设备的类型

传热设备的类型很多，从热量的传递方式看有三种：热传导、热对流和热辐射。在实际进行的传热过程中，很少有以一种传热方式单独进行的，而是两种或三种方式综合而成。从进行热交换的两种流体的接触关系看有三类：直接接触式、间壁式和蓄热式。在石油、化工等工业过程中，一般以间壁式换热较常见。按冷热流体进行热量交换的形式看有两类：一类是在无相变情况下的加热或冷却，另一类是在相变情况下的加热或冷却。如按结构形式来分，则有列管式、蛇管式、夹套式和套管式等，如图 8-8 所示。

主要的传热设备可归类如表 8-2 所示，表中的前四类设备以热对流为主要传热方式，有时把它们统称为一般传热设备。加热炉、锅炉为工业生产中较为特殊的传热设备，它们有独特的结构和传热方式，在生产过程中又具有重要的用途，是传热设备中的主角。此外，也有把蒸发器、结晶器、干燥装置等作为传热设备来考虑的。

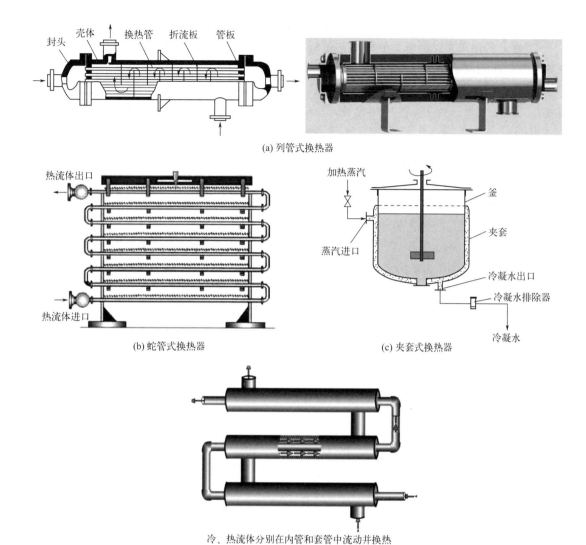

(a) 列管式换热器

(b) 蛇管式换热器　　　　　　　(c) 夹套式换热器

冷、热流体分别在内管和套管中流动并换热

(d) 套管式换热器

图 8-8　传热设备的结构类型

表 8-2　主要传热设备的类型

设备类型	载热体(冷热源)情况	工艺介质情况
换热器	不起相变化,显热变化	温度变化,不起相变化
蒸汽加热器	蒸汽冷凝放热	升温,不起相变化
再沸器	蒸汽冷凝放热	有相变化
冷凝冷却器	冷剂升温或蒸发吸热	冷却或冷凝
加热炉	燃烧放热	升温或气化
锅炉	燃烧放热	气化并升温

(2) 传热设备的控制要求

在石油、化工等工业过程中,进行传热的目的主要有下列三种。

① 使工艺介质达到规定的温度　对工艺介质进行加热或冷却,有时在工艺过程进行中

加入或除去热量，使工艺过程在规定的温度范围内进行。

② 使工艺介质改变相态　根据工艺过程的需要，有时加热使工艺介质气化，也有冷凝除热，使气相物料液化的。

③ 回收热量　根据传热设备的传热目的，传热设备的控制主要是热量平衡的控制，取温度作为被控变量。对于某些传热设备，也需要有约束条件的控制，对生产过程和设备起保护作用。

8.1.4　锅炉设备的控制

(1) 锅炉设备概述

锅炉是石油化工、发电等工业过程中必不可少的重要动力设备，它所产生的高压蒸汽既可作为驱动涡轮机的动力源，又可作为精馏、干燥、反应、加热等过程的热源。随着工业生产规模的不断扩大，作为动力源和热源的锅炉也向着大容量、高参数、高效率方向发展。

锅炉设备根据用途、燃料性质、压力高低等有多种类型和称呼，工艺流程多种多样。为了了解对锅炉的控制，图 8-9 列出了常见的锅炉设备的主要工艺流程，其蒸汽发生系统是由水泵、给水控制阀、省煤器、汽包及循环管等组成。

由图 8-9 可知，燃料与热空气按一定比例送入锅炉燃烧室（炉膛）燃烧，生成的热量传递给蒸汽发生系统，产生饱和蒸汽，然后经过热器，形成一定温度的过热蒸汽，再汇集到蒸汽母管。压力为 p_m 的过热蒸汽，经负荷设备控制，供给负荷设备用。与此同时，燃烧中产生的烟气，除将饱和蒸汽变成过热蒸汽外，还经省煤器预热锅炉给水和空气预热器，最后经引风机送往烟囱，排入大气。

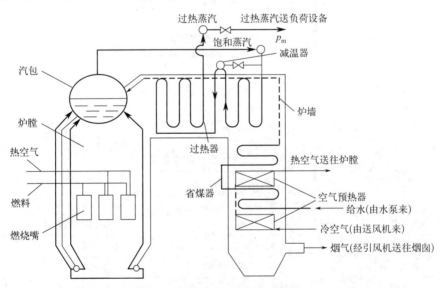

图 8-9　锅炉设备主要工艺流程图

锅炉设备的控制任务是根据生产负荷的需要，供应一定压力或温度的蒸汽，同时要使锅炉设备在安全、经济的条件下运行。按照这些控制要求，锅炉设备有以下主要的控制系统。

① 锅炉汽包水位的控制　被控变量是汽包水位，操纵变量是给水流量。它主要是保持汽包内部的物料平衡，使给水量适应锅炉的蒸汽量，维持汽包中水位在工艺允许的范围内。

这是保证锅炉、汽轮机安全运行的必要条件，是锅炉正常运行的重要指标。

② 锅炉燃烧系统的控制　有三个被控变量：蒸汽压力（或负荷）、烟气成分（经济燃烧指标）和炉膛负压。可选用的操纵变量也有三个：燃料量、送风量和引风量。组成的燃烧系统的控制方案要满足燃烧所产生的热量，适应蒸汽负荷的需要；使燃料与空气量之间保持一定的比值，保证燃烧的经济性和锅炉的安全运行；使引风量与送风量相适应，保持炉膛负压在一定范围内。

③ 过热蒸汽系统的控制　被控变量为过热蒸汽温度，操纵变量为减温器的喷水量，使过热器出口温度保持在允许范围内，并保证管壁温度不超出工艺允许的温度。

④ 锅炉水处理过程的控制　这部分主要使锅炉给水的水性能指标达到工艺要求，一般采用离子交换树脂对水进行软化处理。通常应用程序控制，确保水处理和树脂再生正常交替运行。

（2）锅炉汽包水位的控制

汽包水位是锅炉运行的重要指标，保持汽包水位在一定范围内是保证锅炉安全运行的首要条件。首先，汽包水位过高会影响汽包内的汽水分离，饱和水蒸气将会带水过多，导致过热器管壁结垢并损坏，使过热蒸汽的温度严重下降。如果此过热蒸汽被用户用来带动汽轮机，则将因蒸汽带波损坏汽轮机的叶片，造成运行的安全事故。然而，汽包水位过低，则会因汽包内的水量较少而负荷很大，加快水的气化速度，使汽包内的水量变化速度很快，若不及时加以控制，将有可能使包内的水全部气化，尤其对大型锅炉，水在汽包内的停留时间极短，从而导致水冷壁烧坏，甚至引起爆炸。所以，必须对汽包水位进行严格的控制。

（3）蒸汽过热系统的控制

蒸汽过热系统包括一级过热器、减温器、二级过热器。控制任务是使过热器出口温度维持在允许范围内，并保护过热器使管壁温度不超过允许的工作温度。

过热蒸汽温度过高或过低，对锅炉运行及蒸汽设备都是不利的。过热蒸汽温度过高，过热器容易损坏，汽轮机也因内部过度的热膨胀而严重影响安全运行；过热蒸汽温度过低，一方面使设备的效率降低，同时使汽轮机后几级的蒸汽湿度增加，引起叶片磨损。所以必须把过热器出口蒸汽的温度控制在规定范围内。

过热蒸汽温度控制系统常采用减温水流量作为操纵变量，但由于控制通道的时间常数及纯滞后均较大，所以组成单回路控制系统往往不能满足生产的要求。因此，常采用串级控制系统，以减温器出口温度为副被控变量，可以提高对过热蒸汽温度的控制质量。

（4）锅炉燃烧过程的控制

锅炉燃烧过程的控制与燃料种类、燃烧设备以及锅炉形式等有密切关系。燃烧过程的控制基本要求有以下三个。

a. 保证出口蒸汽压力稳定，能按负荷要求自动增减燃料量。

b. 燃烧良好，供气适当。既要防止由于空气不足使烟囱冒黑烟，也不要因空气过量而增加热量损失。

c. 保证锅炉安全运行。保持炉膛一定的负压，以免负压太小，甚至为正，造成炉膛内热烟气往外冒出，影响设备和工作人员的安全；如果负压过大，会使大量冷空气漏进炉内，从而使热量损失增加。此外，还需防止燃烧嘴背压太高时脱火（对于气相燃料）、燃烧嘴背压太低时回火（对于气相燃料）的危险。

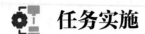

任务实施

扫码看答案

引导问题
参考答案

8.1.5　设计调试温度-流量串级控制系统

运用所学单回路控制系统知识,查阅资料,设计一个串级控制系统,可以选择温度-流量串级控制系统,也可以温度-温度串级控制等,完成表8-3。

表8-3　任务实施表5

任务描述
1. 根据企业实际生产,选择精馏塔、锅炉汽包、贮槽等被控对象,完成一个串级控制系统方案。 2. 运用实训室设备,模拟锅炉汽包控制系统,安装调试温度-流量串级控制系统。
引导问题
1. 串级调节系统主调节器输出信号送给(　　　　)。 2. 串级控制系统参数整定步骤应为(　　　　)。 3. 串级控制系统主回路一般是一个(　　　　)系统,副回路一般是一个(　　　　)系统。 4. 在串级控制系统中,(　　　　)具有粗调的作用,(　　　　)具有细调的作用。 5. 串级控制系统主回路由(　　　　)构成。 6. 串级调节系统可以用于改善纯滞后时间较长的对象,有(　　　　)作用。
任务要求
1. 根据被控对象,选择传感器、控制器、调节阀,画框图、流程图,完成串级控制系统方案。 2. 进行PID参数的自整定和自动控制的投运,并记录。 3. 安装调试温度-流量串级控制系统,完成安装调试报告。
工作过程
1. 制定工作计划,小组分工。 2. 选择确定串级控制系统的方案。 3. 选择主被控参数、副被控参数、主控制器、副控制器来构成主回路、副回路,组成一个完整的串级控制系统。 4. 选择串级控制的主、副控制器。 5. 串级控制系统参数整定。 (1)两步整定法:第一步整定副回路的副控制器;第二步整定主回路的主控制器。 ① 在系统工作状况稳定,主、副回路主控制器在纯比例作用的条件下,将主控制器的比例度 δ_{1S} 取 100%,再逐渐降低副控制器的比例度,用整定单回路的方法来整定副回路。如用 4∶1 衰减法来整定副回路,则求出副被控变量在 4∶1 衰减时的副控制器比例度 δ_{2S} 和操作周期 T_{2S}。 ② 使副控制器比例度置于 δ_{2S} 的数值上,逐渐降低主控制器的比例度 δ_{1S},求出同样减少时主回路的过渡过程曲线,记录此时主控制器的比例度 δ_{1S} 和操作周期 T_{1S}。 ③ 将上述步骤中求出的 δ_{1S}、T_{1S}、δ_{2S}、T_{2S} 按所用的 4∶1 衰减曲线的整定方法,求出主、副控制器的整定参数。 ④ 按照"先副后主、先比例次积分后微分"的原则,将计算得出的控制器参数置于各控制器之上。 ⑤ 加干扰实验,观察过程参数值,直至记录曲线符合要求为止。

工作过程

（2）一步整定法：

① 先稳定工作状况，系统在纯比例运行条件下，按表1所列数值，将副控制器调节到适当的经验值上。

表1　一步法比例度经验值表

副被控变量	比例度 δ_2/%	放大倍数 K_{C2}
温度	20～60	5～1.7
压力	30～70	3～1.4
流量	40～80	2.5～1.25
液位	20～80	5～1.25

② 利用单回路控制系统的任意一种参数整定方法来整定主调节器参数。

③ 加干扰试验，观察过渡过程曲线，根据 K_{C1}、K_{C2} 相匹配的原理，适当调整控制器参数，使主被控变量控制精度最好。

④ 如果出现振荡现象，只要加大主、副控制器的任意一个比例度，即可消除振荡。

6. 组建串级控制系统，运行调试。

7. 观察扰动作用于被控对象时，系统的控制过程。当阀门的开度变化时，扰动加于副回路和主回路时，观察控制过程及液位的过渡过程曲线。记录以下曲线的图形。

① 整定副调节器时得到的 4∶1 衰减曲线。

② 整定主调节器时得到的 4∶1 衰减曲线。

③ 主、副调节器参数整定后，干扰作用于上水箱中，液位的过渡过程曲线。

8. 过程记录：按衰减曲线调节器参数计算表，填写表2。表中，T_i 是计算的过渡时间，$T_{i终}$ 是经过整定的过渡时间。

按表3比较单回路控制与串级控制质量。

表2　衰减曲线调节器参数计算表

调节器	实验数据		查表计算值		最终整定法	
	δ_S/%	T_S/min	δ/%	T_i/min	$\delta_终$/%	$T_{i终}$/min
主调节器						
副调节器						

表3　串级和单回路控制系统控制质量的比较表

干扰位置	自控系统类型	最大偏差	过渡时间/min	评价质量并简析原因
干扰加入水箱中	单回路控制系统			
	串级控制系统			

9. 撰写串级控制系统方案。

10. 记录任务完成的过程中出现的问题、原因及解决办法。

完成检查

1. 控制方案的合理规范性检查。

2. 电路接线、管路接线、操作规范性检查。

3. 运行调试过程及参数设置检查。

工作评价

1. 教师对各组设计方案进行评价。

2. 小组展示系统运行过程，互相评价。

任务 8.2　运行调试比值控制系统

在某些工业生产过程中，常常要求两种或两种以上物料严格按照一定比例关系进行混合，物料的比例关系直接影响到生产过程的正常运行和生产产品的质量；如果比例关系出现失调，将影响到产品的质量，严重情况下会出现生产事故。最常见的是燃烧过程，燃料与空气要保持一定的比例关系，才能满足生产和环保的要求；造纸过程中，浓纸浆与水要以一定的比例混合，才能制造出合格的纸浆；许多化学反应的多个进料要保持一定的比例。因此，凡是用来实现两种或两种以上的物料量自动地保持一定比例关系以达到某种控制目的的控制系统，统称为比值控制系统。

 基础知识

扫码看视频

比值控制系统

8.2.1　比值控制系统概述

(1) 比值控制各变量关系

在实际的生产过程中，需保持比例关系的物料几乎全是流量。

① 主动量　在需要保持比例关系的两种物料中，往往其中一种物料处于主导地位，称为主物料或主动量，通常用 Q_1 表示。

② 从动量　另一种物料按主物料进行配比，在控制过程中跟随主物料变化而变化，称为从物料或从动量，通常用 Q_2 表示。

例如在造纸生产过程中，水量总是要跟随纸浆量的变化而变化的，因此纸浆量为主动量，水量为从动量。通常将主动量 Q_1 与从动量 Q_2 的比值称为比值系数，用 K 表示，即

$$K = Q_1/Q_2$$

从动量总是跟随主动量按一定比例关系变化，因此比值控制是随动控制。需要指出的是，保持两种物料间成一定的（变或不变）比例关系，往往仅是生产过程全部工艺要求的一部分，甚至不是工艺要求中的主要部分，即有时仅仅只是一种控制手段，而不是最终目的。例如，在燃烧过程中，燃料与空气比例虽很重要，但控制的最终目的却是温度。

(2) 比值系数的确定

设计比值控制系统时，比值系数计算是一个十分重要的问题。当控制方案确定后，必须把两体积流量或质量流量之比 K 折算成比值器上的比值系数 K'。

① 检测信号与被测流量成线性关系　流量计采用电磁流量计、涡轮流量计、转子流量计等，可以使用下式计算，即

$$I = \frac{Q}{Q_{\max}} \times 16\text{mA} + 4\text{mA}$$

$$Q = (I - 4\text{mA})Q_{max}/16\text{mA}$$

$$K = \frac{Q_2}{Q_1} = \frac{I_2 - 4}{I_1 - 4} \times \frac{Q_{2max}}{Q_{1max}}$$

$$K' = \frac{I_2 - 4}{I_1 - 4} = K \frac{Q_{1max}}{Q_{2max}}$$

式中，Q_{1max} 为测量 Q_1 所用流量传感器的最大量程；Q_{2max} 为测量 Q_2 所用流量传感器的最大量程；I_1，I_2 为主动量、从动量的电流检测信号。

说明：当物料流量的比值一定、流量与其测量信号成线性关系时，比值器的参数与物料流量的实际比值和最大值之比的乘积也成线性关系。

② 检测信号与被测流量成平方关系　流量计采用节流式流量计，可以使用下式，即

$$Q = C\sqrt{\Delta P}$$

$$I = \frac{\Delta P}{\Delta P_{max}} \times 16\text{mA} + 4\text{mA} = \frac{Q^2}{Q_{max}^2} \times 16\text{mA} + 4\text{mA}$$

$$K' = K^2 \frac{Q_{1max}^2}{Q_{2max}^2}$$

式中，C 为流量系数；ΔP 为压力差。

将计算出的比值 K' 设置在原比值器上，比值控制系统就能按工艺要求正常运行。

说明：当物料流量的比值一定、流量与其检测信号成平方关系时，比值器的参数与物料流量的实际比值和最大值之比的乘积也成平方关系。

8.2.2　比值控制系统控制方案

按照系统结构，可将比值控制系统分为单闭环比值控制系统、双闭环比值控制系统和变比值控制系统三种结构类型。从控制原理看，比值控制系统属于前馈控制系统。开环比值控制系统是最简单的比值控制系统，其实现方法就是根据一种物料的流量来调节另一种物料的流量，它的系统组成如图 8-10 所示。

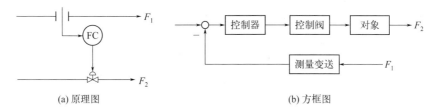

(a) 原理图　　　　　　　　　(b) 方框图

图 8-10　开环比值控制系统

在比值控制系统中，当主动量增大时，应相应地开大从动量阀门的开度，使从动量 F_2 跟随主动量 F_1 变化，以满足的要求。因此，当 F_2 因管线两端的压力波动而发生变化时，系统不起控制作用，此时难以保证 F_2 与 F_1 间的比例关系。也就是说，开环比值控制系统对来自从动量所在管线的扰动并无抗干扰能力，只能适用于从动量较平稳且对比值要求不高的场合。而实际生产过程中，对 F_2 的扰动常常是不可避免的，因此生产上很少采用开环比值控制系统。

通常，工业生产过程中采用闭环比值控制系统。为了调节从动量，从动量应组成闭环，因此，根据主动量是否组成闭环，可分为单闭环比值控制系统和双闭环比值控制系统。如果比值 K 来自另一个控制器，即主、副物料的流量比不是一个固定值，则该比值控制系统就是变比值控制系统。

(1) 单闭环比值控制系统

单闭环比值控制系统是为了克服开环比值控制方案的不足，在开环比值控制系统的基础上，增加一个从动量的闭环控制系统，如图 8-11 所示。

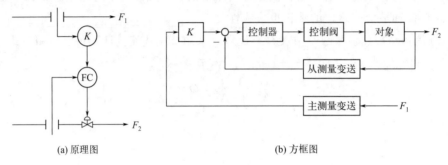

(a) 原理图　　　　　　　　　　　　(b) 方框图

图 8-11　单闭环比值控制系统

从图 8-11 中可看出，单闭环比值控制系统与串级控制系统具有相类似的结构形式，但两者是不同的。单闭环比值控制系统的主动量相当于串级控制系统的主变量，但其主动量并没有构成闭环系统，F_2 的变化并不影响 F_1，这就是两者的根本区别。

在稳定状态下，主、副流量满足工艺要求的比值，$F_2/F_1 = K$。当主流量变化时，其主流量信号 F_1 经变送器送到比值计算装置（通常为乘法器或比值器），比值计算装置则按预先设置好的比值使输出成比例地变化，也就是成比例地改变副流量控制器的设定值，此时副流量闭环系统为一个随动控制系统，从而使 F_1 跟随 F_2 变化，使得在新的工况下，流量比值 K 保持不变。当主流量没有变化而副流量由于自身扰动发生变化时，副流量闭环系统相当于一个定值控制系统，通过自动控制克服扰动，使工艺要求的流量比值仍保持不变。

如图 8-12 所示，为单闭环比值控制系统实例。丁烯洗涤塔的任务是用水除去丁烯馏分中所夹带的微量乙腈。为了保证洗涤质量，要求根据进料流量配以一定比例的洗涤水量。

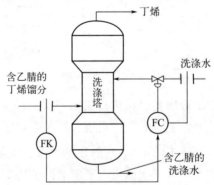

图 8-12　丁烯洗涤塔进料与洗涤水比值控制

总之，单闭环比值控制系统不仅能使从动量的流量跟随主动量的变化而变化，实现主、从动量的精确流量比值，还能克服进入从动量控制回路的扰动影响。因此，其主、从动量的比值较为精确，而且比开环比值控制系统的控制质量要好。单闭环比值控制系统的结构形式较简单。所增加的仪表投资较少，实施起来亦较方便，而控制品质却有很大提高，因而被大量应用于生产过程控制，尤其适用于主物料在工艺上不允许进行控制的场合。

单闭环比值控制系统中，虽然两物料比值一定，但由于主动量是不受控的，所以总物料量（即生产负荷）是不固定的，当主动量变化时，总物料量会跟随变化，故在总物料量要求控制的场合，单闭环比值系统就不能满足要求。单闭环比值系统对于严格要求动态比值的场合也是不适用的。因为主动量是不定值的，当主动量出现大幅度波动时，从动量相对于控制器的设定值会出现较大的偏差，也就是说，在这段时间里，主、从动量的比值会较大地偏离工艺要求的流量比，即不能保证动态比值。

（2）双闭环比值控制系统

双闭环比值控制系统是为了克服单闭环比值控制系统主动量不受控、生产负荷在较大范围内波动的不足而设计的。在主动量也需要控制的情况下，增加一个主动量控制回路，单闭环比值控制系统就成为双闭环比值控制系统，如图 8-13 所示。

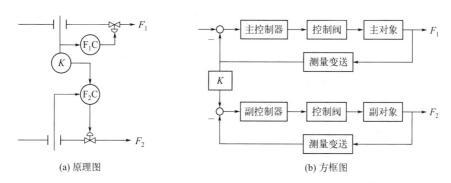

(a) 原理图　　　　　　　　　　　　(b) 方框图

图 8-13　双闭环比值控制系统

如图 8-14 所示，为某溶剂厂生产中采用的二氧化碳与氧气流量的双闭环比值控制系统的实例。双闭环比值控制系统由于主动量控制回路的存在，实现了对主动量的定值控制，大大克服了主动量干扰的影响，使主动量变得比较平稳，通过比值控制副流量也将比较平稳。这样不仅实现了比较精确的流量比值，而且也确保了两物料的总流量（即生产负荷）能保持稳定，这是双闭环比值控制的一个主要优点。

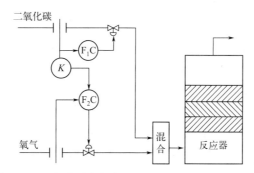

图 8-14　二氧化碳与氧气流量的双闭环比值控制系统

双闭环比值控制的另一个优点是升降负荷比较方便，只要缓慢地改变主动量控制器的设定值，就可以升降主动量，同时从动量也就自动跟踪升降，并保持两者的比值不变。双闭环比值控制方案主要应用于主动量扰动频繁且工艺上不允许负荷有较大波动，或工艺上经常需要升降负荷的场合。由于双闭环比值控制方案使用仪表较多，投资高，而且投运也较麻烦，因此，如果没有以上控制要求，采用两个单独的单回路定值控制系统来分别稳定主、副流量，也能使两种物料保持一定的比例关系（仅仅在动态过程中，比例关系不能保证）。这样在投资上可节省一台比值装置，而且两个单回路流量控制系统在操作上也较方便。

在采用双闭环比值控制方案时，还需防止共振的产生。因主、副流量控制回路通过比值器是相互联系的，当主流量进行定值控制后，它变化的幅值会大大减小，但变化的频率往往会加快，使副流量控制器的设定值经常处于变化之中，当主流量回路的工作频率和副流量回路的工作频率接近时，就有可能引起共振，使副流量回路失控，以致系统无法正常投入运行。因此，对主流量控制器进行参数整定时，应尽量保证其输出为非周期变化，以防止产生共振。

（3）变比值控制系统

前面介绍的两种控制系统都属于定比值控制系统，控制的目的是要保持主、从物料的比值关系为定值。但有些化学反应过程，要求两种物料的比值能灵活地随第三变量的需要而加以调整，这样就出现了变比值控制系统。在生产上维持流量比恒定往往不是控制的最终目的，而仅仅是保证产品质量的一种手段。定比值控制方案只能克服来自流量方面的扰动对比值的影响，当系统中存在着除流量扰动外的其他扰动（如温度、压力、成分及反应器中触媒活性变化等扰动）时，为了保证产品质量，必须适当修正两物料的比值，即重新设置比值系数。由于这些扰动往往是随机的，扰动的幅值也各不相同，显然无法用人工方法经常去修正比值系数，定比值控制系统也就无能为力了。因此，出现了按照一定工艺指标自行修正比值系数的变比值控制系统。如图 8-15 所示，为一个用除法器组成的变比值控制系统。

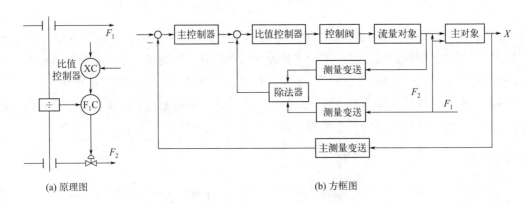

图 8-15　变比值控制系统

由图 8-15 可见，变比值控制系统是比值随另一个控制器输出变化的比值控制系统。其结构是串级控制系统与比值控制系统的结合。它实质上是一个以某种质量指标为主变量、两物料比值为副变量的串级控制系统，所以也称为串级比值控制系统。根据串级控制系统具有一定自适应能力的特点，当系统中存在温度、压力等随机扰动时，这种变比值系统也具有能自动调整比值、保证质量指标在规定范围内的自适应能力。因此，在变比值控制系统中，流量比值只是一种控制手段，其最终目的通常是保证产品质量指标的主被控变量恒定。

以图 8-16 所示硝酸生产中氧化炉的炉温与氨气/空气比值所组成的串级比值控制方案为例，说明变比值控制系统的应用。

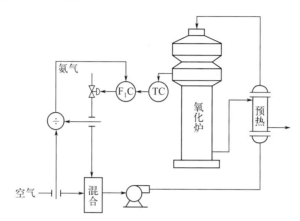

图 8-16 氧化炉温度与氨气/空气串级比值控制系统

氧化炉是硝酸生产中的关键设备，原料氨气和空气在混合器内混合后经预热进入氧化炉，氨氧化生成一氧化氮（NO）气体，同时放出大量的热量。稳定氧化炉操作的关键条件是反应温度，因此氧化炉的温度可以间接表征氧化生产的质量指标。若设计一套定比值控制系统来保证进入混合器的氨气和空气的比值一定，就可基本上控制反应放出的热量，即基本上控制了氧化炉的温度。但影响氧化炉温度变化的其他扰动很多，经计算得知，当氨气在混合器中的含量每增加 1% 时，氧化炉的温度将上升 64.9℃。所以，成分变化是在比值不变的情况下改变混合器内氨含量的直接扰动。其他扰动（如进入氧化炉的氨气、空气的初始温度等）的变化，意味着物料带入的能量变化，直接影响炉内温度；负荷的变化关系到单位时间内参加化学反应的物料量，改变释放反应热的多少可以影响炉内温度。因此，仅仅保持氨气和空气的流量比值，尚不能最终保证氧化炉温度不变，还需根据氧化炉温度的变化来适当修正氨气和空气的比例，以保证氧化炉温度的恒定。图 8-16 所示的变比值控制系统就是根据这样的意图而设计的。当出现直接引起氨气/空气流量比值变化的扰动时，可通过比值控制系统得到及时克服而保持炉温不变。当其他扰动引起炉温变化时，则通过温度控制器对氨气/空气比值进行修正，使氧化炉温度恒定。

在变比值控制方案中，选取的第三参数主要是衡量质量的最终指标，而流量间的比值只是参考指标和控制手段。因此在选用变比值控制时，必须考虑到作为衡量质量指标的第三参数能否进行连续的测量变送，否则系统将无法实施。由于具有第三参数自动校正比值的优点，且随着质量检测仪表的发展，变比值控制可能会越来越多地在生产上得到应用。

需要注意的是，上面提到的变比值控制方案是用除法器来实施的，实际上还可采用其他运算单元（如乘法器）来实施。同时从系统的结构看，上例是单闭环变比值控制系统，如果工艺控制需要，也可构成双闭环变比值控制系统。

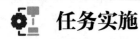

任务实施

扫码看答案

引导问题
参考答案

8.2.3 设计调试比值控制系统

运用所学比值控制系统知识，查阅资料，设计一个比值控制系统，可以选择单闭环比值控制系统，也可以选择双闭环比值控制系统等，完成表8-4。

表 8-4 任务实施表 6

任务描述
运用实训室设备,模拟自来水消毒系统,安装调试比值控制系统。
引导问题
1. 凡是两个或多个参数自动维持一定比值关系的过程控制系统,统称为(　　　　)。 2. 比值控制系统的结构形式有(　　　　)、(　　　　)和(　　　　)等。 3. 比值调节器中,一个流量随生产过程需要而变;另一个由(　　　　)控制,使两者比例不变。 4. 根据第三参数或称主参数(　　　　)而不断改变两物料比值的控制系统称为(　　　　)。 5. 单闭环和双闭环比值控制系统的副流量回路均为(　　　　)系统。 6. 设计比值控制系统时,在生产过程中起主导作用或可测但不可控且较昂贵的物料流量一般为(　　　　)。 7. 单闭环控制的副流量回路调节器一般选用(　　　　)控制规律,起比值控制和稳定副流量的作用。
任务要求
1. 根据被控对象,选择传感器、控制器、调节阀,画框图、流程图,完成比值控制系统方案。 2. 进行 PID 参数的自整定和自动控制的投运,并记录。 3. 安装调试单闭环比值控制系统,完成安装调试报告。
工作过程
1. 制定工作计划,小组分工。 2. 撰写串级控制系统方案。 3. 记录任务完成的过程中出现的问题、原因及解决办法。
完成检查
1. 控制方案的合理规范性检查。 2. 电路接线、管路接线、操作规范性检查。 3. 运行调试过程及参数设置检查。
工作评价
1. 教师对各组设计方案进行评价。 2. 小组展示系统运行过程,互相评价。

任务 8.3　搭建集散控制系统（DCS）

集散控制系统（distributed control system，DCS），也叫分布式控制系统，是以微处理器为基础，采用控制功能分散、显示操作集中、兼顾分而自治和综合协调的设计原则的新一代仪表控制系统。

DCS 目前已经在电力、石油、化工、制药、冶金、建材等众多行业得到了广泛的应用。

🧠 基础知识

8.3.1　DCS 概述

（1）DCS 的体系结构

不同厂家的 DCS 产品，其硬件和软件千差万别，但其基本构成方式大致相同。大多采用多级递阶结构，自下而上可分为现场控制级、过程控制级、过程管理级和经营管理级。如图 8-17 所示，图中各级之间通过管理网络（management network，Mnet）、监控网络（supervision network，Snet）、控制网络（control network，Cnet）、现场网络（field network，Fnet）连接。

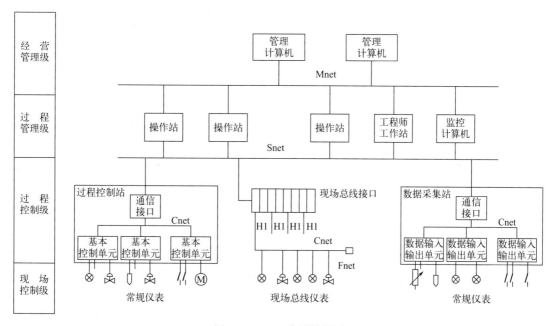

图 8-17　DCS 分层结构图

① 现场控制级　现场控制级是集散型控制系统的基础，在这一级上，过程控制计算机直接与现场各类装置（如变送器、执行器、记录仪表等）相连，对所连接的装置实施监测、

控制，同时它还向上与第二层的计算机相连，接收上层的管理信息，并向上传递装置的特性数据和采集到的实时数据。主要任务是进行过程数据采集；进行直接数字的过程控制；进行设备监测和系统的测试、诊断；实施安全性、冗余化方面的措施。

②　过程控制级　大部分 DCS 都采用分散的控制站和 I/O 模块或卡件组成过程控制级。过程控制级是 DCS 的核心，主要功能是采集过程数据，对数据进行处理、转换；监视和存储数据；实现连续、批量或顺序控制的运算；输出过程操纵命令；进行设备的自诊断等。

③　过程管理级　以中央控制室的操作员站为主，配以工程师工作站、监控计算机等外部设备。过程管理级以操作监视为主要任务，把过程参数的信息集中化，对各个现场控制站的数据进行收集，并通过简单的操作，进行工程量的显示、各种工艺流程图的显示、趋势曲线的显示以及改变过程参数（如设定值、操作变量、报警状态等信息），实现对生产过程的集中操作和统一管理。另一个任务是兼有部分管理功能，进行数据通信、系统组态，优化过程控制，自适应回路控制。

④　经营管理级　经营管理级对企业的生产和经营实现最优化管理。生产管理级根据用户的订货情况、库存情况、能源情况来规划各单元中的产品结构和规模。并且可使产品重新计划，随时更改产品结构，这一点是工厂自动化系统高层所需要的，有了产品重新组织和柔性制造的功能就可以应对由于用户订货变化所造成的不可预测的事件。由此，一些较复杂的工厂在这一控制层就实施了协调策略。此外，对于统管全厂生产和产品监视以及产品报告也都在这一层来实现，并与上层交互传递数据。

经营管理级居于工厂自动化系统的最高一层，它管理的范围很广，包括工程技术方面、经济方面、商业事务方面、人事活动方面以及其他方面的功能。把这些功能都集成到软件系统中，通过综合的产品计划，在各种变化条件下，结合多种多样的材料和能量调配，以达到最优方法来解决这些问题。在这一层中，通过与公司的经理部、市场部、计划部以及人事部等办公室自动化相连接，来实现整个制造系统的最优化。

（2）DCS 的特点

DCS 采用以微处理器为核心的智能技术，凝聚了计算机的最先进技术，成为计算机应用非常完善、丰富的领域。其特点主要表现在以下几个方面。

①　实现分散控制　DCS 将控制与显示分离，现场过程受现场控制单元控制，每个控制单元可以控制若干个回路，完成各自功能。各个控制单元又有相对独立性，一个控制单元出现故障仅仅影响所控制的回路而对其他回路无影响。各个现场控制单元本身也具有一定的智能性，能够独立完成各种控制工作。

②　实现集中监视、操作和管理，具有强大的人机接口功能　分布式控制系统中 CRT（阴极射线管）操作站与现场控制单元分离。操作人员通过 CRT 操作站和操作键盘可以监视现场部分或全部生产装置乃至全厂的生产情况，按预定的控制策略通过系统组态组成各种不同的控制回路，并可调整回路中任一常数，对工业设备进行各种控制。CRT 屏幕显示信息丰富多彩，除了类似于常规记录仪表显示参数、记录曲线外，还可以显示各种工艺流程图、控制画面、操作指导画面等，各种画面可以切换。

③　系统扩展灵活，安装调试方便　DCS 采用模块式结构和局域网络通信，用户可以根

据实际需要方便地扩大或缩小系统规模，组成所需要的单回路、多回路系统。在控制方案需要变更时，只需重新组态编程，与常规仪表控制系统相比省了换表、接线等工作。

④ 采用高可靠性的技术 高可靠性是 DCS 发展的生命，当今大多数 DCS 的平均无故障时间（MTBF）达 10 万 h 以上，平均修复时间（MTTR）一般只有 5min 左右。除了硬件工艺以外，广泛采用冗余、容错等技术也是保证 DCS 高可靠性的主要措施。

⑤ 丰富的软件功能 分布式控制系统可完成从简单的单回路控制到复杂的多变量最优化控制；可实现连续反馈控制；可实现离散顺序控制；还可实现监控、显示、打印、报警、历史数据存储等日常全部操作要求。用户通过选用 DCS 提供的控制软件包、操作显示软件包和打印软件包等，达到所需的控制目的。

⑥ 用局部网络通信技术 DCS 的数据通信网络采用工业局域网络进行通信，传输实时控制信息，进行全系统综合管理，对分散的过程控制单元和人机接口单元进行控制、操作管理。大多数集散控制系统的通信网络采用光纤传输，通信的安全性和可靠性大大地提高，通信协议向标准化方向发展。

我国使用集散控制系统是在 20 世纪 70 年代末 80 年代初，1985 年进入推广应用阶段。集散控制系统的应用，把我国过程控制推向一个新的水平，取得了较为显著的经济效益，其发展前景是十分广阔的。

8.3.2 DCS 的硬件配置

DCS 的种类繁多，但系统的基本构成相似，通常由分散的过程控制装置、操作管理装置和数据通信系统三大部分组成。

(1) DCS 的过程控制装置

DCS 的过程控制装置，又叫控制站，简称 CS，是过程控制级乃至整个 DCS 的核心，控制站具有多种功能，集连续控制、顺序控制、批量控制及数据采集功能为一身。

过程控制装置所包括的硬件和软件因 DCS 的厂家不同而不同，也因 DCS 所控制的对象不同而不同。现场控制站的软件功能主要有 6 种，即数据采集功能、DDC（数字数据中心）控制功能、顺序控制功能、信号报警功能、打印报表功能、数据通信功能。

控制站一般是标准的机柜式结构，柜内由电源、总线、I/O 模件、处理器模件等部分组成。一个现场控制站中的系统结构如图 8-18 所示。

① 机柜 用于安装控制站的所有硬件设备。机柜内部设若干层模件安装单元，上层安装处理器模件和通信模件，中间安装 I/O 模件，最下边安装电源组件。机柜内还设有各种总线，如电源总线、接地总线、数据总线、地址总线、控制总线等。机柜一般采用国际通行的尺寸，具有完善的接地装置及防静电措施，具有防潮、耐腐蚀及安全保护性能。

② 电源 一般应采用冗余配置。现场控制站的电源不仅要为柜内供电，还要为现场检测器件提供外供电源。对于流程工业控制，还应设置备用交流不间断电源（UPS），在 220V AC 主电源中断的情况下，由 UPS 对系统供电。

③ 总线 一个现场控制站中的系统，包含一个或多个基本控制单元。在每一个基本控制单元中，处理器模件与 I/O 模件之间的信息交换由内部总线完成。内部总线可能是并行总线，也可能是串行总线。近年来，多采用串行总线。

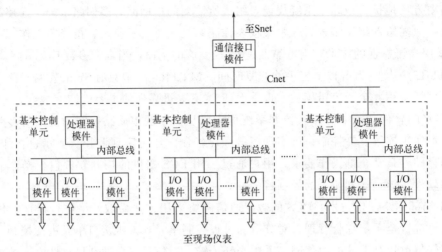

图 8-18　控制站的系统结构

④ I/O 模件　即 Input/Output（输入/输出）通道。它将来自过程对象的被测信号通过输入模件，送入现场控制站，然后按一定的算法进行数据处理，并通过输出模件向执行设备送出控制或报警等信息。

通常 DCS 中的过程 I/O 通道有模拟量输入（AI）通道、模拟量输出（AO）通道、数字量（也称开关量）输入（DI）通道及数字量输出（DO）通道等。

⑤ 处理器模件　处理器模件是一个与 PC 兼容的高性能的工业级中央处理器，是现场控制站的核心部件，用来完成控制或数据处理任务。主要承担本站的部分信号处理、控制运算，与上位机及其他单元的通信等任务，并可以执行更为复杂先进的控制算法，如自整定、预测控制、模糊控制等。

（2）DCS 的操作管理装置

DCS 的操作管理装置配有技术手段先进、功能强大的计算机系统及各类外部装置，通常采用较大屏幕、较高分辨率的图形显示器和工业键盘，计算机系统配有较大存储容量的硬盘或软盘，另外还有功能强大的软件支持，确保工程师和操作员对系统进行组态、监视和操作，对生产过程实行高级控制策略、故障诊断、质量评估等。

DCS 的操作管理装置，有时又被称为操作站，主要包括：面向操作人员的操作员操作站（操作员站）、面向监督管理人员的工程师操作站（工程师站）、监控计算机及层间网间连接器。一般情况下，一个 DCS 只需配备一台工程师站，而操作员站的数量则需要根据实际要求配置。操作管理装置包含在图 8-17 所示的过程管理级中。

① 操作员站（operator station）　DCS 的操作员站是处理一切与运行操作有关的人-机界面功能的网络节点，由 IPC（进程间通信）或工作站、工业键盘、大屏幕图形显示器和操作控制台组成，这些设备除工业键盘外，其他均属通用型设备。目前 DCS 一般都采用 IPC 来作为操作员站的主机及用于监控的监控计算机。

操作员站的功能是在生产装置正常运行时，对工艺进行监视和运行操作。主要监视画面有总貌画面、分组画面、点画面、流程图画面、趋势曲线画面、报警显示画面及操作指导画面 7 种显示画面。

② 工程师站（engineering station） 工程师站是对 DCS 进行离线的配置、组态工作和在线的系统监督、控制、维护的网络节点。其主要功能是对 DCS 进行组态，配置工具软件即组态软件，并通过工程师站及时调整系统配置及一些系统参数的设定，使 DCS 随时处于最佳工作状态之下。

有的 DCS 单独配备一个工程师站。多数系统的工程师站和操作员站合在一起，仅用一个工程师键盘，起到工程师站的作用。

其他外设一般采用普通的标准键盘、图形显示器，打印机也可与操作员站共享。工程师站的功能主要包括对系统的组态功能及对系统的监督功能。

③ 监控计算机（supervising computer） DCS 在过程管理级这一层，当被监控对象较多时还配有监控计算机。监控计算机又称上位计算机，亦称管理计算机，是 DCS 的主计算机。它功能强、速度快、存储容量大，通过专门的通信接口与高速数据通路相连，综合监视系统的各单元（PCU、DAU、CRT），管理全系统的所有信息。PCU 为电源控制单元（power control unit），DAU 为数据采集单元（data acquisition unit）。也可用高级语言编程，实现复杂运算、工厂的集中管理、优化控制、后台计算以及软件开发等特殊功能。

④ 网间连接器（gate way，GW） 当操作管理装置需要与上下层网络交换信息时还需配备网间连接器。网间连接器是局部网络与其子网络或其他工业网络的接口装置，起着通信系统转换器、协调翻译器或系统扩展器的作用，如连接 PLC 组成的子系统或上一代分布式控制系统等。

（3）DCS 的数据通信系统

DCS 的数据通信系统是将系统中的控制站、工程师站、操作员站、服务站等设备连成一个局域网，借助计算机网络，使这些设备之间能够进行信息、控制命令的传输，以及这些设备可以与外部设备之间交换信息。DCS 的数据通信使系统在实现分散控制的同时，还能够达到集中监视、集中管理和资源共享的目的。

DCS 数据通信系统的网络拓扑结构多种多样，常普遍采用的有星形、环形和总线型三种结构形式，如图 8-19 所示。

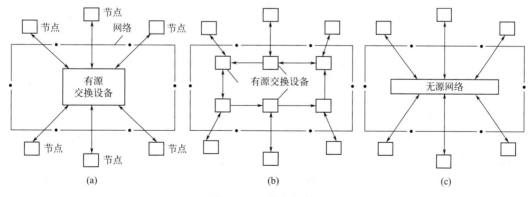

图 8-19 网络拓扑结构

① 星形结构网络 星形结构网络又称主-从系统，也称集中控制，是将分布于各处的多个站连到处于中心位置的中央节点上，任何两个站的通信都要通过中央节点，由中央节点来

选择哪个节点占用介质发送信息。

② 环形结构网络　环形结构网络中每个站都是通过节点（或称中继器）连接到环形网上，所有的节点共享一条物理通道，信息沿单方向围绕环路进行循环，按点对点方式传输。由一个工作站发出的信息传递到相邻的下一节点，该节点对信息进行检查，若不是信息目的站，则依次向下一节点传递，直至到达目的站。目前 DCS 一般采用的是双向环，这种双向环具有自愈功能，即它能在断点处自动环回，可以解决单向环可靠性差的问题。

③ 总线型结构网络　总线型结构网络，又称主-主系统或同等-同等系统，也称分散控制。此系统网上所有节点都通过硬件接口直接连到一条公共通信线路上，每个网络设备都有要求使用并控制网络的权力，能够发送或访问其他网络设备的信息。这类网络通信方式往往称为接力式或令牌式系统。

(4) DCS 数据通信系统的网络通信协议

一个数据通信系统由报文、发送设备、接收设备、传输介质和通信协议五部分组成。而其中的通信协议是控制数据通信的一系列规则。

DCS 所使用的网络协议，通常为四层及以下各层协议。在 DCS 的通信网络中，物理层和链路层常用的网络协议是以太网网络协议；在网络层常采用 IP 安全协议；在传输层常采用 TCP 传输控制协议。而 IEEE 802 协议提供了局域网的最小基本通信功能。

DCS 的通信网络系统的作用是互联各种通信设备，完成工业控制。因此，与一般的办公室用局部网络有所不同，具有以下特点：

a. 具有快速的实时响应能力。

b. 具有极高的可靠性。

c. 为适应集散系统的分层结构，其通信网络也必须具有分层结构。

8.3.3　DCS 软件组态

DCS 的软件体系包括：计算机系统软件、应用软件（过程控制软件）、通信管理软件、组态生成软件、诊断软件。其中系统软件与应用对象无关，是一组支持开发、生成、测试、运行和程序维护的工具软件。DCS 的应用软件基本构成是按照硬件的划分形成的，分为现场控制站应用软件和操作站应用软件两大部分。其中现场控制站应用软件包括过程数据的输入/输出、实时数据库、连续控制调节、顺序控制和混合控制等多种类型的控制软件；操作站应用软件包括历史数据存储、过程画面显示和管理、报警信息的管理、生产记录报表的管理和打印、人机接口控制等。

(1) DCS 的应用软件

① 现场控制站的软件系统　现场控制站的软件大多采用模块化设计，主要包括数据巡检模块、控制算法模块、控制输出模块、网络通信模块以及实时数据库五个部分。现场控制单元的 RAM（随机存取存储器）是一个实时数据库，起到中心环节的作用，在这里进行数据共享，各执行代码都与它交换数据，用来存储现场采集的数据、控制输出以及某些计算的中间结果和控制算法结构等方面的信息。

控制站的软件具有高可靠性和实时性。由于控制站一般不设人机接口，所以其软件具有较强的自治性，即软件的设计应保证不发生死机，且具有较强的抗干扰能力和容错能力。

② 操作站的软件系统　DCS 中的工程师站和操作员站必须完成系统的开发、生成、测试和运行等任务，这就需要相应的系统软件支持，这些软件包括操作系统、编程语言及各种工具软件等。

DCS 采用实时多任务操作系统，其显著特点是实时性和并行处理性。所谓实时性是指高速处理信号的能力，这是工业控制所必需的；而并行处理特性是指能够同时处理多种信息，它也是 DCS 中多种传感器信息、控制系统信息需要同时处理的要求。此外，用于 DCS 的操作系统还应具有如下功能：按优先级占有处理机的任务调度方式、事件驱动、多级中断服务、任务之间的同步和信息交换、资源共享、设备管理、文件管理和网络通信等。

在实时多任务操作系统的支持下，DCS 配备的应用软件有：编程语言包括汇编、宏汇编以及 Fortran、COBOL、BASIC 等高级语言；工具软件包括加载程序、仿真器、编辑器、调试程序（debuger）和链路程序（linker）等；诊断软件包括在线测试、离线测试和软件维护等。

一套完整的 DCS，其操作站上运行的应用软件应完成如下功能：实时/历史数据库管理、网络管理、图形管理、历史数据趋势管理、记录报表生成与打印、人机接口控制、控制回路调节、参数列表、串行通信和各种组态等。

(2) DCS 的组态方法

组态（configuration）的意思就是多种工具模块的任意组合。它的含义是使用工具软件对计算机及软件的各种资源进行配置，使计算机或软件按照预先设置的指令，自动执行指定任务，满足使用者的要求。

DCS 的监控组态软件为用户提供了高可靠性、实时运行环境和功能强大的开发工具。组态软件的使用者是自动化工程设计人员，组态软件可以使使用者在生成适合自己需要的应用系统时，利用 DCS 提供的组态软件，将各种功能软件进行适当的"组装连接"（即组态），可极为方便地生成满足控制系统要求的各种应用软件，不需要修改软件程序的源代码。

监控组态软件在当今的 DCS 中扮演着越来越重要的角色，采用组态技术的 DCS 最大的特点是从硬件设计到软件开发都具有组态性，因此系统的可靠性和开发速度提高了，开发难度却下降了。现在较大规模的控制系统，几乎都采用这种编程工具。

分布式控制系统组态功能的应用方便程度、用户界面友好程度、功能的齐全程度是影响一个系统是否受用户欢迎的重要因素。DCS 的组态功能包括硬件组态（又称配置）和软件组态。

① DCS 的硬件组态　DCS 硬件组态是根据系统规模及控制要求选择硬件，包括通信系统、人机接口、过程接口和电源系统的选择，DCS 与下位设备及上位机通信接口的选择，上位机及分布式控制系统控制单元的选择（现场控制站的个数、分布，现场控制站中各种模块的确定）等。

进行硬件组态时，应综合考虑各方面的因素。首先要满足系统的控制要求，选择性能价格比最佳的配置；其次，还应考虑它在未来的定位；另外，还应考虑操作人员的易操作性、系统的易维护性等。

② DCS 的软件组态　DCS 软件组态是在系统硬件和系统软件的基础上，用软件组态方式将系统提供的功能块连接起来达到过程控制的要求。

任务实施

扫码看答案

引导问题参考答案

8.3.4 搭建液位 DCS

搭建液位 DCS,完成表 8-5。

表 8-5 任务实施表 7

任务描述
运用实训室设备,模拟水位控制系统,安装调试液位 DCS(液位集散控制系统)。

引导问题

1. 集散控制系统简称 DCS,也叫( ),是以微处理器为基础、采用控制功能分散、显示操作集中、兼顾分而自治和综合协调的设计原则的新一代仪表控制系统。

2. 不同厂家的 DCS 产品,其硬件和软件千差万别,但其基本构成方式大致相同。大多采用多级递阶结构,自下而上可分为( )。

3. DCS 的种类繁多,但系统的基本构成相似,通常由数据通信系统、( )和( )三大部分组成。

4. DCS 的过程控制装置,又叫( )。

5. DCS 的操作管理装置,有时又被称为( )。

6. ( )是对 DCS 进行离线的配置、组态工作和在线的系统监督、控制、维护的网络节点。

7. 组态的意思就是( )。它的含义是使用工具软件对计算机及软件的各种资源进行配置,使计算机或软件按照预先设置的指令,自动执行指定任务,满足使用者的要求。

任务要求

以小组为单位,讨论、研究、制定完成上述任务的工作计划,并填写表 1。

表 1 计划表

工作任务	使用的器件、工具	辅助设备	工时	执行人

工作准备

1. 画出液位 DCS 框图、液位 DCS 流程图、仪表接线图。

2. 根据图纸选用实验设备,并连接系统。写出选用仪表的类型、名称、型号。

工作过程

1. 根据图纸,安装液位 DCS 控制器、液位 DCS,记录安装过程。

2. 在确定线路无误后,通电。

3. 进行液位 DCS 的硬件组态。

4. 进行液位 DCS 的软件组态。

5. 运行系统,使用组态软件,监控液位曲线变化。

6. 使水泵在恒压供水状态下工作,画出液位的变化曲线。

7. 待系统稳定后,给定值阶跃信号(增大原 SV 的 20%),观察其液位的变化曲线,并记录。

8. 再等系统稳定后,给系统加个干扰信号(突然增大水箱的排水量,然后再恢复到正常排水状态),观察液位变化曲线,并记录。

完成检查

1. 记录任务完成的过程中出现的问题、原因及解决办法。

2. 记录液位 DCS 的硬件组态和软件组态。

3. 检查电路接线、管路接线、操作规范性。

工作评价

1. 以小组为单位,给出每位同学工作任务的完成情况评价意见及改进建议,并评分。

2. 以小组为单位进行任务完成情况汇报。

3. 指导教师最后给出总体评价。

完成任务的体会:

项目考核

复杂控制系统装调项目考核表

主项目及配分		具体项目要求及配分	评分细则	配分	学生自评	小组评价	教师评价
素养 (20分)	纪律情况 (6分)	按时到岗,不早退	缺勤全扣,迟到、早退视程度一次扣1~3分	3分			
		积极思考回答问题	根据上课统计情况得分	2分			
		学习习惯养成	准备齐全学习用品	1分			
		不完成工作	此为扣分项,睡觉、玩手机、做与工作无关的事情酌情扣1~6分				
	6S (3分)	桌面、地面整洁	自己的工位桌面、地面整洁无杂物,得2分;不合格酌情扣分	2分			
		物品定置管理	按定置要求放置,得1分;不合格不得分	1分			
	职业道德 (6分)	与他人合作	主动合作,得2分;被动合作,得1分	2分			
		帮助同学	能主动帮助同学,得2分;被动,得1分	2分			
		工作严谨、追求完美	对工作精益求精效果明显,得2分;对工作认真,得1分;其余不得分	2分			
	价值素养 (5分)	职业规范	能够按照工程要求进行规范操作,得2分	2分			
		创新意识	了解DCS发展史且具有创新意识,得3分	3分			
核心技术 (60分)	仪表识图 (10分)	控制系统工艺图、流程图	能全部看懂图纸,得10分;部分看懂,得6~8分;看不懂不得分	10分			
	系统组态 (20分)	系统的硬件组态	能全部掌握,得12分;部分掌握,得2~10分;不掌握不得分	12分			
		系统的软件组态	能全部掌握,得8分;部分掌握,得2~7分;不掌握不得分	8分			
	液位单回路控制系统 (30分)	控制系统组成部件的功能、作用	能说清控制系统组成,得5分;部分描述清楚,得2~4分;描述不清楚不得分	5分			
		控制系统性能指标	完全明白控制系统指标,得5分;部分明白,得1~4分;不明白不得分	5分			
		DCS原理	能描述清楚液位单回路控制系统,得14分;部分描述清楚,得1~14分;描述不清楚不得分	14分			
		系统调试方法	能进行系统调试,得6分;部分会调试,得1~5分;不会调试不得分	6分			

续表

主项目及配分	具体项目要求及配分		评分细则	配分	学生自评	小组评价	教师评价
项目完成情况（20分）	按时、保质保量完成（20分）	按时提交	按时提交,得6分;迟交酌情扣分;不交不得分	6分			
		书写整齐度	文字工整、字迹清楚,得3分;抄袭、敷衍了事酌情扣分	3分			
		内容完成程度	按完成情况得分	6分			
		回答准确率	视准确率情况得分	5分			
加分项（10分）	有独到的见解		视见解程度得分	10分			
合计							
总评							
组长签字							
教师签字							

文化小窗

锲而不舍——国产 DCS 发展历程

老一辈工程师们从研发数字巡回检测装置、晶体管巡检装置开始,到工控机,再到分散型控制系统和现场总线控制系统,一生为之奋斗,使我国工控机从无到有,形成产业。国内企业通过前期的"引进—吸收—创新"模式,在水处理、冶金、化工等下游领域斩获颇丰。

附　录

附表 1　工作申请单

<table>
<tr><td rowspan="7">申请人填写</td><td colspan="2" rowspan="2">申请单位</td><td rowspan="2"></td><td>工作负责人</td><td></td></tr>
<tr><td>联系电话</td><td></td></tr>
<tr><td colspan="2">作业区域范围</td><td></td><td>设备名/编号</td><td></td></tr>
<tr><td rowspan="4">JSA①</td><td>作业内容</td><td colspan="3"></td></tr>
<tr><td>危险物料</td><td></td><td>作业工具</td><td></td></tr>
<tr><td>危害</td><td colspan="3">□易燃易爆物 □有毒物 □惰气 □放射物 □腐蚀物 □粉尘 □泄漏 □明火/电弧 □产生火花 □静电 □高温/低温 □噪声 □高压气体/液体 □受限空间 □人员坠落 □坠物 □塌方 □绊倒滑倒 □带电 □旋转设备 □交通 □照明不好 □不利天气 □交叉作业 □共享隔离证明 □氮气窒息
□其他：________________</td></tr>
<tr><td>预防措施</td><td colspan="3">□安全带 □面罩 □护目镜 □防毒口罩 □防护面具 □空气/长管呼吸器 □手套 □耳罩/耳塞 □防护服 □防化服 □其他防护用品________________
□隔离 □泄压 □冲洗 □惰气吹扫 □初次气体检测 □间歇气体检测 □连续气体检测 □通信 □清除易燃/可燃物 □动火监护 □防火毯 □灭火器 □密闭空间监护 □通风 □拦障 □接地 □用电设备确认 □挂工作告示牌 □适当的入口和出口 □紧急疏散程序 □竖警告牌 □救护设备在场 □每班接班前现场检查 □改善照明 □其他：________________</td></tr>
</table>

续表

批准人 填写	许可证	是否需要进一步的 JSA？ □否　　□是（如果是，必须附带详细的 JSA）		
		□无工作许可证 □能量隔离证明[　　　　][　　　　][　　　　][　　　　] □盲板作业许可证[　　　　][　　　　][　　　　] □动火工作许可证[　　　　]　　　　□动土工作许可证[　　　　] □受限空间工作许可证[　　　　]　　　　□高处工作许可证[　　　　] □孔洞临边工作许可证[　　　　]　　　　□临时用电许可证[　　　　] □射线探伤工作许可证[　　　　]　　　　□起重工作许可证[　　　　] □其他：＿＿＿＿＿[　　　　]　　　　□＿＿＿＿＿[　　　　]		

申请人/ 相关方/ 批准人 填写	作业 时间	批准人批准时间　　　至　　　月　　日　　时　　分		
	培训 交底	本人已知晓本工作中的危害，控制措施和安全要求 签名：		
	工作 批准	本人已知晓此项工作内容及安全要求，并承诺落实 申请人签名： 日期和时间：	交叉/关联作业　□否　□是 本人已经知晓此许可证的内容 关联人签名： 日期和时间：	本人已到工作地点进行安全措施核实确认 批准人签名： 日期和时间：
	工作 交接	我已将工作内容完全向接收人交代清楚 交出人签名： 日期和时间：　　我已完全了解将要接收的工作内容 接收人签名： 日期和时间：	我已将工作内容完全向接收人交代清楚 交出人签名： 日期和时间：	我已完全了解将要接收的工作内容 接收人签名： 日期和时间：
	工作 关闭	本许可证工作已执行完毕，现场已处于安全、清洁状态 申请人签名： 日期和时间：	本许可证工作已执行完毕，现场已处于安全、清洁状态 批准人签名： 日期和时间：	
		本许可证工作已执行完毕，现场已处于安全、清洁状态 申请人签名： 日期和时间：	本许可证工作已执行完毕，现场已处于安全、清洁状态 批准人签名： 日期和时间：	

注：此工作申请单一式二联，第一联批准人留存；第二联现场公示。工作结束后在第一联关闭许可证，第二联销毁。

①工作安全分析简称 JSA(job safety analysis)。

附表 2　工业热电阻分度表

工作端温度/℃	电阻值/Ω		工作端温度/℃	电阻值/Ω	
	Cu50	Pt100		Cu50	Pt100
−200		18.52	330		222.68
−190		22.83	340		226.21
−180		27.10	350		229.72
−170		31.34	360		233.21
−160		35.54	370		236.70
−150		39.72	380		240.18
−140		43.88	390		243.64
−130		48.00	400		247.09
−120		52.11	410		250.53
−110		56.19	420		253.96
−100		60.26	430		257.38
−90		64.30	440		260.78
−80		68.33	450		264.18
−70		72.33	460		267.56
−60		76.33	470		270.93
−50	39.24	80.31	480		274.29
−40	41.40	84.27	490		277.64
−30	43.56	88.22	500		280.98
−20	45.71	92.16	510		284.30
−10	47.85	96.09	520		287.62
0	50.00	100.00	530		290.92
10	52.14	103.90	540		294.21
20	54.29	107.79	550		297.49
30	56.43	111.67	560		300.75
40	58.57	115.54	570		304.01
50	60.70	119.40	580		307.25
60	62.84	123.24	590		310.49
70	64.98	127.08	600		313.71
80	67.12	139.90	610		316.92
90	69.26	134.71	620		320.12
100	71.40	138.51	630		323.30
110	73.54	142.29	640		326.48
120	75.69	146.07	650		329.64
130	77.83	149.83	660		332.79
140	79.98	153.58	670		335.93
150	82.13	157.33	680		339.06
160		161.05	690		342.18
170		164.77	700		345.28
180		168.48	710		348.38
190		172.17	720		351.46
200		175.86	730		354.53
210		179.53	740		357.59
220		183.19	750		360.64
230		186.84	760		363.67
240		190.47	770		366.70
250		194.10	780		369.71
260		197.71	790		372.71
270		201.31	800		375.70
280		204.90	810		378.68
290		208.48	820		381.65
300		212.05	830		384.60
310		215.61	840		387.55
320		219.15	850		390.84

附表 3 镍铬-镍硅 (K) 热电偶分度表 (自由端温度为 0℃)

工作端温度/℃	热电动势/mV	工作端温度/℃	热电动势/mV
−270	−6.458	190	7.739
−260	−6.441	200	8.138
−250	−6.404	210	8.539
−240	−6.344	220	8.940
−230	−6.262	230	9.343
−220	−6.158	240	9.747
−210	−6.035	250	10.153
−200	−5.891	260	10.561
−190	−5.730	270	10.971
−180	−5.550	280	11.382
−170	−5.354	290	11.795
−160	−5.141	300	12.209
−150	−4.913	310	12.624
−140	−4.669	320	13.040
−130	−4.411	330	13.457
−120	−4.138	340	13.874
−110	−3.852	350	14.293
−100	−3.554	360	14.713
−90	−3.243	370	15.133
−80	−2.920	380	15.554
−70	−2.587	390	15.975
−60	−2.243	400	16.397
−50	−1.889	410	16.820
−40	−1.527	420	17.243
−30	−1.156	430	17.667
−20	−0.778	440	18.091
−10	−0.392	450	18.516
0	0.000	460	18.941
10	0.397	470	19.366
20	0.798	480	19.792
30	1.203	490	20.218
40	1.612	500	20.644
50	2.023	510	21.071
60	2.436	520	21.497
70	2.851	530	21.924
80	3.267	540	22.350
90	3.682	550	22.776
100	4.096	560	23.203
110	4.509	570	23.629
120	4.920	580	24.055
130	5.328	590	24.480
140	5.735	600	24.905
150	6.138	610	25.330
160	6.540	620	25.755
170	6.941	630	26.179
180	7.340	640	26.602

续表

工作端温度/℃	热电动势/mV	工作端温度/℃	热电动势/mV
650	27.025	1020	42.053
660	27.447	1030	42.440
670	27.869	1040	42.826
680	28.289	1050	43.211
690	28.710	1060	43.595
700	29.129	1070	43.978
710	29.548	1080	44.359
720	29.965	1090	44.740
730	30.382	1100	45.119
740	30.798	1110	45.497
750	31.213	1120	45.873
760	31.628	1130	46.249
770	32.041	1140	46.623
780	32.453	1150	46.995
790	32.865	1160	47.367
800	33.275	1170	47.737
810	33.685	1180	48.105
820	34.093	1190	48.473
830	34.501	1200	48.838
840	34.908	1210	49.202
850	35.313	1220	49.565
860	35.718	1230	49.926
870	36.121	1240	50.286
880	36.524	1250	50.644
890	36.925	1260	51.000
900	37.326	1270	51.355
910	37.725	1280	51.708
920	38.124	1290	52.060
930	38.522	1300	52.410
940	38.918	1310	53.759
950	39.314	1320	53.106
960	39.708	1330	53.451
970	40.101	1340	53.795
980	40.494	1350	54.138
990	40.885	1360	54.479
1000	41.276	1370	54.819
1010	41.665		

参考文献

[1] 孙洪程，翁维勤. 过程控制系统及工程 [M]. 4版. 北京：化学工业出版社，2021.

[2] 黄文鑫. 教你成为一流仪表维修工 [M]. 北京：化学工业出版社，2018.

[3] 乐嘉谦. 仪表工手册 [M]. 北京：化学工业出版社，2004.

[4] 刘元扬. 自动检测和过程控制 [M]. 3版. 北京：冶金工业出版社，2005.

[5] 厉玉鸣. 化工仪表及自动化 [M]. 6版. 北京：化学工业出版社，2021.

[6] 武平丽，高国光. 过程控制工程实施 [M]. 北京：电子工业出版社，2011.